KB190953

우리가 지혜라고 부르는 것의 비밀

wiser

더 일찍 더 많이 현명해지기 위한 뇌과학의 탐구

우리가 지혜라고 부르는 것의 비밀

1판 1쇄 인쇄 2025. 4. 15.
1판 1쇄 발행 2025. 4. 25.

지은이 딜립 제스테·스콧 라피
옮긴이 제효영

발행인 박강휘
편집 정경윤 마케팅 이유리 홍보 이한솔·이아연
발행처 김영사
등록 1979년 5월 17일(제406-2003-036호)
주소 경기도 파주시 문발로 197(문발동) 우편번호 10881
전화 마케팅부 031)955-3100, 편집부 031)955-3200 | 팩스 031)955-3111

값은 뒤표지에 있습니다.
ISBN 979-11-7332-151-1 03400

홈페이지 www.gimmyoung.com 블로그 blog.naver.com/gybook
인스타그램 instagram.com/gimmyoung 이메일 bestbook@gimmyoung.com

좋은 독자가 좋은 책을 만듭니다.
김영사는 독자 여러분의 의견에 항상 귀 기울이고 있습니다.

우리가 지혜라고 부르는 것의 비밀

wiser

더 일찍 더 많이 현명해지기 위한 뇌과학의 탐구

The Scientific Roots of Wisdom, Compassion, and What Makes Us Good

딜립 제스테·스콧 라피 지음 제효영 옮김

Dilip Jeste Scott LaFee

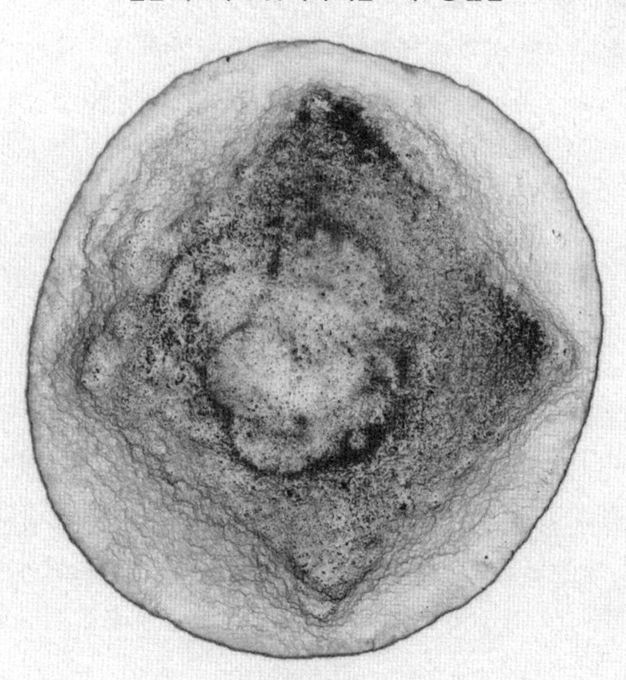

김영사

추천의 말

이 책은 지혜를 정의·탐구하고 어떻게 해야 개인과 사회의 지혜를 계획적으로 키울 수 있는지 설명해 지혜의 과학적 연구라는 새로운 분야에 크게 기여했다. 지구상에 존재하는 수많은 생물 중 하나인 인류가 지금보다 더 현명해져야만 해결할 수 있는 문제들에 맞닥뜨렸다. 이런 시점에 가장 잘 맞는 책이자 인류에게 희망을 주는 책이다.

> **타라 브랙**Tara Brach
> **임상심리학자, 《받아들임》 저자**

새롭게 밝혀진 지혜의 과학적인 특성들은 인간의 잠재력에 관한 우리의 생각을 변화시킨다. 지혜는 실재하는 귀중한 것이며 누구나 더 현명해질 수 있다고 믿었던 고대인들의 생각은 옳았다. 딜립 제스테는 최신 신경과학 기술과 평생의 연구로 밝혀낸 지혜의 구성요소인 연민, 성찰, 유머, 호기심, 영성에 관한 설명을 한 장 한 장에 담아 지혜는 우리가 발전시키고 강화할 수 있는 것임을 보여주며 그 방법을 일러준다. 독서를 마친 후 더 똑똑해졌다고 느낀 책은 처음이 아니지만, 이 책은 나를 더 나은 사람으로 만들었다.

조너선 라우시 Jonathan Rauch
브루킹스연구소 선임연구원, 《인생은 왜 50부터 반등하는가》 저자

이 책은 제스테 박사가 오랜 세월 지혜에 관해 생각하고 연구한 결과를 알기 쉽게 정리한, 사려 깊은 성과다. 실용적 지혜는 지혜의 '중추'로도 여겨지는 방대하고 복잡한 주제로, 내가 아는 한 의학 분야 과학자 가운데 이 주제를 이 저자만큼 자진해서 철저히 파헤친 사람은 없다. 저자는 우리를 실용적 지혜의 신경생물학적 기반부터 심리학적 구성요소, 사회적 요소에 이르는 여정으로 안내한다. 저자의 문화적 배경에서 비롯된 독특한 시각을 서구 과학계에서 쌓은 연구 경력과 솜씨 좋게 버무리는 동시에, 수많은 연구자와의 협력과 대화를 녹여낸 이 책은 모든 독자에게 엄청나게 귀중한 기본 지침서가 될 것이다. 지혜의 과학적 탐구는 꾸준히 확장하고 있다. 그 노력에 동참하려는 사람들에게 이 책은 더더욱 가치가 클 것이다. 그 탐구의 지평을 넓히고 있는 것은 과학과 인문학 그리고 지혜 그 자체다.

댄 블레이저 Dan Blazer
의학박사, 듀크대학교 의과대학 정신의학과·행동과학과 명예교수

경쟁과 승자의 독점이 인간의 어떤 성향과 연결되는지는 많은 책에서 다루어졌다. 그러나 인간은 혼자 생존할 수 없으므로 협력과 친절, 연민이야말로 인류에 관한 진짜 이야기라 할 수 있다. 또한 나이 들수록 그런 요소가 중요하다는 사실을 더 강력히 깨닫게 되는 듯하다. 딜립 제스테와 스콧 라피는 다른 사람들의 행복을 염려하는 인간의 성향과, 그러한 성향을 강화하는 환경에 과학적으로 어떤 바탕이 있는지 상세히 설명한다. 지혜에 관한 이 명확한 사실을 알고 나면 우리는 더욱 현명해질 것이다.

로라 L. 카스텐슨 Laura L. Carstensen
스탠퍼드대학교 심리학과·공공정책학과 교수,
스탠퍼드장수연구소 초대 소장

신화와 철학의 영역에서 추측되던 지혜의 개념과 도덕에 기반한 지혜를 현대 심리학과 신경과학의 밝고 환한 곳으로 옮겨 과학적으로 탐구한 매력적이고 새로운 책이다. 두 저자는 지혜를 인간의 정신과 뇌의 한 측면으로 정의하고, 지혜의 심리학적 구성요소를 설명하면서 더 현명해지는 방법을 알려준다. 이 책은 지혜를 과학적으로 명확히 흥미롭게 설명하고, 연구로 검증된 탄탄한 근거를 바탕 삼아 더 현명해질 수 있도록 실질적인 조언을 제시하며 마음을 깊이 사로잡는다.

하워드 C. 누스바움 Howard C. Nusbaum
시카고대학교 심리학과 교수, 실용지혜센터 초대 센터장

지금처럼 우리에게 이 책이 필요한 적은 없었다. 딱 알맞은 시기에, 적절한 이유에서 탄생한 적절한 책이다. 두 저자는 지혜의 과학적·사회문화적 근원과 지혜를 키우는 방법, 지혜와 연민의 깊은 연관성, 지혜로운 사람들의 삶을 추적한다. 의학 연구자, 사회과학자들은 물론 보건·사회 정책을 만드는 사람들, 일반 독자들 모두 이 책에서 통찰과 위로를 얻을 것이다. 현시대를 마주할 지혜와 용기가 절실한 우리에게, 이 책은 엄청난 도움을 준다.

> **찰스 F. 레이놀즈Charles F. Reynolds III**
> **의학박사, 피츠버그대학교 의과대학 정신의학과 석좌교수**

지혜의 사회과학적·뇌과학적 뿌리에서 시작해 친절, 연민, 협력, 자기성찰을 통해서 더 현명해지는 방법을 가르쳐주는 지혜와 웰빙의 교과서다. 내 스승이자 멘토이기도 한 제스테 박사가 연구를 통해 지혜로움을 체화한 것을 보면서, 그처럼 현명하게 늙어가고 싶다고 생각했다. 지금 길을 잃었거나 좀 더 발전된 삶을 고민하는 모든 이들, 그리고 혼란에 빠진 우리 사회에 꼭 필요한 책이다.

> **나종호**
> **예일대 정신의학과 교수, 《만일 내가 그때 내 말을 들어줬더라면》 저자**

세 여성, 아내 소날리와 두 딸 샤팔리, 닐럼에게,
세 남자, 손자 니찰과 키란, 아르준에게.
이들은 내가 좀 더 일찍 현명해질 수 있게
최선을 다해 도와주었습니다.

딜립 제스테

말리 제이에게.
당신과 결혼한 건 살면서 내가 한 일 중에
가장 현명한 일입니다.

스콧 라피

차례

3부 실용적·사회적 지혜를 강화하는 법

일러두기

- 본문의 각주는 모두 옮긴이의 주다.

한국 독자들에게

호모사피엔스의 이름값

우리 두 사람이 쓴 책이 한국에 번역되고 이렇게 서문을 쓰게 되어 매우 기쁘다. 초판이 나온 지도 5년이 흘렀고, 그사이 지혜에 관한 과학 연구, 즉 뇌에서 지혜의 생물학적 뿌리를 찾는 실증적 연구와 지혜가 인간의 신념·행동에 끼치는 영향을 더 자세히 알아내기 위한 연구는 크게 발전했다. 해마다 새로운 연구 결과와 풍성한 데이터가 쏟아져나온다. 지혜는 생물학적인 결과이고 조정될 수 있다는 사실도 더욱 확실하게 입증되는 추세다.

지혜는 성격특성이며, 총 일곱 가지로 구성된다는 것이 과학계의 공통 의견이다. 그 일곱 가지는 성찰, 친사회적 행동, 감정조절, 다양한 관점을 수용하는 능력, 결단력, 사회적 조언을 제공하는 능력, 영성이다.

다른 사람들과 공감하고 타인에게 연민을 느끼는 선천적 능력은 지혜의 필수 요건이다. 특히 고통에 빠진 사람들에게 그런 마음을 느끼고 그들의 고통을 덜어주려는 것이 중요하다. 한국은 지혜를 증진하는 요소들에 큰 가치를 부여하는 문화가 깊이 뿌리 내린 곳이다. 예컨대 성찰은 한국 문화의 중요한 부분이고, 개인이 한 인간으로서 성장하고 자기 자신을 돌아볼 줄 아는 것이 매우 중시된다. 한국인에게 '한恨'과 ''정情'은 익숙한 감정이다. 슬픔과 절망, 인내가 복잡하게 섞여 생기는 '한'은 감정의 깊이와 감정에 대한 이해 수준을 높인다. 서로 간의 깊고 오랜 애정과 유대감으로 쌓이는 '정'은 공감과 연민을 키운다.

또한 한국 사회는 다양한 사람들, 서로 다른 집단 간의 조화와 이해를 중시하는 인화人和의 정신으로 다양한 관점을 수용한다. 이는 더 포괄적이고 균형 잡힌 의사결정으로 이어진다. 영성의 경우 한국은 불교와 무속신앙, 유교의 전통이 어우러져 마음 챙김을 증진하고, 자연 그리고 신적 존재와의 유대를 존중한다. 문화적으로 중시되는 이 모든 가치가 모여 내면의 평화와 지혜, 공동의 이익을 추구하는 한국 사회가 형성되었다.

나는 최근 우리가 살면서 노출되는 환경이 개개인의 건강에 어떤 영향을 주는지 연구하는 비영리 연구단체 '사회적 건강 결정인자 연구 네트워크Social Determinants of Health Network'의 대표로 일하며 많은 시간을 보내고 있다. 사회적 건강 결정인자란 출생지, 거주지, 양질의 교육과 의료서비스 접근성, 경제적 안정성, 사회적 유대 관계 등으로, 의학적 요인을 제외하고 개인의 건강과 행복에 영향을 주는 여러 요인을 일컫는다. 다양한 사회적 결정인자가 건강에 끼치는 영향은 그 어떤 의학적 요인보다 막강하다.

그중에서도 긍정적인 사회적 유대는 건강에 매우 중요한 요소다. 인간은 사회적 동물이다. 우리는 함께 지낼 수 있는 사람과 다른 사람의 위로를 바라고 필요로 한다. 하지만 현대사회에는 외로움이 전염병처럼 번지고 있다. 이는 특정 문화나 국가만의 일이 아니라 지구상 거의 모든 곳에 퍼진 문제다.

외로움은 건강에 악영향을 준다. 외로움은 심장발작, 뇌졸중, 암을 비롯해 사망률을 높이는 수많은 요인의 발생 확률을 증가시킨다. 인지 기능이 저하하고 치매가 발생할 위험성도 높인다.

지혜는 외로움의 악영향을 없애는 해독제다. 이 책을 읽으면 지혜의 신경생물학적인 특성을 알게 될 것이다. 그리고 더 중요한 것은, 지금보다 더 일찍 더 현명해지는 방법을 알게 되어 결과적으로 외로움에 덜 시달리는 법을 터득할 수 있다는 점이다. 지혜는 지능보다 훨씬 더 큰 것이라는 사실 또한 깨닫게 될 것이다.

인공지능AI이 우리 생활의 거의 모든 면면을 바꿔놓을 것이라는 이야기가 심심찮게 들린다. 확고한 현실이 된 듯한 그 변화를 넘어, 이제는 대화의 범위를 넓혀서 '인공지혜'의 잠재성과 필요성을 이야기할 때가 되었다.

소프트웨어의 형태로든 완전한 형체를 갖춘 로봇의 형태로든, 미래에는 인공지능과 함께 인공지혜가 기능으로 장착된 디지털 기술이 분명 등장하리라 생각한다. 영리함은 기본이고, 인간답다는 건 무엇이며 인간은 무엇을 갖추어야 하는지에 대한 직관과, 그러한 의문을 아는 민감성을 갖추어야 인공지혜라고 할 수 있을 것이다.

지혜의 특성을 더 깊이 이해할수록, 앞으로 인류가 점점 더 의존하게 될 새로운 기계 장치에 지혜를 하나의 기능으로 부여하는 일도 더 훌륭하게 해낼 수 있다. 인류는 바로 그와 같은 방식으로 미래에도 '호모사피엔스', '현명한 자'라는 이름값을 하게 될 것이다.

2025년 4월

딜립 제스테, 스콧 라피

시작하는 글

나이와 상관없이 최고의 지혜를 누리는 법

> 지혜는 지능과 다르다.
>
> 지혜가 훨씬 더 크다.

우리는 누구나 똑똑한 사람이 되고 싶어 한다. 머리가 좋아서 남들보다 세상을 조금은 더 수월하게 살아가는 사람이 주변에 한 명쯤은 있을 것이다. 똑똑한 사람들은 복잡한 것도 곧잘 이해하는 듯하다. 이런저런 것들의 관계를 알고, 패턴을 발견하며, 효율적인 해결책도 찾아내는데, 무려 이런 일들을 아무렇지 않게 뚝딱 해낸다. 성적표에 'A'만 수두룩한 같은 반 친구, 직장에서 원하는 결과를 얻기 위해 비상한 계획이나 최상의 방법을 제안하는 동료 등, 그런 사람들은 남들이 아직 고개를 들기도 전부터 '다음에 찾아올 중대한 변화'를 내다본다.

그러나 머리는 좋아도 별로 행복하지 않은 사람들이 많다. 똑똑한 사람들은 늘 스트레스와 압박에 시달리는 모습이고, 자기 일 외에는 관심도 없어 보여서 조언을 구하고 싶어도 과연 들어주기나 할지 몰라 망설이게 된다. 똑똑한 사람들은 무얼 부탁하면 어떻게 반응할지 도통 예측할 수가 없다. 웃으며 "당연히 해드려야죠"라고 할 수도 있지만, 화를 내거나 무관심할 수도 있다.

똑똑해지는 것도 좋지만(유리할 때도 많다), 그보다는 어떻게 하면 현명해지는지가 더 관심이 간다. 인생을 충만하고 의미 있게 살고 싶다면 그걸 아는 게 더 도움이 된다. 하지만 현명해질 방법을 찾는 게 행복해질 방법을 찾는 것은 아니다. 행복은 지극히 주관적이고, 수시로 바뀐다. '행복하다'고 느꼈던 일도 상황이 달라지거나 나이가 들면 그렇게 느껴지지 않을 수 있다. 우리가 생각하는 행복의 개념은 시간이 흐르면 변한다. 다른 사람들이 말하는 행복과 내가 생각하는 행복이 다른 경우도 많다.

행복은 좋은 목표이고, 보통 현명해지면 행복도 따라온다. 그러나 현명해진다는 건 삶의 의미를 더 깊이 이해하고 자신에게 잘 맞는 자리와 그 자리로 가는 방법을 폭넓게 볼 줄 아는 것, 자기 자신과 다른 이들에게 더 나은 사람이 되는 법을 아는 것이다. 인생의 의미와 목적을 탐구하고 찾는 건 철학자들만의 일이 아니며 우리의 건강, 안녕감,◆ 수명과도 관련이 있다. 그리고 지혜와도 분명 맞닿아 있다. 인생의 합리적인 의미를 또렷하게 인식하는 사람은 그 의미가 무엇이든 더 행복하고 건강하다. 또한 더 지혜롭다.

◆ 스스로 느끼는 전반적인 삶의 만족도, 잘 지내는 정도를 의미하는 심리학 용어.

우리는 현명한 사람을 잘 알아본다. 지성은 지혜의 필수 요소이므로 현명한 사람은 머리도 좋지만 그게 다가 아니다. 현명한 사람은 마음씨가 좋고 인정이 많다. 또한 세심하다. 학문이나 업무에서만이 아니라 세상을 살아가는 방식, 사람을 대하는 방식도 그러하다. 현명한 사람은 개방적이다. 다른 사람의 말에 귀를 기울이며, 상대방이 그렇게 느끼게끔 한다. 사려 깊으며, 이기적이지 않고, 해결해야 할 문제가 있으면 거기에 집중한다. 자기 신념과 확신에 따라 행동하며, 옳다고 판단하면 처음 해보거나 혼자 해내야 하는 일이라도 실행에 옮긴다. 특유의 총명함과 행복감, 차분함으로 사람들 사이에서 자연히 마음 놓고 기댈 수 있는 믿음직한 조언자가 된다. 현명한 사람은 남들이 어쩔 줄 모르고 당황하는 개인적 문제를 똑같이 겪어도 어떻게 처리해야 하는지 본능적으로 아는 듯하다. 현명한 사람은 혼돈과 불확실한 상황에서도 침착하고 결연하다. 그들은 다르다. 우리는 현명한 그들을 닮고 싶어 한다.

사람들은 현명한 사람이라고 하면 대부분 노인이나 최소한 자신보다 나이가 많은 사람을 떠올린다. 실제로 지혜는 나이가 들수록 커지는 듯하다. 모세, 헬렌 켈러, 토니 모리슨, 간달프, 알버스 덤블도어, 요다(900년을 살았으니 분명 뭐라도 깨달았으리라) 등 전설이 된 실존 인물들과 문학 속의 위대한 존재들을 떠올려보라.

"나이 들수록 현명해진다."

"나이는 많아도 더 지혜롭다."

흔히 하는 말들이다. 사람들은 지혜가 만족감, 행복, 평온함을 주며 스트레스, 분노, 절망은 줄여줄 것이라고 기대한다. 그런데 이 책을 읽고 나면 알게 되겠지만, 지혜와 나이는 무조건 한 묶음으로 같이 늘어나지 않는다.

성격도 지혜에 영향을 준다. 심리학자들은 남들과 구분되는 개인의 특징적이고 일관된 생각, 감정, 행동 패턴을 성격으로 정의한다. 사회성이나 성마른 정도는 사람마다 천차만별이다. 형제자매라도 수줍음이 많고 내향적인 성격과, 모임마다 주인공이 되는 극히 외향적인 성격으로 나뉘기도 한다. 정해진 기한에 업무를 마치지 못했을 때 동료는 당황해서 난리가 나는데도 자신은 그렇지 않은 것, 직장 상사가 늘 화가 나 있는 것도 다 성격의 차이다.

지혜는 성격특성의 하나다. 지혜를 구성하는 복잡한 요소들과 지혜의 여러 특징은 모두 개개인의 성격을 나타내고 정의하는 훨씬 크고 복잡한 요소들의 일부다.

지혜는 성격에 득이 되는 특성이다. 그런데 왜 어떤 사람들만 남들보다 현명하고, 통찰력이 있으며, 자기 삶에 더 만족할까? 현명해지려면 나이가 더 들기를 기다리는 수밖에 없을까? 더 일찍 지혜로워질 수는 없을까? 내 오랜 연구 인생에 늘 따라다닌 질문들이다.

나는 인도에서 자랐다. 10대 시절에는 꿈과 일상적인 실수의 숨은 의미를 일반인의 눈높이에 맞춰 해석한 지크문트 프로이트 Sigmund Freud의 책을 읽고 매료되었다. 프로이트는 신경정신과 의사였다. 그는 우리의 모든 행동이 뇌의 생물학적 기능에서 비롯된다고 설명하며, 심리학은 생리학이라는 말의 등에 올라탄 학문이라고 주장했다. 프로이트가 제시하는 꿈의 해석, 사람들의 말실수가 무의식중에 튀어나온 속마음이라는 그의 설명이 정말인지는 알 수 없었지만, 나는 물리적 기관인 뇌에 궁극적인 해답이 있다는 그의 강한 확신에 마음을 빼앗겼다.

그래서 뇌라는 이 신비한 기관과 뇌의 일차적 산물인 정신을 더 공부해보기로 마음먹고 의과대학에 진학해 정신과 의사가 되었다. 당시 인도에서는 굉장히 이례적인 진로 선택이었다.

내가 스물한 살에 푸나(현재 명칭은 '푸네')에 있는 의대를 졸업할 때 인도의 인구는 5억 5000만 명 이상이었지만, 정식 교육을 받은 정신과 의사는 100명도 채 되지 않았다. 가족이나 친한 친구들이 내 결정을 뜯어말리지는 않았지만 분명 적잖이 당황했을 것이다. 내가 제정신이 아닐지도 모른다고 여긴 사람도 있었으리라 생각한다.

내가 공부하고 싶은 분야는 뇌에 초점을 맞춘 정신의학이었지만 내가 다닌 의대에는 정신의학 연구 사업이 전혀 없었다. 그래서 봄베이(지금의 '뭄바이')로 가 인도에서 정신의학 연구를 처음 시작한 두 학자 날린칸트 순더지 바히아Nalinkant Sunderji Vahia와 딘쇼 루스톰 둥가지Dinshaw Rustom Doongaji의 지도를 받으며 레지던트 과정을 밟았다. 그곳에서 간소한 임상 연구 방법을 배우고 논문도 몇 편 발표했다. 그러나 그 시절 인도의 뇌 연구에는 한계가 있었고, 나도 곧 그 사실을 체감했다. 내가 하고 싶은 연구에 필요한 시설, 의사, 자원이 전부 부족했다.

결국 의학 연구의 메카인 미국과 미국의 국립보건원NIH을 다음 목적지로 정했다. 미국에서 의사 자격을 취득하려면 정신의학과 레지던트 과정을 그곳에서 다시 마쳐야 한다는 요건이 있었으므로 (코넬대학교에서) 그것부터 해결한 다음, NIH에 들어가 몇 년간 여러 정신의학적 질병과 문제를 연구했다. 그리고 1986년에 다시 자리를 옮겼다. 예나 지금이나 활기가 넘치고 서로서로 협조적인 샌디에이고 캘리포니아대학교(UC 샌디에이고) 의과대학에 교수로 합류하게 된 것이다. 그때부터 지금까지 UC 샌디에이고는 내 연구의 본거지다.

UC 샌디에이고에 온 초창기에는 조현병 환자들, 특히 노인 환자들에게서 나타나는 조현병의 본질적이고 생물학적인 특징을 중점적으로 연구했다. 그때도 뇌의 근본적인 기능과 지혜의 연관성을 찾고 싶은 어린 시절의 열망이 언제나 마음 한편에 남아 있었다.

하지만 과학자로 살면서도 지혜에 관한 연구를 마음 편히 추진할 기회는 오랫동안 찾지 못했다. 그러다 12년 전에야 비로소 지혜를 정식으로 연구해보겠다는 내 계획을 주변에 알렸다. 동료들, 친한 친구들을 비롯한 사람들의 반응은 다양하게 엇갈렸다. 재미있어하는 사람이 있는가 하면 듣지 않은 걸로 치겠다는 사람도 있었고, 공감하는 사람도 있었다. 나를 안쓰럽게 여기거나 내게 실망한 사람도 있었을 것이다.

내 계획을 들은 사람들은 지혜는 종교적이고 철학적인 개념이지 과학적으로 탐구할 만한 주제는 아니라고 말했다. 남들의 은근한 비웃음을 겪고 싶지 않다면, 또한 연구비를 안전하게 확보하려면 지혜를 연구하겠다는 소리는 입 밖에 꺼내지 말라는 조언도 들었다. 내가 젊은 연구자였다면, 부정적 의견이 압도적이던 이런 통념에 설득당해서 결국 생각을 바꿨을지도 모른다. 그렇지만 나이를 먹을 만큼 먹었고 학계에서도 자리를 잡은 후였으므로, 사람들이 걱정하는 문제들은 기꺼이 감수할 준비가 되어 있었다.

지금까지 내가 학자로, 전문가로 살아온 시간의 대부분은 인간의 정신과 정신에 발생하는 문제를 탐구하는 데 할애했다. 성인기, 특히 노년기의 전반적인 인지 기능과 뇌기능이 내 연구의 주된 주제였다. 지난 20년간은 노인신경정신과 의사로 일하면서 '잘 늙는 것'이란 무엇인지, 그것이 대다수가 인생의 중요한 목표로 삼는 행복이나 삶의 만족감과는 어떤 관련이 있는지를 중점적으로 연구했다.

우리는 나이가 들면, 특히 중년기가 지나면 신체 기능과 인지 기능, 심리사회적 기능이 점점 떨어진다고 생각하는 경향이 있다. 인구 고령화를 미국의 가장 심각한 공중보건 문제로 꼽는 사람들도 많다. 노화는 어느새 나타나 주변에 어른거리는 피할 수 없는 문제, 경계해야 하는 문제라고들 생각한다.

그러나 노년기에도 잘 사는 노인들이 많다. 노인인데도 예술가, 작가, 판사, 정치인으로 활약하며 생산성과 창의력을 발휘하는 사람들, 사회에 적극적으로 참여하며 크게 기여하는 사람들을 떠올려보라. 간디Mohandas Karamchand Gandhi가 영국의 소금세에 반대하며 겨우 45킬로그램의 체중으로 인도의 독립이 진일보하는 계기가 된 시위를 벌이고 320킬로미터 넘는 거리를 행진했을 때, 그의 나이는 예순한 살이었다. 벤저민 프랭클린Benjamin Franklin이 미국 독립선언서에 서명할 때의 나이는 일흔이었다. 넬슨 만델라Nelson Mandela는 일흔여섯에 남아프리카공화국 대통령이 되었고 4년 뒤에는 그라사 마셸Graca Machel과 결혼했다. 106세까지 살았던 일본인 의사 히노하라 시게아키日野原重明는 일흔다섯 살이 넘어서도 책을 여러 권 썼다. '모지스 할머니'로도 유명한 화가 애나 메리 로버트슨 모지스Anna Mary Robertson Moses는 일흔여섯에 처음 그림을 그리기 시작해서 사반세기 후 세상을 떠나기 전까지 1000점이 넘는 작품을 남겼다. 현재 모지스 할머니의 작품은 수만 달러를 호가한다.

많은 노인이 나이가 절반쯤 되는 사람들보다 더 행복하게 잘 산다. 2016년에 내가 동료들과 함께 진행한 연구에서는 나이가 들면 정신건강이 개선되며, 신체건강이 약해지더라도 정신은 더 건강해지는 경향이 있는 것으로 나타났다. 그런 노인들은 몇십 년 더 젊은 사람들보다 삶의 만족도가 높고 행복감과 안녕감을 더 크게 느끼며 불안감, 우울감, 주관적 스트레스도 더 낮았다.

인간의 의식과 스트레스, 회복력에 생물학적 기반이 있듯이, 나는 지혜도 마찬가지라고 생각한다. 그게 이 책의 골자다. 지혜도 인체의 다른 모든 생물학적 기능처럼 현대 과학과 의학의 실증적 방법들로 연구하고, 측정하고, 변화시키고, 강화할 수 있다. 지혜의 발달에 영향을 주는 심리사회적 요소의 중요성을 무시한다는 의미가 아니다. 부모와 조부모의 애정 어린 보살핌, 안전하게 다닐 수 있는 학교, 의지할 수 있는 가족과 친구들 등 우리가 제각기 경험하는 세상이 우리를 빚고, 우리가 다른 이들과 살아가는 방식을 만든다.

행동과 환경은 개개인의 생물학적 특성에 영향을 주고, 생물학적 특성은 행동에 영향을 준다. 이건 희소식이다. 행동과 환경의 변화로, 또는 생물학적·기술적 개입 등 다양한 방식으로 지혜를 키울 수 있다는 의미이기 때문이다. 우리는 더 일찍, 더 현명해질 수 있다.

이는 아주 대범한 생각이다. 지혜에 관한 전통적인 생각을 뒤집는 주장이기도 하다. 대다수가 지혜는 숭고하고 불가해한 것, 평생에 걸쳐 습득한 교훈이 차곡차곡 쌓여서 형성되는 것이라고 여긴다. 지나온 인류 역사에서 지혜는 늘 고귀하고 설명할 수 없는 것, 평생의 깨달음이 주는 결실이라는 인식이 거의 지배적이었다. 지혜를 찾아 나선 사람들은 시간이 많이 들고 피와 땀, 눈물을 각오해야 한다는 사실을 깨닫는 경우가 많았다. 그렇게 지혜는 하늘이 주는 결실, 나이 든 사람들이 얻는 보상으로 여겨졌다.

그러나 과학은 계속해서 빠르게 발달하고, 인간의 정신 기능이 발휘되는 매 순간을 지켜보며 특정 기능이 어떤 정신적 메커니즘과 연계되는지 찾아내는 능력도 확장되었다(예를 들면 뇌에서 기억을 형성하는 신경세포 간에 전기 신호와 화학 신호가 어떤 패턴으로 오가는지도 밝혀졌다). 그에 따라 우리의 정신과 행동에 비교적 단시간에, 계획적으로 긍정적인 변화를 일으킬 수 있게 될 가능성도 점점 커지고 있다. 실험동물 연구에서는 동물의 기억을 새로 만들고 지우는 일도 가능해졌을 정도다. 정신의 옷감을 바꿀 수 있다면, 지혜도 새로 짜 넣을 수 있지 않을까?

나는 가능하다고 생각한다. 뇌의 다양한 부분들이 함께 기능해서 정신을 만들어내는 방식과 우리 뇌의 생물학적 특성에 관한 지식이 확장할수록, 뇌에서 만들어지는 결과물을 키우거나 최소화하고, 고치며, 개선하고, 전반적으로 조정하는 일도 가능해질 것이다.

지혜는 우리 안에 이미 존재하며, 생물학적 기반이 있다. 이 책은 여러분이 그런 지혜가 어떤 행동으로 나타나는지 식별하고 이해하는 한편, 그와 같은 행동을 더 키우고 강화하게끔 도와주는 전례 없는 안내서다. 지혜에 관해 새롭게 밝혀진 과학연구의 결과들은 지혜를 측정·조정·확장·강화하게 될 날이 점차 가까워지고 있음을 말해준다.

라틴어로 '슬기로운 사람'이라는 뜻의 호모사피엔스Homo Sapiens는 오늘날까지 유일하게 살아남은 인간이 되었다. 인류는 슬기로워져야 한다. 차차 살펴보겠지만, 지혜는 진화에 중요한 의미가 있다.

과학에는 이따금 뜻밖의 운이 따르는 순간도 있지만, 대체로 고되고 지루하다. 하지만 그것이 과학의 강점이기도 하다. 고된 노력 끝에 나오는 과학의 최종 결과는 틀릴 확률보다 정확할 확률이 더 높다. 지혜도 비슷하다. 바보로 잠들었다가 현자로 깨어나는 사람은 없다. 현명해지려면 거쳐야 하는 과정이 있다. 지혜에 관한 과학적 연구는 아직 무르익지 않았지만, 이 책은 지금까지 나온 결과를 바탕으로 더 일찍 현명해지는 방법을 소개한다.

여기까지 읽어도 여전히 의심스러울 수 있다. 그럴 수 있다. 그만큼 철저한 과학적 사고를 중시하는 사람이라고도 할 수 있으리라. 너무 오랫동안 지혜는 손에 잡히지 않는 것, 한 번쯤 생각해볼 만하지만 그 이상은 아닌 것으로 여겨졌다. 더 일찍 현명해질 수 있다는 말에 의문을 제기하는 사람들이 많고, 학자나 과학자들도 예외가 아니다. 나는 그런 사람들과 수시로 만난다. 내가 무엇을 연구하는지 이야기하면 다들 깜짝 놀라고, 의심하며, 의문을 제기한다. 이 책에는 그 의문에 대한 내 대답과 내가 찾은 근거들이 담겨 있다. 논쟁을 끝내려고 쓴 책이 아니라, 논의를 시작하기 위해 쓴 책이다.

우리는 지혜의 힘과 지혜가 주는 이점이 어느 때보다 절실한 시대를 살고 있다. 힘든 일, 두려움, 비통함이 끊이지 않고 전쟁과 유행병이 전 세계에 만연한 때일수록 지혜의 필요성은 더욱 선연하다. 이럴 때일수록 우리 개개인과 우리를 이끄는 사람들 모두 더 지혜로워져야 한다. 인류가 더 나은 길로 나아가게 하는 것은 인류 전체의 총체적 지혜이기 때문이다.

지금부터 나와 함께할 여정에는 여러분에게도 설득력이 있기를 바라며 추려낸 근거 자료가 풍부하게 제시된다. 그러나 그보다 중요한 건 지혜는 모호한 열망이 아니며 스스로 붙잡을 수 있는 것, 바꾸고 강화할 수 있는 것이라는 새로운 생각과 통찰, 용기, 희망을 발견하게 되리라는 점이다. 이제 막 밝혀지기 시작한 지혜의 신경과학적 특성에 관한 지식, 지혜를 의식적으로 개선하는 방법에 관한 지식은 우리와 우리가 사는 세상을 변화시킬 것이다. 나는 우리 한 명 한 명, 모두가 더 지혜로워질 수 있다고 믿는다.

1부

지혜란 무엇인가

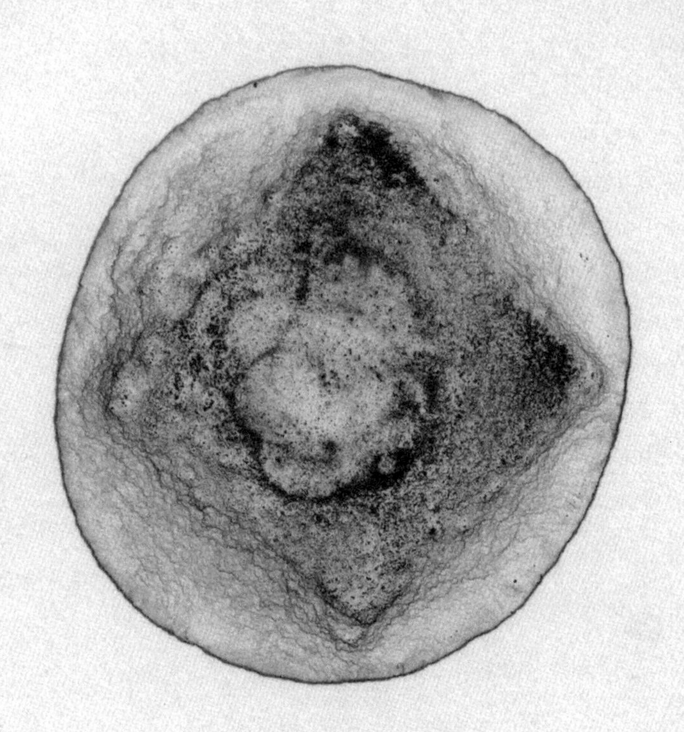

모든 개선에는 첫 번째 규칙이 있다. 싱크대를 새로 설치하든 자동차 엔진을 개조하든 더 지혜로워지는 것이든 모두 똑같이 적용되는 그 규칙은 바로 개선하려는 것을 잘 알아야 한다는 점이다. 개선하려는 것이 어떻게 기능하는지도 알아야 하지만(싱크대라면 배수가 어떻게 이루어지는지, 자동차라면 엔진이 어떻게 작동하는지, 지혜를 키우고자 한다면 뇌가 어떻게 기능하는지), 개선하려는 시도가 얼마나 효과적인지 확인할 방법도 있어야 한다.

1부에서는 이 규칙을 중심으로 뒤에 이어질 내용의 밑거름을 다진다. 지혜는 수천 년간 의미가 달라지지 않았을 만큼 꾸준히 유지된 개념임을 설명하고, 지혜의 신경과학적인 특성(지혜는 뇌 어디에 자리하고 있는지)을 살펴본다. 지혜를 둘러싼 탐구와 논의가 철학의 테두리를 벗어나 과학으로 확장하게 만든 새로운 과학적 도구들도 소개한다.

나이와 지혜는 밀접한 관계가 있지만 절대적 요건이 아니라는 것도 설명한다. 오스카 와일드Oscar Wilde의 말을 빌리자면, 지혜는 나이와 함께 찾아오기도 하지만 때로는 나이만 홀로 찾아온다. 마찬가지로 젊어도 지혜가 뚜렷하게 드러나는 사람이 있다. 그런 행운아들은 나이가 들고 경험이 쌓이면 지혜도 더욱 깊어진다.

1부에서는 지혜의 신경생물학적 특성을 토대로 개발된 최초의 지혜 측정 도구인 '제스테-토머스 지혜 지표'를 소개한다. 이 새로운 지혜 평가 도구는 전문가 검토를 거쳐 타당성이 입증되었으며, 온라인으로도 이용할 수 있다.

1
지혜에 관한 과학적인 사실들

> 지혜에 관한 탐구는 인간이 추구할 수 있는 가장 완벽하고 숭고하며 유익한 일이자 즐거움 가득한 일이다.
>
> —토마스 아퀴나스Thomas Aquinas
>
> 우연히 현명해지는 사람은 없다.
>
> —루치우스 안나에우스 세네카Lucius Annaeus Seneca

2500년 전에 활동한 그리스 철학자 소크라테스Socrates는 지혜를 찾아다닌 일로 널리 알려졌다. 고대 아테네에서 현명한 사람을 찾아다닌 소크라테스는 자신이 만난 사람 중에 자신보다 현명한 사람은 없다는 결론을 내린 것으로 유명하다(또한 자신보다 훨씬 지혜롭지 못한 사람이 많았다고 말했다). 그리고 역사에 길이 남은 말을 했다. "자신이 아무것도 모른다는 사실을 스스로 아는 것만이 진정한 지혜다"(플라톤Platon을 통해 전해진 말이다).

지혜의 본질을 찾고자 했던 사람이 소크라테스 한 사람만 있었던 건 아니다. 《구약성서》의 〈잠언〉 4장 7절에는 사람들이 '지혜'라고 하면 떠올리는 대표적인 인물로 모든 이의 기억에 불멸하는 존재가 된 솔로몬 왕이 지혜가 '제일'이라고 선언하는 내용이 나온다. 기원전 2000년대부터 1700년대까지 이어진 이집트 중中왕국 시대의 가르침이 담긴 기록《세베이트Sebayt》, 힌두교의 종교적·철학적 가르침이 담긴 유서 깊은 경전《바가바드기타Bhagavad Gita》(기원전 400~200년에 작성되었다고 여겨지지만 5000년 전에 쓰인 것으로 추정되는《베다Vedas》경전을 바탕으로 삼았다)에도 지혜에 관한 내용이 있다. 고대 인도와 중국에는 공자, 부처 등 지혜를 고찰하고 글로 쓴 사람들이 있었다. 먼 옛날 바빌로니아와 아카드 제국부터 유럽의 르네상스와 이성의 시대를 거쳐 현대에 이르기까지 무수한 철학자, 성직자, 시인, 현자도 지혜를 탐구했다.

지혜에 관한 논의와 논쟁은 시대와 문화, 지역에 따라 다양한 양상이 나타나지만, 먼 옛날부터 지금까지 공통적으로 나타나는 경향도 있다. 지혜는 신비로운 것, 인간이 이해할 수 있는 범위를 벗어난 무엇으로 정의된다는 점이다. 예전부터 지혜는 차원이 다른 희귀한 것으로 여겨졌고 동경의 대상이었다. 깨달음을 얻기 위해 영적 여정에 나선 싯다르타라는 인물을 그린 헤르만 헤세Hermann Hesse의 1922년 소설에 따르면, 우리는 지혜를 찾을 수 있고 지혜와 생활할 수 있으며 지혜를 통해 삶이 강화될 수도 있고 지혜로 기적을 행할 수도 있지만, "지혜를 전달하거나 가르칠 수는 없다."

지혜란 도대체 뭘까? 어떻게 정의해야 할까? 지혜는 어떻게 측정할 수 있을까? 나의 지혜 탐구는 이런 궁금증으로 시작되었다. 과학자들은 정밀한 측정을 토대로 다양한 생각과 가설을 고찰하고 평가하는데, 지혜에 대해서는 오랫동안 그러한 정량적 평가가 불가능하다고 여겨졌다. 하지만 의식, 스트레스, 감정, 회복력, 투지 등 인간의 특성 중 형체가 없는 것들도 연구·측정되고, 연역적 추론 방식으로 상세히 기술되기 시작하자 이제는 지혜를 바라보는 생각도 바뀌고 있다. 불과 몇십 년 전만 해도 인간의 이러한 특성은 정의할 수도, 측정할 수도 없으며 생물학의 영역이 아니라고 강력히 주장하는 과학자들이 있었다.

미국의 위대한 공상과학 소설가 로버트 앤슨 하인라인Robert Anson Heinlein의 말이 떠오른다. "최고의 권위자들이 불가능한 일, 절대 일어날 수 없는 일이라고 엄숙히 선언한 일들을 종합하면 과학의 역사를 역방향으로 쓸 수 있다."

과학자들이 그렇게밖에 주장하지 못한 이유는 도구가 없었기 때문이기도 하다. 신경과학, 뇌영상 기술, 신경화학이 발전하고 행동학 연구 기법도 개선된 오늘날에는 진지한 연구자라면 누구나 감정조절이나 회복력, 의연한 용기 같은 인간의 특성에 '전부' 생물학적 기반이 있으며, 이 기반은 심리사회적 요인과 나란히 영향력을 발휘하거나 그러한 요인의 바탕이 된다는 사실을 받아들인다. 인간의 어떤 특성은 선천적인지 후천적인지를 따지는 해묵은 논쟁이 여전히 뜨겁고 지혜도 그중 하나지만, 어느 쪽이라고 잘라 말할 수가 없다. 개개인이 인생에서 겪는 일들은 지혜의 발달에 명확히 영향을 준다. 동시에 생물학적 요소는 개개인이 살면서 깨닫는 교훈과 인생의 사건들에서 배움을 얻고 반응하는 방식에 똑같이 큰 영향을 준다. 즉 지혜와 생물학적 요소는 불가분의 관계다.

회복력도 마찬가지다. 뉴욕 마운트시나이 아이칸 의과대학의 에릭 네스틀러Eric Nestler와 데니스 샤니Dennis Charney, 그 외 여러 연구자 덕분에 이제는 회복력의 신경생물학적·유전학적 특성이 밝혀졌다. 동물실험 모형도 생겼고 회복력에 관여하는 분자의 반응 경로도 알려졌다. 나아가, 인간의 성격특성 중 가장 유익하다고 여겨지는 이 회복력을 행동학적·생물학적으로 강화하는 방법도 나오고 있다.

앞의 문단에서 '회복력'을 '지혜'로 바꾸면 내가 여러분에게 전하려는 내용이 된다. 지혜는 나이와 경험의 산물일 뿐만 아니라 여러 특정한 행동과 성격특성으로 빚어진다. 그 모든 요소는 뇌 곳곳에 분산해 있지만 서로 연결되어 있는 다양한 영역과 관련된다.

베를린 지혜 프로젝트

지혜는 신경세포가 활성화해 생기는 결과다. 뇌에서 지혜와 관련된 여러 신경회로 중 한 곳 또는 여러 곳에서 특정 부분이 특정한 패턴으로 활성화하면, 우리가 '지혜롭다'라고 여기는 행동을 하게 된다. 지혜와 평범함에는 생물학적 차이가 있고 행동에도 차이가 있다는 의미다.

지혜를 과학적으로 정의하고 설명하려는 움직임은 세계 곳곳의 몇몇 과학자들이 지혜의 정체와 측정 가능성에 의문을 던진 1970년대부터 본격적으로 시작되었다. 독일에서는 심리학자 파울 발테스Paul Baltes가 아내 마그렛 발테스Margret Baltes를 포함한 동료들과 함께 인간의 발달과 지혜의 관계에 관한 이론을 수립했다. 인간이 전 생애에 걸쳐 생물학적·인지적·심리사회적으로 어떤 변화를 겪는지 탐구하고 설명한 발테스의 이 이론은 과학적 원리와 접근 방식을 적용해 지혜의 본질을 실증적으로 분석한 첫 시도였다. 발테스의 이론은 우리가 생각하고 행동하는 방식에 영향을 주는 지혜의 세부적인 특징을 제시했다.

발테스 연구진은 인간이 발달하는 과정의 주요한 특성을 정리했다. 발달은 태어나서부터 죽을 때까지 전 생애에 걸쳐 이루어지며 여러 방향과 차원으로 진행된다는 것, 발달에는 증가와 감소가 나타나며 유동적이고 유연하게 바뀔 수 있다는 것, 발달은 사회와 환경의 영향을 강하게 받는다는 것 등이 포함된다. 이들의 연구는 '베를린 지혜 프로젝트'라는 영향력 있는 연구 사업으로 발전했으며, 지혜란 기본적으로 인생을 살아가고 삶의 의미를 발견하는 능숙함이라고 정의한 지혜 모형을 제시했다.

베를린 지혜 모형에서는 지식과 인지 기능이 지혜에 큰 영향을 준다고 보았다. 이는 지혜를 탐구하는 훌륭한 시작점이 되었지만, 지혜는 그게 다가 아니다. 지혜는 단순한 인지 능력보다 훨씬 큰 능력이며 감정과도 관련이 있다.

지구 반대편에서는 비비언 클레이턴Vivian Clayton이라는 미국 버클리 캘리포니아대학교의 젊은 대학원생이 지혜에 대해 비슷한 의문을 던졌다. 클레이턴의 지도교수이던 노인의학의 창시자 제임스 E. 비렌James E. Birren은 그에게 이를 과학적으로 연구해보라고 조언했다.

클레이턴은 고대의 기록부터 현대의 논문까지 샅샅이 뒤져 지혜가 언급되거나 함축된 부분, 지혜를 상기시키는 내용을 모조리 찾아냈다. 그리고 지혜를 심리적 구성개념*의 하나로 보는 중요한 틀을 마련했다. 1976~1982년에 클레이턴이 발표한 몇 편의 인상적인 논문은 지혜가 과학의 연구 주제로 자리를 잡는 중요한 발단이 되었다. 그는 인지 능력, 성찰, 연민이 지혜의 기본적인 구성요소라고 주장했다. 이 세 가지는 모두 과학적으로 정의하고 측정할 수 있는 것들이다.

발테스 연구진과 클레이턴의 획기적인 성과를 눈여겨보고 더 확장하려는 연구자들도 등장했다. 하버드대학교 의과대학의 조

* 의식, 욕구, 동기, 외향성, 사회성, 공격성 등 직접 측정할 수 없는 인간의 추상적인 심리적 속성을 의미한다. 심리적 구성개념은 직접 측정할 수 없으므로 각각 유발한다고 추정되는 행동을 통해 측정한다.

지 베일런트George Vaillant, 코넬대학교의 로버트 스턴버그Robert Sternberg, 오스트리아 클라겐푸르트대학교의 유디트 글뤼크Judith Glück, 듀크대학교 의과대학의 댄 블레이저Dan Blazer, 플로리다대학교의 모니카 아델트Monika Ardelt, 캐나다 밴쿠버 랑가라 대학의 제프리 웹스터Jeffrey Webster, 시카고대학교의 하워드 누스바움Howard Nusbaum, 캐나다 온타리오 워털루대학교의 이고르 그로스만Igor Grossmann 등은 이 초기 연구에서 영감을 얻어 지혜 연구에 동참했고, 뒤이어 다른 학자들에게도 영감을 주었다.

이 연구자들은 나이 듦과 지능, 행복이 지혜와 어떤 관계인지를 중심으로 지혜의 본질을 심층적으로 밝혀냈다. 그러나 지혜가 속속들이, 더 바랄 나위도 없이 다 밝혀진 건 아니었다. 컬럼비아대학교의 심리학자이자 지혜 연구에 뛰어든 대표적 학자인 우르줄라 슈타우딩거Ursula Staudinger는 (아마 쓴웃음을 지으며) 이런 말을 남겼다. "지금까지 심리학계가 수행한 지혜에 관한 실증적 연구는 대부분 지혜의 정의를 더 정교하게 다듬는 데 주력했다."

존 내시의 조현병

내가 나이 듦과 지혜의 관계에 흥미를 느끼게 된 데는 좀 더 실질적인 계기가 있다. 중증 정신질환을 연구하던 중 뜻밖의 사실을 알게 된 것이 시작이었다. UC 샌디에이고 의과대학에서 노인 조현병 환자들을 연구하던 1990년대에 나는 너무나 놀라운 결과와 마주했다.

조현병은 파괴적인 정신질환이며 기본적으로 생각과 감정, 행동의 관계가 무너지는 병이다. 그래서 '정신의 암'으로도 불린다. 알츠하이머병은 보통 나이가 들면 발생하지만(예전에는 '노인성 치매'로도 많이 불렸다), 조현병은 대체로 청소년기나 성인기 초반에 나타나며, 발현되면 병세가 계속 나빠지는 경향이 있다. 조현병 진단을 받은 사람들은 훨씬 이른 나이에 다양한 신체 질병을 겪는다. 수명도 일반 인구보다 15~20년 짧고, 스스로 목숨을 끊는 환자들도 있다. 조현병 진단을 받은 사람의 20~40퍼센트가 자살을 시도한다고 추정되며, 그중 5~10퍼센트는 죽음에 이른다.

조현병은 청소년기와 20대 초반에 발현되는 경우가 많으므로 병을 안고 수십 년을 살아가는 환자가 상당수다. 나는 1990년대에 중년기와 노년기 조현병 환자 수백 명의 삶을 장기간 추적 조사했다. 동료들과 나는 환자들의 신경학적·생물학적 기능이 저하하면서 대부분 일반 인구보다 더 일찍 치매(알츠하이머병을 포함한 여러 유형의 치매)가 발생할 것이라고 예상했다. 조현병 진단은 곧 신체 기능의 이상, 질병, 절망이라는 나락을 예고한다는 것이 당시의 일반적인 견해였다. 영어로 조현병을 뜻하는 영어 단어 'schizophrenia'는 독일어에서 왔는데, 처음 뜻은 '조발성 치매'였다.*

그러나 우리 연구에서 놀라운 결과가 나왔다. 생애 후반기에 이른 조현병 환자 중에는 오히려 기능이 '더 나아진' 사람들이 많았다. 나이 든 조현병 환자들은 치료를 중단하면 병이 재발하고 더 심하게 고생한다는 사실을 과거의 고통스러운 경험으로 이미 잘 알았고, 따라서 투약 지시를 잘 따랐다(즉 치료 순응도가 높았다). 불법 약물을 남용하는 경향이나 정신이상 증상의 재발 빈도, 정신병원 입원 치료가 필요한 상태가 되는 비율도 전부 젊은 환자들보다 적었다. 나이가 들고 치료를 꾸준히 받는 동안, 환자 상당수가 자기 병을 관리하는 법과 삶을 살아가는 방법에서 '더 현명해졌다'는 표현이 어울리는 상태가 된 것이다. 우리 연구진이 이런 결과를 발표하자, 초기에는 애초 조현병 진단부터 잘못 내려진 것 아니냐며 의혹의 눈초리를 던지는 사람들도 있었다.

그로부터 얼마 후 영화 〈뷰티풀 마인드〉가 개봉했다. 1998년에 실비아 나사르Sylvia Nasar가 출간한 전기와 동일한 제목으로

◆ 조현병이 명확히 밝혀지지 않았던 시기에 스위스의 정신의학자 에밀 크레펠린(Emil Kraepelin)은 1899년에 나온 정신의학 교과서 개정판에서 '조발성 치매(Dementia Praecox)'라는 표현을 처음 사용했다. 이후 조현병의 특성이 더 자세히 밝혀지자 1908년에 스위스의 또 다른 정신의학자 오이겐 블로일러(Eugen Bleuler)가 크레펠린의 표현은 이 병의 본질을 제대로 담지 못하므로 새로운 용어가 필요하다고 설명하면서 '정신의 분리·분열'이라는 뜻의 그리스어를 토대로 한 독일어 'Schizophrenie'를 제안했고, 이것이 조현병을 뜻하는 영어 단어 'schizophrenia'의 기원이 되었다.

나온 이 영화는 작고한 노벨상 수상자 존 내시John Nash의 일생을 그린다. 내시는 젊은 시절에 게임이론이라는 혁신적인 이론을 세웠고, 그 공을 인정받아 1994년에 노벨상을 받았다. 동시대인을 통틀어 가장 비상한 인물로 꼽혔던 그는 조현병 환자였다.

내시는 20대 초반에 조현병 진단을 받았다. 전기경련요법, 인슐린 투여로 혼수상태를 인위적으로 유도하는 치료 등 온갖 약물치료와 심리치료를 받고 병원에도 자주 입원했지만, 어떤 것도 효과가 오래가지 않았다. 내시는 가족, 동료들과 떨어져 거의 홀로 지냈고, 때로는 어디로 사라져 사람들에게 암호 같은 내용이 담긴 엽서를 보내기도 했다. 그러다 한때 학계의 슈퍼스타로 떠올라 환한 빛을 발했던 프린스턴대학교에 불쑥 나타나 캠퍼스를 헤매고 다녔다. 내시는 "수학과 건물에서 자신의 경이로운 수학적 능력을 선보인 바로 그 칠판에 아무도 이해할 수 없는 공식을 끄적이는 외로운 존재가 되었다."

그런데 내시가 50대에 접어들자 병세에 변화가 나타났다. 증상이 누그러지기 시작한 것이다. 병이 호전되자 내시는 자신의 병을 새롭게 통찰할 수 있게 되었다. 60대가 되기 전에는 치료를 모두 중단해도 될 만큼 나아져서, 다시 프린스턴대학교에서 교수로 일하며 연구하고 학생들을 가르쳤다. 정말 오랜만에 학술지에 논문도 냈다. 그를 젊은 시절부터 알고 지낸 사람들은 "우리가 알던 존 내시가 돌아왔다"고 말했다.

하지만 조현병 증상이 완전히 사라진 건 아니었다. 느닷없이 환각과 망상이 덮치는 순간들이 있었다. 그러나 내시는 정상적인 생각과 그런 상태를 구분할 수 있게 되었다. 자신의 정신을 새롭게 이해하고, 증상이 시작되면 스스로 어떻게 다잡아야 하는지도 배웠다. 심리치료에 끌려다니는 대신 자기 생각과 행동을 정상으로 되돌릴 방법을 직접 탐색했다. "나는 노화 과정에서 자연히 일어나는 호르몬 변화 외에는 어떠한 약물의 도움도 받지 않고 내 비이성적인 생각에서 빠져나왔다네." 1996년에 내시가 오랜 친구인 프린스턴대학교의 교수 해럴드 W. 쿤Harold W. Kuhn에게 쓴 글이다.

노인 조현병 환자들을 조사한 우리 연구 결과에도 내시가 겪은 변화가 고스란히 나타난 부분들이 있었다. 젊은 시절부터 이 병에 마구 휘둘리며 고통스럽게 살아온 많은 환자가 생애 후반기에 이르자 정신건강이 서서히 회복되는 양상을 보였다. 나이가 들면서 몸은 점점 쇠약해지는데도 정신은 과거 수십 년간 조현병이 지속된 상태보다 건강해졌다. 지혜가 생겨났기 때문일까? 몇 년 뒤에 우리 연구진은 조현병 환자의 지혜 수준이 전반적인 건강, 기능과 연관성이 있다고 밝힌 논문을 발표했다.

조현병 같은 중증 정신질환을 앓는 사람들이 나이가 들어 신체건강이 나빠져도 더 현명해지고 정신 기능이 개선될 수 있다면, 병이 없는 사람들도 그렇지 않을까?

마침 그때 나는 UC 샌디에이고 의과대학 산하의 스타인 노화연구소 소장으로 지명되어 일하던 때였으므로, 동료들과 함께 샌디에이고 지역에 사는 노인 수천 명을 대상으로 새로운 연구를 시작했다. 참가자들에게는 우편으로 설문지를 보냈다. 일부는 우리 연구소를 직접 찾아왔고, 우리가 참가자들의 집이나 요양시설, 생활하는 곳에 찾아가기도 했다. 우리는 이 일반 인구군에서도 앞서 조현병 환자들에게서 발견된 '노화의 역설' 현상, 즉 나이가 들어 신체건강은 약해져도 정신건강과 삶의 만족도는 '증가'하는 현상이 나타난다는 사실을 확인했다. 물론 나이 든다고 모두가 무조건 그렇게 되는 건 아니다. 그러나 자기 삶을 잘 관리할 수 있는 긍정적 조치를 실천하는 사람들은 나이 들수록 더 행복해진다.

2016년에 우리는 좀 더 포괄적인 연구 결과를 발표했다. 21~100세 성인 약 1500명을 조사한 결과, 자신이 잘 늙고 있다고 느끼는 사람들은 나이가 들어 신체 기능에 이상이 생겨도 행복도와 회복력, 낙관성, 안녕감이 전반적으로 높았다. 참가자 개개인의 소득, 교육수준, 혼인 유무 같은 변수를 반영해도 마찬가지였다. 와인이나 좋은 가죽 신발처럼 사람도 오래될수록 좋아진다는 결과였다.

이 연구는 '성공적인 노화에 관한 평가'라는 다개년 연구 사업의 일환으로, 특정 지역의 성인을 무작위로 선정해 진행한 횡단연구였다. 참가자는 모두 캘리포니아의 샌디에이고 카운티 거주자였으며, 성별 비율은 거의 동일했고 평균연령은 66세였다. 학력은 고졸 미만이 20퍼센트, 대학 교육을 받은 적이 있는 사람이 60퍼센트, 대학원 교육을 받은 사람은 20퍼센트였다. 참가자의 76퍼센트가 비라틴계 백인이었고, 히스패닉/라틴계가 14퍼센트, 미국 국적의 아시아인이 7퍼센트, 흑인이 1퍼센트, 그 밖에 다른 민족 또는 인종이 2퍼센트였다. 횡단연구에서는 현상을 관찰할 뿐 원인과 결과는 알 수 없다. 또한 횡단연구의 결과에는 표적화한 연구 집단에서 나타난 사실만 반영된다.

나이 들수록 더 잘 지내게 된다는 이런 연구 결과는 직관과 어긋난다. 그래서 고무적이면서도 쉽게 받아들이기 어렵다. 아침에 일어날 때마다 관절염으로 안 쑤시는 데가 없고, 전립선비대증 같은 성가시기 짝이 없는 각종 질환에 시달리는 등 몸 여기저기가 삐걱대고, 가족들과 친구들은 먼저 세상을 떠나 새로운 아침을 함께 맞이하고 하루를 보낼 사람도 없는 생활, 그런 괴로운 현실 속에서 어떻게 행복할 수 있다는 걸까?

다른 의문들도 고개를 든다. 나이가 들수록 더 행복하다고 느끼는 이유는, 늙으면 어쩔 수 없이 잃는 게 생긴다는 사실을 차츰 받아들이기 때문은 아닐까? 그게 아니라면 정말로 나이가 들면 뇌기능에 어느 정도 개선되는 부분도 있다는 의미인가? 그런 사람들이 나이 들수록 더 지혜로워지는 걸까?

이 의문을 풀려면 먼저 해결해야 하는, 가장 까다로운 문제가 있다는 점을 깨달았다. 바로 '지혜란 무엇인가'의 답부터 찾아야 했다.

과학자들은 어디까지 밝혀냈을까

새로운 주제를 연구할 때는 가장 먼저 이미 발표된 문헌부터 검토해야 한다. 그래야 누가 다 발명한 것을 새로 발명하거나, 누가 다 찾아놓은 길을 다시 찾아내는 불상사를 피할 수 있다. 나도 그 단계부터 밟았다. 당시 우리 연구원이던 토머스 트레이 믹스 Thomas 'Trey' Meeks와 나는 미국 국립의학도서관의 논문 데이터베이스 'PubMed'와 미국 심리학회 데이터베이스 'PsycINFO'를 샅샅이 뒤져 지혜를 종교적·철학적으로 정의한 자료는 제외하고 실증적으로 정의한 논문을 모조리 찾아냈다. 이 과정에서 독일의 발테스 연구진이 수행한 연구들과, 이후 유럽과 미국을 중심으로 여러 노인학자·사회학자·심리학자가 수행한 연구들을 발견했다. 종합적으로, 지혜는 다양한 요소로 구성되는 복잡한 특성이라는 것이 전반적인 견해임을 알 수 있었다.

그렇다면 지혜를 구성하는 요소는 정확히 뭘까? 지혜의 정의가 명확하지 않으니 구성요소도 불확실했다. 과학자들이 수용하는 공통적 정의도 없이 어떻게 지혜를 과학적으로 탐구한다는 말인가? 트레이 믹스와 나는 이 문제부터 해결하기로 했다. 여러 연구진이 지혜의 구성요소로 제시한 것들을 표로 정리했더니, 제각각의 정의 속에서 가장 우선시되는 몇 가지가 보였다. 공감과 연민 같은 친사회적 행동과 감정조절, 인생의 불확실성을 인정하면서도 결단력을 발휘하는 것, 통찰력, 성찰, 인생에 관한 전반적 지식, 사회적인 의사결정 능력 등이었다.

이런 공통분모를 찾을 수 있었지만 새로운 의문이 떠올랐다. 우리가 찾은 논문들은 대부분 서구 지역의 연구소에서 일하는 서구의 과학자들이 거의 균일한 인구집단을 조사해서 도출한 결과였는데, 지혜는 문화적인 개념이다. 즉 다른 지역에서는 지혜를 다르게 정의하지 않을까? 다른 지역의 과학자들은 지혜를 어떻게 정의할까? 우리는 논문을 조사했지만, 과학자들이 그러한 방식으로 발표하지 않고 활용하는 지혜의 정의는 무엇일까? 우리 연구가 진정으로 가치 있는 결과를 내려면 조사 범위를 넓혀야 한다는 사실을 깨달았다. 그래서 지혜를 주제로 논문을 내거나 책을 저술한 적이 있는 전 세계 지혜 전문가들을 찾아 나섰다.

복잡하고 고된 과정이었다. 요약하면, 여러 전문가를 모아 익명으로 지혜에 관한 설문 조사를 진행하고 그 결과를 모아 분석한 다음, 그것을 바탕으로 다시 질문지를 만들고 전문가들의 답변을 받고 분석하는 과정을 여러 번 반복했다. 전반적인 공통 의견을 도출하려 할 때 쓰이는 델파이 기법이라는 방식이다.

우리가 모은 전문가들은 마침내 어느 정도 결론에 도달했다. 지혜란 경험을 바탕으로 형성되는 고차원적인 인지적·정서적 발달의 한 형태이며, 지혜는 측정·습득·관찰할 수 있다는 것이다. 실제로 우리는 어떤 사람들이 현명한 사람인지 안다.

전문가들은 나이가 들수록 지혜로워지며 이는 인간의 고유한 특성인 동시에 명확히 개인적 특성이라는 점에도 동의했다.

또한 (아직은) 약으로 지혜를 강화할 수는 없다고 보았다.

모든 전문가가 지혜를 정의하는 항목들에 전부 똑같이 동의하지는 않았지만, 의견이 뚜렷하게 집중된 몇몇 항목이 있었다. 다음에 제시한 항목들은 전문가 조사에 앞서 트레이 믹스와 내가 문헌 조사에서 찾아낸 지혜의 공통적인 정의와도 상당 부분 일치했다.

친사회적 태도와 행동 공감, 연민, 이타주의가 포함된다. 각각 정확히 어떤 의미일까? 공감은 다른 사람의 감정과 생각을 이해하고 자기 일처럼 여기는 능력이며, 연민은 공감을 상대방에게 도움이 될 만한 행동으로 표현하려는 것이다. 이타주의는 자기중심주의의 반대말로, 어떠한 외적 보상도 기대하지 않고 상대방을 돕는 행위다. 다른 사람의 처지에 서볼 수 있는가? 도움이 필요한 사람들을 돕고 싶은 마음이 드는가? 심리학에서는 자신과 다른 사람의 정신상태(신념, 욕구, 감정, 지식)를 아는 능력을 '마음 이론'이라고 한다. 우리의 행동은 다른 사람과 내가 연결되어 있다는 깨달음에서 시작되는 경우가 많으므로, 마음 이론은 연민의 필수 요건이다.

정서적 안정성과 행복감 자제력을 유지하고, 부정적 감정보다 긍정적 감정을 앞에 둘 줄 아는 능력이다. 고대 로마의 시인 호라티우스Horatius는 "분노는 순간적인 광기"라고 했다. 생각을 건너

뛴 뜨거운 감정만으로 원만하게 해결되는 일은 거의 없다.

결단력과 불확실성을 받아들이는 태도의 균형 불확실성을 인정한다는 것은 자기 생각만큼 타당한 여러 관점이 존재하며 상황이 달라질 수도 있음을 인정하는 것이다. 또한 자신이 오랫동안 마음 깊이 간직한 생각과 신념도 시간이 흘러 새로운 지식과 경험, 통찰이 생기면 바뀔 수 있음을 받아들이는 것이다. 이는 다른 사람들의 신념·욕구·의도·관점이 자신과 다를 수도 있음을 이해하고, 자신과 신념체계가 다른 사람을 두고 악하다거나 머리가 나쁘다고 할 수는 없음을 안다는 의미다. 단, 이같이 인생의 불확실성과 관점의 다양성을 수용할 필요는 있지만 어느 쪽으로도 치우치지 않는 태도만 너무 오래, 또는 너무 자주 고수하며 살 수는 없다. 당장 행동해야 할 때도 있는 법이다. 그런 순간에는 지금 손에 쥔 정보를 토대로, 나중에 틀린 선택으로 판명될 가능성을 감수하고 일단 실행에 옮겨야 한다. 행동하지 않기로 하는 것도 자신의 결정이다.

숙고와 자기이해 통찰력, 직관력, 자기인식 능력이 포함된다. 자기 자신, 자신이 품은 동기와 강점·약점을 스스로 분석할 수 있는가? 자신을 이해하는 건 생각보다 훨씬 어려운 일이다.

사회적 의사결정과 인생의 실용 지식 사회적 추론 능력, 남들에게 유익한 조언을 해줄 수 있는 능력, 인생의 지식과 삶의 기술을 공유하는 능력을 가리킨다. 남들과 공유하지 않는 지혜는 득보다는 실이 된다.

나와 트레이 믹스는 앞의 요소들이 지혜의 기본 토대라는 결론을 내렸다. 이 요소들은 하나하나가 독자적으로 존재하거나 다른 요소들과 분리되어 있지 않으며, 오히려 그 반대에 더 가깝다. 즉 전부 공통점이 있고, 어떤 부분은 놀라운 방식으로 겹친다. 그렇게 각 요소가 지혜라는 건물을 함께 지탱하는 기둥을 이룬다. 앞의 능력을 전부 갖추어야 지혜로운 사람이 되지만, 사람마다 각각의 능력은 다양할 수 있다.

지혜 연구에 뛰어들고 몇 년 지나 캐서린 뱅언Katherine Bangen이 우리 팀의 새로운 연구자로 합류했다. 트레이 믹스와 나, 뱅언까지 우리 셋은 두 번째 문헌 조사를 시작했다. 이번에는 새로 개발된 지혜 평가 방법들과 그 방법들을 활용해 지혜를 실증적으로 정의한 학술 자료를 조사했다. 결과는 1차 조사의 결과와 대부분 일치했다. 2차 조사에서 찾은 문헌들에서 지혜의 기본적인 구성요소로 언급된 것들은 우리가 이전에 찾아서 결론 내린 요소들과 다르지 않았는데, 영성이라는 중요한 요소가 새롭게 두드러졌다. 또한 그만큼 의견이 많이 모이지는 않았지만, 새로운 경험에 대한 개방성과 유머감각도 지혜의 구성요소로 새롭게 등장했다. '지혜의 과학적인 탐구'는 무르익고 있었다.

영성 한 가지 유념할 사실은, 영성과 종교성(신앙심)이 다르다는 것이다. 일반적으로 종교성은 조직적 또는 문화적 신념체계이며, 본질적으로 영성과 겹칠 수 있고 그런 경우가 많다. 그러나 종교성을 행동으로 옮기는 방식은 사회마다, 세계 여러 지역마다 큰 차이가 있다. 영성은 더 보편적인 개념으로, 개인이나 사회보다 더 큰 무엇이 존재한다는 인간의 깊은 믿음이다. 영성은 겸손을 낳고, 일상생활의 스트레스에서 벗어날 수 있는 편안함을 준다. 종교는 영성의 일부가 될 수 있지만, 영성의 의미와 범위는 종교보다 훨씬 방대하다.

앞서도 언급했듯이 우리는 지혜를 특정한 관점에서만 정의하는 것은 문제가 있다고 보았다. 지혜는 문화적 개념이므로 고대의 지혜는 지금과 의미가 달랐을 것이다. 즉 '솔로몬의 지혜'라고 불리는 그 지혜와 오늘날의 지혜는 다를 수도 있다. 그러므로 먼 옛날에는 지혜가 어떻게 정의되었는지 상세히 파악할 필요가 있었다. 나는 인도에서 《바가바드기타》를 배우며 자랐다. 간단히 '기타'라고도 불리는 이 경전은 700연으로 구성된 시 형식이며, 최소 수천 년 전으로 거슬러 올라가는 요가(수련 또는 수양의 방식)를 바탕 삼아 기원전 500~200년경에 쓰였다. 나는 우리 연구원이던 입싯 바히아Ipsit Vahia와 함께 UC 샌디에이고의 한 의료인류학자에게 조언을 구해가며, 온라인에서 찾을 수 있는 《바가바드기타》의 영어 번역본에 담긴 '지혜' 또는 '현명함' 그리고 그 반의어인 '어리석음', '우매함'을 조사했다. 이 단어들이 보통 어떤 맥락으로 쓰이는지 파악해, 이 경전에서 말하는 지혜가 어떤 요소들로 구성되었는지를 알아내는 것이 우리의 목표였다.

예를 들어《바가바드기타》에는 이런 구절이 있다. "[분노와 욕망은] 현명한 자의 영원한 적이며, 지혜를 가린다"(3장, 39연). 기본적으로 평정심이 미덕으로 여겨진다는 것, 현자는 감정의 균형을 잃지 않아 부정적인 쪽으로나 긍정적인 쪽으로 치우치지 않는다는 것을 알 수 있는 대목이다. 기쁜 일과 슬픈 일을 대하는 태도가 크게 다르지 않다는 의미이기도 하다. 우리는 이를 감정조절능력으로 해석했다.

《바가바드기타》에는 연민, 이타주의와 관련된 구절도 많다. "지혜로워지는 요가를 꾸준히 실천하고 절제하며 관대하고 희생하라"(16장 1연)는 대목이나 현명한 사람은 인정이 많으며 물질적 보상을 바라지 않고 희생한다는 내용 등으로, 우리는 이런 부분을 친사회적 행동으로 분류했다.

문헌 조사와 전 세계 전문가들의 의견을 모아 분석하는 과정을 거쳐 지혜의 전반적인 구성요소를 찾아낸 우리 연구 결과는 학술지《정신의학Psychiatry》에 게재되었다. 우리가 종합한 지혜의 구성요소는《바가바드기타》에서 찾은 지혜의 구성요소와 깜짝 놀랄 만큼 비슷했다.

몇 가지 다른 점도 있었다.《바가바드기타》에서는 신의 은총과 물질적인 것을 좇지 않는 태도를 강조했지만, 현대 서구사회에서는 그러한 요소가 지혜에서 그리 큰 비중을 차지하지 않는다. 그러나 일치하는 내용에 견주면 이런 차이는 아무것도 아닐 정도로 적었다. 지혜의 기본 개념이 수천 년의 시간을 넘어 서로 다른 문화에서도 크게 달라지지 않았다는 것은 정말 놀라운 일이었다. 나는 지혜에 생물학적 기반이 있을 가능성을 더욱 확신하게 되었다.

연구가 점점 더 흥미로워졌다. 일반적으로 인정되는 지혜의 정의를 마련했고, 이 정의가 오랜 시간, 무려 몇천 년 동안 거의 그대로 유지되었다는 사실도 확인했다. 이제 현대 과학의 새로운 가능성을 토대로 한 걸음 더 나아갈 차례였다. 더 현명해질 방법을 찾으려면, 지혜를 구성하는 각각의 요소가 뇌 어디에 자리하고 있는지 알아야 했다. 다음 단계는 지혜의 신경생물학적 연구였다.

그 내용은 2장에서 이어진다.

2
뇌와 지혜의 관계

> 이제 우리는 한때 형체 없는 영혼이라 여겨지던 것이 칼을 대면 절개되고, 화학물질의 영향을 받으며, 전기 자극으로 기능이 시작되거나 중단되고, 산소가 단시간에 과량 공급되거나 부족하면 전체 기능이 아예 꺼질 수도 있음을 안다.
>
> —스티븐 핑커Steven Pinker

> 인간의 뇌가 우리가 이해할 수 있을 정도로 단순하다면, 우리는 너무 단순해서 뇌를 이해할 수 없을 것이다.
>
> —에머슨 W. 퓨Emerson W. Pugh

'시작하는 글'에서도 이야기했듯이 나는 10대 시절에 프로이트가 꿈과 일상생활의 실수를 해석한 유명한 책을 읽고 매료되었다. 그 책에서 프로이트는 꿈의 내용이나 말실수('프로이트의 실언'으로도 불린다)의 예시를 제시하고, 거기에 잠재한 의미를 (자신의 정신분석 이론에 따라) 해독한다. 그 꿈을 꾸거나 말실수를 한 사람의 과거와 현재 행동은 이 해석에 단서로 쓰인다.

프로이트는 실수로 튀어나온 말이 그 사람의 무의식적 생각을 드러낸다고 설명한다. "네가 와서 기뻐"라고 하려다가 실수로 "네가 와서 화가 나"라고 말했다면, 입 밖으로 나온 그 말이 솔직한 감정이라는 것이다. 프로이트는 이런 식으로 수많은 실수에 숨겨진 의미를 풀이했고, 나는 그의 책을 읽으며 애거사 크리스티Agatha Christie의 추리소설을 읽는 듯한 기분을 느꼈다. 크리스티의 소설은 항상 살인사건으로 시작되며, 탐정 역할을 하는 주인공은 사람들의 다양한 행동과 주변 환경에서 단서를 모아 범인을 찾아내고 사건을 해결한다.

그러나 지혜의 탐구는 살인자의 생각을 파악하는 것보다 범위가 훨씬 크다. 프로이트는 모든 행동에 뇌의 생물학적 기반이 있다고 믿었으며 꿈은 심적 갈등, 주로 최근에 일어난 어떤 사건을 계기로 다시 깨어난 해묵은 갈등을 해소하려는 무의식적인 과정이라고 보았다. 또한 원시적 충동과 본능적 욕구에 따라 원하는 것을 거리낌 없이 이루려는 원초아(이드)와 이성적 자아, 사회가 중시하는 가치·도덕·기대로 형성되는 가혹하고 엄격한 초자아의 살벌한 충돌이 행동으로 드러난다고 설명했다.

꿈과 말실수에 관한 프로이트의 해석이 정확한지는 알 수 없었지만, 나는 그의 글을 읽고 물리적인 뇌 안에 궁극적인 답이 있다는 결론에 도달했다. 인간의 정신과 뇌를 향한 내 관심은 시간이 갈수록 커져만 갔다.

대다수가 '뇌'와 '정신'을 동의어로 쓴다. 뇌와 정신은 분리할 수 없으므로 그렇게 생각할 수도 있지만, 이 둘은 엄연히 다르다. 뇌는 형체가 있는 물체이고, 정신은 그렇지 않다. 뇌는 신경세포와 혈관, 유형의 조직들로 이루어지며 명확한 형태·무게·질량이 있다. 고유한 모양이 있고, 밀도는 젤리처럼 물컹물컹하다.

정신은 뇌의 기능, 즉 뇌를 구성하는 모든 세포 간의 상호작용과 인체 다른 세포 간의 상호작용, 각종 자극으로 촉발되는 생각·감정·행동·행위다. 정신은 형체도, 무게도, 질량도 없다. 우리의 신체 감각으로 보거나 느낄 수도 없다. 정신의 존재는 오로지 다른 정신만이 알 수 있다.

누구나 어떤 사람이 지혜로운 사람인지 알고, 지혜의 이러한 특성이 수 세기 동안 이어졌다는 점에서도 드러나듯 지혜가 시간을 초월한 보편적인 것이라면 인간의 뇌에 지혜가 어떤 식으로든 고정되어 있다고 충분히 추론할 수 있다. 자연은 쓸모 있는 것을 보존한다는 게 진화의 기본 법칙이다. 그렇다면 지혜는 뇌 어디에 고정되어 있을까? 그 위치는 어떻게 찾을 수 있을까?

지혜가 자리한 곳

인체의 모든 기관은 고유한 형태가 있지만, 뇌만큼 형태가 독특한 곳은 없다. 뇌는 타원형이며 두 개의 반구로 나뉜다. 표면에는 뇌의 상징인 구불구불한 이랑과 고랑이 있다. 살아 있는 사람의 뇌는 색깔도 다채롭다. 분홍색, 붉은색, 흰색, 검은색과 함께 음영이 50가지쯤 되는 회색빛도 나타난다.

이렇듯 뇌는 한눈에 알아볼 수 있는 기관이자 우리의 생각, 머릿속으로 곱씹는 일들이 쉼 없이 생성되는 주체(또는 시초)인데도 과학의 가장 거대하고 가장 오래된 수수께끼로 남아 있다. 윈스턴 처칠Winston Churchill의 표현처럼 "주름진 껍질이 수수께끼와 불가사의를 감싸고 있다." 척추 꼭대기에 자리한, 성분 대부분이 물인 이 1.2~1.4킬로그램짜리 울퉁불퉁하고 얼룩덜룩한 기관의 전기화학적 기능이나 세포, 또는 분자 수준의 기능에 관해 우리가 아는 건 별의 탄생에 관한 것보다도 적다.

이런 상황에서 지혜를 구성하는 공감, 자기이해, 감정조절 같은 기능이 뇌 어디에 머무는지는 어떻게 알아낼 수 있을까?

트레이 믹스와 나는 2009년에 이에 관한 논문을 발표했다. 우리 연구는 단순한 아이디어에서 출발했다. 먼저 구글 검색창에 '지혜wisdom'와 '신경생물학neurobiology' 두 단어를 함께 넣고 검색했다. 신경생물학은 신경계(뇌와 척수)의 해부학적·생리학적·병리학적 특성을 연구하는 학문이다. 검색 결과에는 우리가 찾는 내용이 거의 없었다. 학술논문만 추려도 대부분 논문 작성자의 이름이 'Wisdom'이거나 '사랑니wisdom teeth'에 관한 자료였다.

재미있는 결과였지만 실망스러웠다. '지혜'와 '신경생물학'이 제목이나 키워드에 둘 다 포함된 논문은 단 한 편도 없었다. 다른 방법을 찾아야 했다. 그래서 우리는 '지혜'와 '신경생물학' 외에 '연민'과 같은 지혜의 구성요소들도 검색어에 추가했다. 또한 연민의 결여가 특징인 반사회적 인격장애처럼, 지혜의 구성요소가 소실되거나 처음부터 없어서 발생하는 문제와 질병도 검색어로 정했다. '신경생물학'에도 같은 방식을 적용해 '신경해부학', '신경회로', '신경화학', '유전학' 등 신경생물학과 부분적으로 관련된 과학 분야의 명칭까지 검색어에 넣었다.

그렇게 검색하자 지혜의 개별 구성요소와 뇌 특정 부위의 연관성을 조사한 뇌영상 연구, 신경생리학적 연구, 신경생물학적 측정에 관한 연구 등 살펴볼 만한 논문들이 잔뜩 나왔다. 이 논문들을 통해 우리는 놀라운 사실을 알게 되었다. 자료마다 계속 반복해서 언급되는 뇌 부위가 있고, 특히 전전두피질과 편도체가 두드러진다는 것이었다. 뇌에서 지혜가 자리한 곳을 짐작할 수 있는 결과였다.

하지만 중요한 문제가 남았다. 지혜를 이루는 각 요소가 신경생물학적으로 어떤 특성이 있는지는 이 자료 조사로 더 많이 알게 됐지만, 그 내용만으로 전체적인 지혜를 파악할 수는 없었다. 지혜의 각 구성요소가 서로 어떻게 관계를 맺고, 그것이 어떻게 조합되어 지혜라는 이 단일하고 복잡한 특성이 형성될까? 뇌는 각 영역이 제각기 다른 기능을 수행하지만, 모두 특정한 신경회로를 통해 서로 긴밀히 연결되어 있다.

지혜와 뇌의 이 복잡한 관계를 제대로 이해하려면 먼저 뇌에 관한 기본 지식과 많이 쓰이는 용어부터 익혀야 한다.

정신의 대도시를 탐방하기

이 놀라운 기관을 살펴보기 전에 몇 가지 유념할 점이 있다. 첫째, 지금부터 나오는 뇌에 관한 정보는 전체 내용을 크게 요약한 것이다. 이 책은 교과서가 아니며, 기초적 사실을 숙지하자는 의미에서 정리한 내용이다. 둘째, 뇌의 아주 세부적인 영역들과 그곳의 극히 세부적인 기능을 설명하지만, 뇌는 전체가 한 덩어리로 기능한다는 사실을 잊지 말아야 한다. 마지막으로, 여기서 둘러볼 뇌의 기능은 모두 이른바 정상적이라고 일컬어지는 뇌가 기준이다. 즉 큰 병이나 선천적 기형, 물리적 외상, 열악한 식생활과 생활방식의 영향을 받지 않은 사람, 노년기에 이르지 않은 완전히 발달된 건강한 사람의 뇌기능이 기준이다.

인간의 뇌는 크게 대뇌, 소뇌, 뇌줄기(뇌간) 세 부분으로 나뉜다. 대뇌는 좌뇌와 우뇌 두 반구로 나뉘고, 각 반구는 머리 앞쪽의 전두엽과 뒤쪽의 후두엽, 그 사이에 있는 두정엽과 측두엽까지 모두 네 개의 엽으로 다시 나뉜다.

대뇌의 바깥층은 회색질로 되어 있다. 신경세포 그리고 신경세포 간 접합 부위인 시냅스로 이루어진 이 회색질은 대뇌피질이라고 불린다. 지혜를 연구하는 학자들이 뇌에서 가장 주목하는 곳은 전두엽 앞쪽의 전전두피질과 편도체다. 전전두피질은 동물의 뇌가 진화한 역사로 보면 가장 최근에 형성된 새로운 영역이다. 인간은 다른 동물보다 이 전전두피질이 비교적 큰 편으로, 이마 바로 뒤부터 뇌 앞면의 3분의 1을 차지한다. 이와 달리 아몬드처럼 생긴 작은 알맹이가 한 쌍을 이룬 형태인 편도체는 인간의 뇌에서 가장 오래전에 형성된 부분인 변연계의 깊숙한 곳, 뇌줄기 꼭대기에 자리한다. 발달한 정도에는 차이가 있지만, 편도체는 뇌가 있는 모든 동물에게서 거의 보편적으로 발견된다.

뇌가 진화한 과정을 공에 새로운 겹이 계속 덧씌워져 점점 커지는 과정으로 생각하면, 변연계의 위치를 이해하는 데 도움이 된다. 원시적인 생물일수록 변연계가 뇌에서 차지하는 비중이 크고, 의식적인 생각과 같은 고차원적 기능을 전담하는 뇌조직은 거의 또는 아예 없다. 반면 수백만 년에 걸쳐 진화와 자연선택을 겪은 인간의 뇌는 생존에 유리한 방향으로 변형·개선되면서 층이 계속 더해졌다. 변연계도 당연히 남아서 호흡과 혈류를 조절하고 감정·기억·후각 등 인체의 여러 기초적 기능을 보조하지만, 그 바깥을 고차원적 생각이 생겨나는 훨씬 거대하고 두툼한 대뇌가 둘러싸고 있다. 소뇌를 포함한 후뇌*는 그보다 크기가 작고, 대뇌 뒤편 아래쪽에 자리한다.

인간의 뇌를 탁자 위에 지도를 펼치듯 쫙 펼친다고 상상해보자. 뇌 겉면에 발달한 주름을 전부 펴면 표면적이 넓어지고, 한 곳에서 다른 곳으로 가는 경로가 짧아진다. 이렇게 평평하게 펼친 뇌의 면적은 작은 식탁보와 비슷한 2500제곱센티미터다. 이 정신

* 소뇌, 연수, 뇌교를 묶어 후뇌라고 한다.

의 대도시는 여러 구역으로 나뉘고, 지혜의 구성요소는 그중 몇 군데에 머물고 있다.

우리가 가장 먼저 방문할 곳은 전전두피질이다. 일단 규모부터 상당하고 매우 정교한 이 영역에서 친사회적인 태도와 행동이 생겨난다. 모두 공공의 선을 성실히 추구하고, 내가 남을 도우면 남들도 나를 도와줄 것이고, 누구나 더 위대하고 훌륭한 것을 바란다는 내재적 신념과 이해가 있어야 친사회적인 태도와 행동이 나타난다. 공감과 이타주의는 친사회적 태도에 포함되고, 둘 다 생물학적으로 깊은 뿌리가 있다. 신난 표정으로 자기 생일 케이크의 촛불을 끄는 어린아이의 모습을 흐뭇하게 지켜볼 때, 영화를 보다가 감동적인 장면에서 울음을 삼킬 때, 우리 뇌의 전전두피질에 있는 거울뉴런은 상대방의 뇌와 같은 패턴으로 활성화한다. 연구에서 참가자들에게 여러 질문을 던지고 답하게 하는 방식으로 자신의 이타성을 직접 평가하게 하면, 무의식적으로 다른 사람의 몸짓을 많이 따라 하는 사람일수록 점수가 높게 나온다. 그런 사람들이 다른 사람의 고통을 똑같이 느낀다고 할 때는 결코 빈말이 아니다. 적어도 뇌 안에서 일어나는 반응은 실제로 그렇다.

물론 인간의 공감과 이타주의는 뇌의 신경세포가 다른 사람과 똑같이 활성화하는 것만으로 설명할 수 없는 훨씬 복잡한 현상이다. 일부 예외를 제외하면 우리는 누구나 다른 사람의 감정·의도·신념·욕구를 이해하는 능력이 있으며, 자신의 감정·의도·

신념·욕구와 다르더라도 이 능력은 똑같이 발휘된다. 정신이 도출하는 결론은 사람마다 전부 달라도, 기능하는 방식은 다 비슷하다. 그래서 나는 여러분의 생각을 직감할 수 있고, 같은 방식으로 누구나 다른 사람의 정신상태와 행동을 이해·설명·예측할 수 있다. 이런 능력이 없으면 사회적 유대가 형성될 수 없고 현명해질 수도 없다.

뇌 탐방의 두 번째 목적지는 전전두피질과 그 주변에 자리한 전대상피질, 후부 상측두 고랑, 측두엽과 두정엽의 연접부다. 사회적 의사결정과 인생에 필요한 실용 지식이 생겨나는 곳들이다. 번지르르한 표현을 걷어내고 풀어서 설명하자면, 우리가 자기 자신과 다른 사람들에 관해 아는 것, 끊임없이 변화하는 주변 여건과 각종 문제에 대처하는 방법에 관한 지식이 생겨나는 영역이다. 이는 우리가 남들보다 앞서 나가면서도 남들과 잘 지내기 위해 활용하는 '사실'이다. 울고 있는 아이나 배우자를 잃고 슬퍼하는 사람을 보면 호되게 꾸짖거나 경멸하며 비웃기보다 토닥여주고 위로해야 한다는 것을 은연중에 아는 이유다.

지혜의 또 다른 중요한 구성요소인 감정조절, 또는 항상성 유지 기능은 전전두피질의 배측 전대상피질 주변에서 생겨난다. 항상성은 균형의 다른 말이다. 우리 몸을 비롯한 우주의 모든 것은 항상성을 유지하려 한다. 즉 안정적 상태를 유지하는 방향으로 맹렬히 나아간다. 우리 몸은 너무 더우면 땀을 흘리고, 너무 추우면 몸을 떨고, 물이나 음식이 필요하면 목이 마르거나 배가 고프다는 신호를 보내는 등 매 순간 끊임없이 내부 환경을 조정하며 적절한 평형상태를 유지하려 한다.

항상성의 범위에는 심리적 기능도 포함된다. 불안정한 상태에서는 지혜도 없다. 항상 화가 나 있거나 부정적인 감정에 사로잡혀 있으면 현명하게 행동할 수 없다. 5세기에 불교 주석서를 저술한 붓다고사Buddhaghosa는 화를 붙들고 있는 건 뜨거운 석탄을 쥐고 던질 곳을 계속 물색하는 것과 같다는 글을 남겼다. 그래봐야 손을 데는 건 자기 자신이다. 감정과 인지, 느낌과 생각은 음과 양처럼 반드시 균형이 유지되어야 한다. 화내고 시기하는 것이 필요할 때도 있고 그럴 만한 이유가 충분한 경우도 있지만, 그럴 때도 감정을 현명하게 활용하고 현명한 결과를 얻도록 능숙하게 관리할 수 있어야 한다. 마찬가지로 늘 들떠 있거나 맹목적으로 만사를 좋게만 보는 것도 어리석다.

이제 전전두피질의 내측 전전두피질에 잠시 머물면서 그 주변의 후대상피질과 쐐기앞소엽, 아래마루소엽을 둘러보자. 모두 지혜의 네 번째 중요한 구성요소인 숙고와 자기이해가 생겨나는 곳이다.

고대 그리스인들은 “그노티 세아우톤Gnothi seauton”, 즉 “너 자신을 알라”고 했다. 지혜의 구성요소 중에 이만큼 보편적으로 인정되는 것도 없을 것이다. 숙고는 어떤 주제를 신중히 잘 생각해보는 것을 말하며, 이는 지혜의 기본 바탕이다. 솔로몬 왕, 에이브러햄 링컨Abraham Lincoln, 엘리자베스 1세Elizabeth I, 마틴 루서 킹 주니어Martin Luther King Jr. 등 '지혜' 하면 떠오르는 대표적인 인물이 아무 생각 없이, 발생할 수 있는 여러 결과를 가늠해 보지도 않고 무작정 행동하는 모습은 상상하기 힘들다. 솔로몬 왕이 어떻게 생겼는지는 아무도 모르지만, 링컨의 얼굴에서는 고뇌와 힘든 결정이 고스란히 읽히고, 마틴 루서 킹 주니어의 격앙된 음성에서는 이성적 언어에 담긴 간곡한 호소가 느껴진다. 경솔함과 지혜는 공존할 수 없다.

전전두피질의 전대상피질 바로 아래에서는 삶의 불확실성을 인식하고 새로운 지식·경험·통찰을 토대로 생소한 생각과 신념을 배우고 수용하는 능력, 참을성, 다른 사람을 수용하는 태도가 생겨난다. 참을성 없이는 공감도, 연민도, 유대도, 결집도 있을 수 없다. 다양한 관점, 자신과 정반대인 시각도 참고 받아들이는 태도는 지혜에서 성찰과 친사회적 태도만큼 중요한 몫을 차지한다. 참을성(인내)은 인생과 사람, 상황을 무시하거나 비난부터 하고 보는 대신에 다각도로 보는 능력이자, 그런 시각을 취하려는 의지다. 이 세상은 흑백이 아니라 우리 뇌처럼 다채로운 색이다. 옳은 길과 틀린 길이 있을 수도 있지만, 모든 길을 전부 따져보지 않고서는 어느 길이 맞는지 알 수 없다.

전전두피질에서 전대상피질, 안와전두피질(안와, 즉 눈구멍 바로 위쪽에 있어서 붙은 이름이다)과 나란히 자리한 곳이 우리의 마지막 목적지다. 삶이 불확실하고 모호하다는 점을 인정하고, 그럼에도 행동하고 실행하는 능력이 생겨나는 곳이다.

옳다고 할 만한 길이 없을 때도 있다. 또한 우리 지식에는 늘 한계가 있다. "누구나 무지하다. 무엇에 무지한지만 다를 뿐이다." 미국의 정치인이자 배우였던 윌 로저스Will Rogers가 한 말이다. 모든 걸 다 알 수는 없고 미래를 예견할 수도 없다는 사실이 극심한 불안감을 일으킬 수도 있다. 모든 문이 닫혀 있어도, 가까이 가서 손잡이를 돌려보면 열리는 문이 있을 수 있지만, 문 뒤에 뻥 뚫린 수직의 나락이 기다릴 수도 있다면? 우리는 그럴 때조차 가끔은 눈 딱 감고, 추락한다면 날개라도 돋아나길 바라는 마음으로 일단 문을 열어젖히는 쪽을 택한다.

UC 샌디에이고의 내 동료 아지트 바르키Ajit Varki와 고인이 된 대니 브라워Danny Brower는 2013년에 나온 공저《부정 본능 Denial》에서 인간의 이런 특성에 관해 꽤 설득력 있는 주장을 펼쳤다. 바르키와 브라워에 따르면, 약 10만 년 전 인간의 정신에 변화가 일어나 여느 동물들과는 다른 새로운 인지 기능과 행동이 발달했다. 인간은 그때부터 삶의 의미를 깊이 숙고했으며, 우리는 필연적으로 죽을 수밖에 없는 존재라는 섬뜩한 사실을 곧 깨달았다. 그 두려움을 가라앉히기 위해 현실부정이라는 독특한 능력이 발달했다는 게 두 사람의 설명이다. 현실부정이 발달하면서 인류는 위험을 알면서도 감수하고, 자기 삶과 자유, 행복이 더 중요하다고 판단하면 과학적으로 입증된 사실도 무시할 수 있게 되었다. 또한 죽음마저 자신과는 무관한 일처럼 여기거나 외면할 수 있게 되었다.

지혜는 우리가 죽음의 필연성이 주는 두려움을 극복할 수 있게 도와준다. 지혜는 인생에 (삶이 유한하다는 사실 외에는) 확실한 건 아무것도 없음을 받아들이고, 주어진 시간을 현명하게 써야 한다는 사실을 이해하게 한다.

지혜와 직접적으로 관련은 없지만 지혜에 큰 영향을 주는 뇌 영역이 두 군데 더 있다. 하나는 좌우 반구 양쪽의 외측 고랑(뇌 양쪽 측면에 전두엽이 두정엽을 덮은 부분처럼 보이는 뚜렷하고 깊은 주름)에서 안쪽으로 접혀 있는 대뇌피질의 한 부분인 섬엽이다. 두 반구에 하나씩 있는 이 섬엽은 의식 그리고 정서적 항상성 유지와 관련된 다양한 기능에 관여한다.

지혜에 영향을 주는 다른 한 곳은 해마다. 바다 생물 해마와 꼭 닮은 이 한 쌍의 자그마한 구조는 내측두엽 안쪽 깊숙이 자리한다. 정보를 통합해 단기기억을 장기기억으로 저장하고 공간에서 방향을 찾는 기능을 담당한다고 많이 알려졌지만, 해마가 발휘하는 영향은 그보다 훨씬 방대하다.

잠깐 스치고 지나간 향수 냄새만으로 한때 마음을 빼앗겼던 사람이 떠오르는 것, 난생처음 와본 장소인데도 어쩐지 익숙하게 느껴지는 데자뷔는 해마가 오랜 기억을 끄집어내거나 각기 따로 존재하던 기억을 하나로 모은 결과다. 엄밀히 따지면 지혜를 만드는 신경회로는 아니지만, 현명하게 생각하고 행동하려면 반드시 해마가 제대로 기능을 해야 (즉 기억력이 정상적으로 발휘되어야) 한다.

사기꾼과 선구자가 남긴 것

이제는 지혜의 여러 구성요소가 밝혀지고 이 각각의 요소가 뇌에서 대략 어디에 자리하는지도 밝혀졌다. 단, 뇌는 다양한 부분이 조화를 이루며 대체로 함께 기능한다는 사실을 기억해야 한다. 뇌에서 지혜가 머무는 곳에 관한 우리의 지식은 굽이굽이 먼 길을 돌아 지금에 이르렀다. 잘못된 길로 들어서거나 막다른 길목에 다다른 적도 있다.

그 과정을 살펴보면, 프란츠 요제프 갈Franz Joseph Gall과 코르비니안 브로드만Korbinian Brodmann이라는 사람이 눈에 띈다. 한 명은 사기꾼이고, 다른 한 명은 선구자다.

프란츠 요제프 갈은 독일의 천주교 집안에서 태어났다. 그래서 주변인들은 그도 신부가 되리라고 예상했지만, 의학 역사가 에르빈 아커크네히트Erwin Ackerknecht에 따르면 갈이 인생에서 가장 뜨거운 열정을 느낀 대상은 "과학, 정원, 여자"였다.

갈은 열아홉 살이던 1777년에 신학대학이 아닌 의과대학에 진학해 인간과 유인원은 서로 밀접한 관련이 있다고 믿은 비교해부학자 요한 헤르만Johann Hermann의 지도를 받았다. 당시에 헤르만의 주장은 널리 수용되는 견해가 아니었다. 진화를 밝혀낸 찰스 다윈Charles Darwin의 역작 《종의 기원On the Origin of Species》은 1859년에야 나왔다.

갈은 열띤 관찰자였다. 의대 시절에 그는 머리가 아주 좋은 학생들은 눈이 툭 튀어나왔다는 공통점을 발견하고, 결코 우연한 현상이 아니라고 결론 내렸다. 헤르만을 비롯한 그의 지도교수들은 자연적 현상을 관찰하는 것이 중요하다고 강조했다. 갈은 첫 직장인 (오스트리아) 빈의 한 정신병원에서도 '미친 사람들'을 열심히 관찰하며 그 가르침을 적극 실천했다. 그가 가장 주목한 것은 환자들의 두개골 크기와 얼굴 특징이었다.

갈의 머릿속에서 새로운 개념이 움트고 있었다. 그는 사람과 동물의 두개골을 수집하기 시작했고, 뼈의 전체적인 윤곽을 탐구하기 위해 밀랍으로 모형도 만들었다. 그리고 동물이나 사람이 생전에 했던 특징적 행동과 머리뼈의 형태가 어떤 연관성이 있는지 분석했다. 예를 들어 야생 고양이의 강한 육식 충동과 명확히 관련된 뇌의 형태적 특징 또는 무게를 조사하거나, 갓 처형된 유명한 도둑의 두개골을 얻어서 손버릇이 나쁜 성향과 관련된 머리뼈의 특징을 찾는 식이었다. 그가 1802년까지 수단과 방법을 가리지 않고 수집한 사람의 두개골은 300여 개에 이르렀다. 석고 모형도 120개였다.

갈은 인간의 선천적인 심리적 특성을 27가지로 나누고, 그가 '껍질'이라고 칭한 대뇌의 바깥 표면(대뇌피질)에 각각의 특성과 연결되는 영역들이 있다고 보았다. 그는 이 27가지 심리적 특성을 '근본 기능'이라고 일컬었다.

그는 이 근본 기능 중 번식 본능, 애정을 느끼는 것, 자기방어, 시공간에 대한 감각 등 19가지는 다른 동물에게도 있으며 나머지

8가지는 인간에게만 있는 고유한 기능이라고 주장했다. 이 8가지에는 시적인 재능, 종교, 위트 그리고 지혜가 포함되었다.

갈은 이 27가지 기능이 각각 뇌의 특정한 위치에 자리한다고 생각했다. 이를테면 '확고한 목적의식'은 정수리 부근에, '살인 성향'은 귀 바로 위에, '언어'는 눈 아래쪽에 있다고 주장했다.

또한 그는 침대 위에 이불을 덮어도 그 아래에 깔린 매트리스나 침구의 울퉁불퉁한 모양이 이불 위로 드러나듯이, 이 근본 기능이 두개골의 형태와 굴곡에 영향을 준다고 확신했다. 즉 두개골의 불규칙한 굴곡은 뼈 아래, 뇌의 특정 영역이 제각각 담당하는 기능의 상태를 나타낸다고 보았다. 이를 토대로 그는 사람의 머리를 만져보면서 이 불균질한 굴곡을 찾고 측정해 그 사람의 성향과 정신적·도덕적 능력의 발달수준을 평가하는 '두개 진찰 cranioscopy'을 개발했다. 이러한 탐구에는 '골상학phrenology'이라는 이름이 붙었다. '정신'과 '지식'을 뜻하는 그리스어 단어를 합친 용어였다.

골상학은 대중의 상상력을 금세 사로잡았다. 기상천외한 주장 같긴 해도 이해하기 쉬웠던 덕에, 얼마간 엄청난 인기를 구가했다. 과학적인 탐구 절차도 확립되지 않았고, 수용할 수 있는 확실한 근거의 기준도 정해지지 않은 시대였다. 골상학은 그 시대의 특정한 사회적 통념과 맞아떨어지는 측면이 있었고, 얼핏 과학적인 '것처럼' 느껴졌다. 골상학을 다룬 책과 안내서가 쏟아져 나왔으며 순회강연도 이어졌다.

골상학은 엉뚱하고 어리석은 이론이었다. 골상학을 지지한 사람들조차 각 근본 기능의 위치를 두고 의견이 엇갈렸다. 아무도 그 기능이 발휘되는 위치를 정확히 알거나 그곳에서 정말 그 기능이 발휘되는지 증명하지 못하는 상황이 이어지자, 1840년에 이르러 골상학은 거의 외면되거나 신빙성을 잃었다.

"골상학은 심리학의 중대한 오점이다." 영국의 실험심리학자 존 칼 플루겔John Carl Flugel이 1933년에 남긴 말에는 유감스러운 심정이 묻어난다.

그러나 갈은 한 가지 중요한 과학적 개념을 알리는 데 어느 정도 기여했다. 바로 '기능마다 위치가 있다'는 것, 다시 말해 뇌에는 저마다 다른 기능을 수행하도록 특화한 여러 영역이 있다는 개념이다. 갈의 연구는 인간의 뇌 지도를 만들려는 최초의 개념적 시도였지만, 과학적 근거가 없는 유사과학이었다. '현명함'이 전두엽의 피질 근처에 있다고 한 것이나 '우정과 애정'이 머리 뒤쪽에 자리한다는 그의 주장은 우연히 맞아떨어졌을 뿐이다.

갈이 세상을 떠나고 40년 뒤인 1828년, 독일의 신경학자 코르비니안 브로드만이 태어났다. 그는 뇌의 전반적인 해부학적 특징과 뇌세포가 기능적으로 체계화하는 방식인 세포구축학을 토대로 대뇌피질 지도를 만드는 일에 뛰어들었다.

브로드만은 의대 공부를 마친 후 독일 예나대학교의 정신과 클리닉에서 일했다. 그에게 기초 신경과학 연구에 매진하라고 설득한 사람은 그곳에서 만난 알로이스 알츠하이머Alois Alzheimer

였다.

브로드만의 연구는 광범위했다. 포유류 뇌에 관한 기초 연구를 임상 관찰에 결합하고, 사람 뇌의 해부학적 구조를 영장류·설치류·유대류 동물의 뇌와 비교했다. 또한 대뇌피질의 각 부분이 어떤 기능을 하는지 알아내기 위해 각각을 자극하는 한편, 특정 영역에 생긴 병소에 주목했다(다른 학자들도 그와 같은 방식을 활용했다). 즉 살아 있는 실험동물과 사람의 뇌 특정 영역을 정밀하게 자극하고 무슨 일이 일어나는지 관찰했다. 동물의 오른쪽 다리가 움직였나? 코가 움찔거렸나? 반대로 뇌의 특정 부위에서 관찰된 손상(병소 등)이 몸에 나타나는 변화와 어떤 상관관계가 있는지도 추적했다.

브로드만의 연구는 집약적이고 생산성이 높았다. 이러한 연구 끝에 그와 과학계는 최초의 뇌기능 지도라는 놀라운 성취를 거두었다. 그러나 안타깝게도 브로드만은 마흔아홉의 나이에 폐렴과 잇따른 패혈성 감염으로 갑작스레 세상을 떠나 이 영광을 오래 누리지 못했다.

그의 성취는 신경과학에 길이 남았다. 브로드만은 대뇌피질을 52개 영역으로 나누고('브로드만 영역'으로 불린다), 이를 조직학적 기준에 따라 11가지 분류로 묶었다. 그는 각 영역이 생리학적 특징과 구조가 다르며, 기능도 다르다고 보았다. 예를 들어 측두엽의 브로드만 영역 41과 42는 청력과 관련이 있고, 후두엽의 브로드만 영역 17과 18은 일차 시각에 관여한다고 추정했다. 일찌

감치 앞을 내다본 브로드만의 연구는 반짝 화제가 되었다가 사라진 갈의 연구와 달리 오래 남았다. 브로드만이 수립하고 이후에 다듬어진 대뇌피질의 체계는 현대 과학자들이 뇌의 구조·체계·세포와 다양한 기능을 설명하고 논의할 때 여전히 쓰인다. 브로드만은 뇌가 신경생물학적으로 별개인 동시에 상호연결된 다채로운 영역들로 구성된다는 사실을 확실히 다지는 데 기여한 여러 학자 중 한 사람이었다.

피니어스 게이지의 비극

브로드만은 실험동물의 뇌에서 그가 영역 4로 지정한 부분(일차 운동영역)을 자극하면 동물의 사지가 움직인다는 것을 관찰로 확인했다. 흥미로운 결과지만, 이것만으로는 동물과 사람의 뇌기능이 지혜와 무슨 관련이 있는지 알 수 없다.

그런데 브로드만이 래트(쥐)의 뇌에서 영역 4를 자극하는 게 아니라 손상을 입히자 반대쪽 사지가 마비되었다.* 사람에게는 이런 실험이 절대 허용되지 않는다. 혹시라도 시도했다가는 과학 연구를 할 때 반드시 따라야 하는 규칙을 모조리 위반하게 된다. 그래서 과학자들은 자연히 일어난 현상에서 답을 찾는 자연실험을 활용한다. 머리에 외상을 입거나 뇌졸중으로 팔이나 다리가 마비된 사람의 뇌를 MRI(자기공명영상)으로 확인해보면, 실제로 영역 4에서 브로드만이 래트의 뇌에 입힌 것과 비슷한 손상이 발견된다.

그렇다면 현명했던 사람이 뇌손상이나 뇌질환의 영향으로 현명함을 잃을 수도 있을까? 나는 이 궁금증을 풀어줄 자연실험이 있는지 문헌을 뒤져보기로 했다. 이번에도 구글 검색은 허탕이었다. 검색 결과의 범위가 너무 넓은 게 문제였다. 그래서 동료들과 나는 조사 방향을 바꾸어 지혜의 특정 구성요소를 잃은 사람들의 사례를 찾아보기로 했다. 그 결과 '지혜'라는 표현이 쓰이지는 않았지만 '현대판 피니어스 게이지Phineas Gage'라 할 만한 사례를 보고한 논문을 10편 이상 찾을 수 있었다.

피니어스 게이지의 이야기는 지혜롭던 사람이 더 이상 지혜롭지 않은 사람으로 바뀔 수 있음을 보여준 가장 유명한 사례다. 1848년 9월 13일 오후, 미국 러틀랜드·벌링턴 철도공사 직원이었던 게이지는 다른 인부 한 명과 함께 버몬트주 캐번디시 인근에서 철로가 놓일 길을 가로막은 바위 더미를 제거하던 중이었다. 현장감독인 게이지는 주변 지인들 사이에서 일솜씨가 좋은 사람으로 알려져 있었다.

그날 게이지는 아주 까다로운 기술이 요구되는 위험한 작업

◆ 영역 4는 전두엽에서 좌우 반구에 걸쳐진 중심앞이랑에 있다.
반대쪽 사지가 마비되었다는 것은 좌뇌 쪽의 영역 4를 자극하자
동물의 오른쪽 다리가, 우뇌 쪽의 영역 4를 자극하자
동물의 왼쪽 다리가 마비되었다는 뜻이다.

을 맡았다. 당시 바위 제거 작업은 다음과 같이 진행되었다. 먼저 제거하려는 바위에 구멍을 뚫고 화약을 채워 넣은 다음, 철제봉으로 구멍 깊숙이 화약을 (조심스럽게) 밀어 넣는다. 그러면 보조 인부가 그 위에 모래나 점토를 붓고, 마지막으로 폭발이 바위에 집중되게끔 구멍 안의 혼합물을 다시 철제봉으로 잘 다져 넣은 후 바위를 폭파했다.

게이지는 이 작업에 특수 제작한 철제 다짐봉을 사용했다. 길이 1.1미터 이상, 무게 6킬로그램쯤 되는 이 철제봉은 구멍에 화약을 깊이 밀어 넣을 수 있도록 끝부분이 뾰족하게 만들어져 생김새가 투창과 비슷했다.

그 운명적인 날에 정확히 무슨 일이 일어났는지는 이야기마다 조금씩 다르게 전해진다. 보고된 내용에 따르면 게이지는 이 작업 중에 자신이 관리하는 다른 인부가 멀리 떨어진 곳에서 바위 파편을 수레에 옮겨 담는 모습을 지켜보느라 잠시 주의가 흐트러졌다. 폭약을 바위 구멍에 집어넣다가 고개를 다른 쪽으로 돌리는 바람에 다짐봉이 바위와 너무 세게 부딪혀서 스파크가 일어났을 수도 있고, 어느 목격자의 추측처럼 구멍에 봉을 너무 힘주어 쑤셔 넣었을 수도 있다. 원인이 무엇이든 폭약에서 갑자기 불길이 일어났고, 바위에 꽂혀 있던 철제봉은 탄도미사일처럼 위로 튕겨 나왔다.

봉은 게이지의 얼굴 왼쪽 광대뼈 바로 아래를 뚫고 들어가 왼쪽 눈 뒤편을 관통하고 왼쪽 전두엽 아래를 지나 이마에서 머리

카락이 시작되는 선 바로 뒤, 두개골 꼭대기로 튀어나왔다. 그대로 20미터 넘게 날아간 봉은 재미 삼아 던진 주머니칼처럼 땅에 수직으로 내리꽂혔다. 목격자들은 그 봉의 표면에 "불그스름하고 미끌미끌한 뇌조직이 얼룩져 있었다"고 전했다.

놀랍게도 게이지는 폭발과, 철제봉이 미사일처럼 몸을 관통하는 일을 한꺼번에 겪고도 죽지 않았다. 심지어 의식도 잃지 않았다고 전해진다. 사고 후 몇 분간은 걸어 다니고 말도 했다. 동료들이 서둘러 그를 소가 끄는 수레에 태워 마을로 데려갈 때도 꼿꼿이 앉아 있었고, 마을에 도착한 뒤에는 의사가 올 때까지 숙소 앞마당 의자에 앉아 있었다.

이윽고 도착한 의사는 눈앞에 펼쳐진 광경에 기겁했다. 의사는 "게이지의 두피 바깥으로 머리뼈가 뒤집힌 채 삐죽 튀어나와 있었다"고 기록했다. 정작 게이지는 자신을 보고 놀라는 의사에게 우스갯소리를 했다. "선생님, 할 일이 아주 많으시겠습니다."

할 일이 많은 정도가 아니었다. 이 사건은 그런 일인 줄 전혀 모른 채 치료하러 온 캐번디시의 그 의사는 물론이고 몇 세대에 걸쳐 수많은 신경과학자에게까지 엄청난 일감을 안겨주었다.

사고 전에 게이지는 용모가 단정하고 반듯했다. 그를 치료한 존 M. 할로John M. Harlow 박사는 그가 근면성실함의 대명사 같은 사람이었다고 설명했다. "학교교육은 받지 않았지만 생각이 올바른 사람이었다. 지인들은 게이지가 빈틈없고 영리한 사업가이며 맡은 일을 매우 열정적으로 계획하고 끈질기게 실행하는 사람이라고 했다."

철로 공사 현장에서 일어난 사고 이후의 게이지에 관해 할로는 간결하고 신랄한 평가를 남겼다. "더 이상 예전의 게이지가 아니다."

할로의 글에서는 한탄마저 느껴진다. "변덕스럽고 불손하며, 때로는 이루 말할 수 없이 심한 욕설을 퍼붓는다(예전에는 볼 수 없었던 모습이다). 주변 사람들을 전혀 존중하지 않는 태도를 대놓고 드러내며, 자신이 원하는 것을 못 하게 말리거나 충고하면 참지 못한다." 한동안 치료를 받고 건강이 회복된 게이지는 부모님이 사는 뉴햄프셔 레버넌에서 농사일을 시작했지만 오래가지 못했다. 장거리 역마차 마부로 일하며 칠레를 오가기도 했다. 사고 여파로 건강이 수시로 나빠졌고, 말년에는 발작에 시달렸다. 그러다 1860년 5월 21일, 샌프란시스코의 어머니 집에서 서른일곱의 나이로 세상을 떠났다.

게이지는 사고 후 분명 전과는 다른 사람이 되었다. 폭발과 함께 다짐봉이 뇌를 관통하면서, 게이지를 게이지답게 만드는 뇌 일부가 손상된 것이다.

뇌의 어떤 영역이 손상되었을까? 1994년 학술지 《사이언스Science》에 실린 안토니오 다마지오Antonio Damasio 연구진의 훌륭하고 창의적인 연구로 그 의문도 풀렸다. 다마지오 연구진의 논문 제목은 "다시 보는 피니어스 게이지: 유명한 환자의 두개골에서 찾아낸 뇌에 관한 단서들"이었다. 연구진은 매장된 게이지의 두개골과 철제봉(그의 시신과 함께 묻혔다)을 발굴하고, X선과 MRI 기술을 이용해 이미 오래전 사라진 그의 뇌를 3차원 모형으로 복원했다. 그리고 다짐봉이 관통한 경로를 추적해 게이지의 뇌 어느 부분이 손상되었는지 찾아냈다. 그 뒤로 18년이 지났을 때는 UCLA 데이비드게펀 의과대학의 존 대럴 밴 혼John Darrell Van Horn이 MRI와 다른 영상 기법을 활용해 게이지의 손상된 두개골과 뇌의 모형을 제작했다. 게이지의 뇌에서 망가진 부분은 왼쪽 전두엽으로 밝혀졌다. 인간의 가장 복잡한 인지 능력이 생겨나는 곳, 여러 면에서 인간을 인간답게 만드는 핵심 영역인 전두엽의 절반이 파괴된 것으로 확인되었다.

피니어스 게이지의 비극적인 사고는 신경학자들이 뇌의 구조적 손상과, 행동에서 나타나는 특정 변화의 관계를 처음 이해하는 출발점이 되었다. 그렇지만 아주 드문 사례는 아니었다.

게이지가 세상을 떠나고 거의 한 세기 반이 지난 2004년, 샌디에이고 재향군인 보건국의 마거릿 앨리슨 케이토Margaret Allison Cato와 UC 샌디에이고 의과대학 연구진이 학술지《국제신경심리학회지Journal of the International Neuropsychological Society》에 발표한 논문에도 '현대판 피니어스 게이지'라 할 만한 여러 사례를 연구한 결과가 담겼다(케이토는 예전에 우리 연구팀의 일원이었다).

이 연구에서 조사한 CD라는 익명의 환자는 스물여섯 살이던 1962년에 다른 사람이 운전하는 지프차에 타고 있었다. 그런데

CD가 탄 차가 지뢰를 밟아 폭발이 일어나면서 차 전면 유리의 테두리 금속이 날아와 CD는 이마를 심하게 다쳤다. CD도 게이지처럼 폭발 후 의식을 바로 잃지 않았으며 폭발이 일어났다는 사실도 기억했다. 사고 직후에 누가 질문했을 때는 대답을 하기까지 했다. 지프차 운전자는 목숨을 잃었다.

CD는 살아남았지만, 복내측 전전두피질이 크게 손상되었다. 특히 좌뇌 쪽의 손상이 심했다. 사고 전에 CD는 전형적인 학구파였고 전문가였다. 학창 시절 성적은 거의 다 만점이었으며, 군대에서도 승진 가도를 순탄히 달렸다.

사고 후 CD의 사회적 기능과 행동은 급격히 저하되었다. 건강이 회복된 후 여러 종류의 신경인지 검사를 받고 평균 이상의 점수가 나왔지만(언어 지능검사에서는 "평균 중에서도 높은 축"에 속하는 119점을 받았다), 더는 정규직을 유지하지 못하는 사람이 되었다. 의지와 상관없이 강제로 제대한 후에는 신문 배달 등 원래 하던 일보다 못한 일자리를 전전하고 결혼을 네 번이나 했다. 자녀들과도 관계가 소원해졌다.

트레이 믹스와 나는 문헌에 보고된 이런 '현대판 피니어스 게이지'의 사례를 10건 넘게 찾았다. 한 가지 분명히 해둘 점은, 우리가 찾은 논문에 '지혜'라는 단어가 쓰이진 않았다는 것이다. 그러나 모두 우리가 정의한 지혜와 명확히 맞아떨어지는 능력에 관한 내용(또는 그 능력을 잃은 사례)이었다. 이 각각의 사례에서 뇌의 손상 부위는 어디였을까? 대부분 전전두피질이었고, 일부는 편도체도 포함되었다.

분명 우연이 아니다. 지혜의 생물학적 중심은 전전두피질과 편도체다. 우리가 이 연구를 시작할 때 세운 가설에도 힘이 실렸다. 뇌의 중요한 부분을 다쳐서 지혜가 감소하거나 사라진다면, 그 반대도 가능하다. 즉 그 부분의 기능을 관리하고 강화하면 더 지혜로워지거나 지혜를 새로 발견할 수 있다. 이 내용은 나중에 다시 설명할 것이다.

지혜를 잃는 병

전전두피질이 앞의 사례들처럼 과격하게 손상되지 않아도 지혜에 뚜렷한 영향이 나타날 수 있다. 신경생물학적 지혜 연구에서 특히 큰 관심이 쏠리는 질병도 그러한 원인에 해당한다. 치매의 한 종류이고, 19세기에 이 병을 처음 기술한 의사의 이름을 따서 픽병Pick's disease으로 불리기도 했던 전두측두엽 치매다. 알츠하이머병, 루이소체 치매에 이어 세 번째로 발생률이 높은 신경퇴행성 질환이다.

전두측두엽 치매의 위험인자로 밝혀진 것은 가족력이 유일하다. 알츠하이머병이 대부분 80대에 나타나는 것과 달리, 전두측두엽 치매는 보통 50대에 발병한다. 전두측두엽 치매에 관한 지식은 대부분 UC 샌프란시스코의 저명한 신경학과 교수이자 기억·노화 센터장인 브루스 밀러Bruce Miller의 연구에서 나왔으며, 그의 연구는 지금도 현재진행형이다. 밀러는 전두측두엽 치매 연구의 진정한 선구자다.

전두측두엽 치매의 영향은 시간이 흐르면서 서서히 나타난다. 처음에는 몇 가지 '행동변이'가 약하게 나타나다가, 점점 본래 모습과는 다른 사람이 되어간다. 피니어스 게이지의 사례처럼 환자는 갈수록 불만족스럽고 비관적인 태도를 보인다. 그래서 초기에는 우울증으로 여겨지거나, 나이 들면 흔히 그렇듯 그저 불평불만이 많아졌다고 오인되는 경우가 많다. 그러나 시간이 더 지나면 자제력을 잃는 등 다른 증상이 나타난다. 말과 행동을 거침없이 쏟아내고, 대인관계와 사회적 상황에서 자제하지 못해 끔찍한 결과를 일으킨다. 이 환자들에게서 나타나는 행동변이 증상의 목록을 보면 흡사 지혜로운 사람의 특징을 정반대로 쓴 것처럼 느껴진다. 전두측두엽 치매의 영향은 대뇌피질의 앞쪽 절반, 주로 전전두피질에 선택적으로 나타난다.

전전두피질은 언어 능력, 사회적 상황에서 복잡한 정보를 처리하고 성찰하는 것, 더 높은 목표를 향해 매진하는 것과 같은 인간의 고유한 인지 기능과 관련된다. 전전두피질에 종양이 생기면 성격이 변할 수 있고 지혜가 사라질 수도 있다.

편도체 손상도 같은 결과를 낳을 수 있지만, 그 양상에는 큰 차이가 있다. 다마지오 연구진은 1994년에 학술지《네이처Nature》에 SM이라는 익명의 환자 사례를 소개했다. 켄터키에 사는 49세 여성 SM은(환자의 다른 신상정보는 공개되지 않았다) 우르바흐-비테병이라는 희귀한 유전질환으로 아동기 후반에 편도체의 기능이 소실되어 불안감이나 공포를 거의 또는 아예 느끼지 못했다. SM은 손으로 뱀이나 거미를 만져도 아무런 정서 반응을 보이지 않았고, 핼러윈 행사장에 가거나 무서운 영화를 볼 때도 전혀 겁먹지 않았다. 과학자들은 SM을 철저히 연구했고, 언론은 '겁 없는 여성'이라고 칭했다.

일상생활에서 SM은 활달하고 아주 다정하며 거리낌 없는 사람, 장난스레 추파를 던지곤 하는 사람으로 여겨졌다. 거기까지는 괜찮았는데, 편도체가 제 기능을 하지 못하는 바람에 사회적 관계의 부정적 신호를 감지하지 못하는 게 문제였다. SM은 다른 사람의 표정에 뚜렷하게 나타나는 공격성이나 무언가에 잔뜩 겁먹은 표정과 같은 위험 또는 위해의 신호를 알아채지 못했다. 그로 인해 SM은 칼이나 총으로 위협하는 사람들에게 붙잡히는 등 수없이 많은 범죄에 희생됐으며 충격적인 일들을 겪었다. 극심한 가정폭력으로 거의 죽을 뻔하기도 했다. 이런 일을 겪으면 보통 절망감과 다급함, 두려움을 느끼지만, SM에게는 그런 기색이 전혀 없었다. SM이 사는 동네가 빈곤·범죄·마약 문제에 찌든 위험한 곳이어서 SM이 겪은 충격적 사건의 상당 부분은 생활환경 탓이라고도 할 수 있다. 그러나 SM은 위험이 코앞에 닥쳐도 눈치채지 못하거나 제대로 반응하지 못하는 바람에 더 큰 피해를 입었다.

SM은 결혼도 하고 건강한 자녀 셋을 키우는 엄마로 독립적인 인생을 꾸려나갔다. 감정이 일으키는 행동의 조절은 지혜의 필수 요소인데, SM은 그 기능에 꼭 필요한 뇌구조 없이 평생을 살았다.

더 일찍 현명해질 수도 있을까

나이가 들면 우리는 살면서 어떤 고난을 겪었든 그 경험 덕에 더 현명해진다고 믿는 경향이 있다. 경험은 좋은 선생님이고, 경험이 쌓이려면 보통 많은 세월이 흘러야 하므로 그렇게 생각할 만도 하다.

나는 2019년에 동료들과 함께 21세부터 100세 이상에 이르는 참가자를 1000명 넘게 모집해, 각자가 생각하는 삶의 의미를 찾았는지 조사했다. 삶의 의미를 찾는 것은 지혜의 특징 중 하나다. 그리 어려운 질문이 아닌 듯하지만, 결과는 뜻밖에도 매우 복잡했다.

참가자들의 나이를 가로축에 놓고 결과를 그래프로 나타내면 삶의 의미를 찾으려고 노력한다는 응답은 U자 모양으로, 삶의 의미를 발견했다는 응답은 U자를 거꾸로 뒤집은 모양으로 나타났다. 젊은 시절, 예를 들어 20대에는 직업이 불확실하고 자신과 평생을 함께할 사람이 있을지, 자신이 어떤 사람인지도 확신하지 못할 확률이 높다. 이 시기에는 삶의 의미를 열심히 찾는다.

그러나 30대, 40대, 50대가 되면 대인관계가 차츰 자리를 잡고, 결혼해 가정을 꾸릴 수도 있으며, 직업과 정체성에 관한 고민도 정리가 된다. 그만큼 삶의 의미를 찾으려는 노력은 줄고, 삶의 의미를 찾았다고 답하는 비율이 늘어난다.

60대가 넘어가면 상황은 다시 바뀌기 시작한다. 은퇴하면 정체성이 사라지는 경험을 한다. 평생을 배관공, 은행원, 교수로 살다가 더 이상 그렇게 불리지 않게 되고, 자신을 정의해줄 다른 직업도 없다. 건강 문제는 자꾸 재발하거나 만성화하고, 친구와 가족이 하나둘 먼저 세상을 떠난다. 이미 찾은 줄 알았던 인생의 의미가 사라진 사람들은 다시 의미를 찾아 나선다.

평생에 걸쳐 얻는 지혜는 평생 겪은 여러 스트레스를 상쇄하므로, 우리는 나이가 들수록 더 현명해진다. 우리 스스로도 그렇게 되기를 기대한다. 하지만 평생을 기다리지 않아도 일찍 현명해질 수 있다는 증거가 점점 늘고 있다.

3
모든 가정에는 할머니도 할아버지도 필요하다

> 젊다고 지혜의 탐색을 게을리하거나, 늙어서 그런 탐색을 하기엔 지쳤다고 하는 사람은 아무도 없어야 한다. 영혼의 건강에 너무 이르거나 늦은 나이는 없다.
>
> —에피쿠로스Epicouros
>
> 나이 들어서 좋은 점은, 지나온 그 모든 세월이 어디로 가버리진 않는다는 것이다.
>
> —매들린 렝글Madeleine L'Engle

나는 노인신경정신과 의사(노인 정신질환을 진단·치료하는 전문의)로 일하면서 고혈압, 당뇨병, 관절염, 심장질환, 암, 뇌졸중 같은 신체질환부터 알츠하이머병으로 대표되는 치매 같은 인지 장애, 우울증 등의 정신질환에 이르기까지, 노화로 발생할 수 있고 실제로 발생하는 모든 건강 문제를 접했다.

꼭 이런 병이 생기지 않더라도, 일반적으로 나이가 들면 신체적·정신적 기능이 떨어진다. 이름과 얼굴을 잘 기억하지 못하고, 새로운 것을 배우기가 힘들며, 외로움을 느끼는 등 여러 문제를 겪게 된다.

나이를 먹을수록 삶이 전반적으로 자신과 점점 멀어지고 있는 듯한 불길한 예감이 든다. 몸이 마음대로 안 될 뿐만 아니라 정신과 자기 운명에 대한 통제력도 점점 약해진다고 느낀다.

인간은 나이가 들면 힘이 약해지고 느려진다. 신체 기능은 20~30세에 최고조에 이르며, 그 이후에는 기능이 점차 떨어지기 시작하다가 대략 50세부터는 감소세를 보이고 가속까지 붙는다.

진화의 관점에서는 오래 사는 게 무의미하다. 나이가 많아지면 생식 기능이 사라지므로, 종 전체의 생존에 아무런 도움이 안 되기 때문이다. 다윈의 진화론은 적자생존의 원칙과 성공적인 번식 능력에 토대를 둔다. 실제로 몸집이 큰 동물들은 번식할 수 없는 나이에 이르면 동물원이나 실험실, 그 밖의 보호받는 환경에 살지 않는 이상 대부분 수명이 그리 길지 않다. 인간은 생식활동이 활발한 시기를 지나고도 보통 수십 년을 더 사는 유일한 영장류다. 예를 들어 여성이 45세에 완경기에 들어가(남성의 경우 같은 나이에 생물학적으로 동일한 현상인 갱년기에 들어가서) 90세까지 산다면, 일생의 절반은 종의 증식에 직접적으로 기여하지 않고 사는 셈이다.

그런데도 노년층의 나이는 점점 더 많아지는 추세이며, 평균 수명도 계속 길어지고 있다. 1900년에 대략 47세였던 미국의 평균 기대수명은 현재 약 80세로 늘어났다. 성별로 보면 여성의 기대수명이 남성보다 조금 더 길다. 2050년이 되면 90세까지 늘어날 것으로 전망된다. 수명이 늘어나는 만큼 인간의 생식 기능이 유지되는 기간과 건강수명도 함께 늘어나고 있을까?

그렇지 않다. 여성의 완경기와 남성 갱년기가 시작되는 평균 나이는 지난 수천 년 동안 거의 변화가 없다. 또한 사람들은 노년기에 이르면 무수한 건강 문제에 시달린다. 그렇다면 생식 기능도 사라지고 신체건강이 약해지는데도 수명은 점차 길어지는 인류의 이례적인 상황을 어떻게 설명할 수 있을까?

나이가 들면서 개인적·사회적으로 이전보다 나아지는 게 있고, 이것이 점점 사라지고 약해지는 것들을 상쇄한다고밖에는 설명할 길이 없다. 그렇다면 나이가 들수록 더 '향상되는' 것은 무엇일까? 그것이 생식 기능과 신체건강이 모두 쇠퇴하는 노년기의 변화를 어떻게 상쇄할까? 그 답을 찾아야겠다는 내 결심은 갈수록 확고해졌고, 수년간의 연구 끝에 나이가 들수록 지혜가 향상되며, 이 변화는 노년기에 이른 사람과 그가 사는 사회에 모두 유익하다는 생각을 하게 되었다. 이번 장에서는 이 내용을 설명하려 한다. 자연은 우리가 나이 들수록 더 현명해지게끔 도와준다. 하지만 그 도움은 우리가 먼저 적극적·긍정적으로 나서야만 받을 수 있다. 또한 나이 들면서 어떤 과정을 거쳐 더 지혜로워지는지를 알면, 더 일찍부터 지혜로워질 수 있다.

지혜와 나이의 연관성을 처음 정식으로 밝혀낸 심리학자 중한 명이 에릭 H. 에릭슨Erik H. Erikson이다. 1988년에 《뉴욕타임스》에는 심리학자 대니얼 골먼Daniel Goleman이 에릭슨과 그의 아내 조앤Joan을 인터뷰한 내용이 실렸다. 에릭슨 부부는 이 인터뷰에서 노년기의 특성을 상세히 설명했다. 골먼이 비꼬듯 강조한 것처럼 당시 에릭은 86세, 조앤은 85세였으므로 두 사람에게는 매우 중요한 탐구 주제였다.

그러나 에릭슨 부부만큼 지혜와 나이의 관계를 이야기하기에 적합한 사람도 없었다. 두 사람은 1950년대에 인간의 일생을 심리발달단계에 따라 나누고, 각 단계가 개개인의 성격에 영향을 주며 성격 자체를 결정한다고 설명했다. 이 심리발달단계는 총 여덟 단계로 제시되었다.

첫 단계인 영아기(출생부터 생후 18개월까지)는 신뢰와 불신이 서로 밀고 당기는 시기다. 이 시기의 아기들은 부모의 안정적이고 일관된 보살핌을 바란다. 그것이 충족되면 신뢰와 희망의 감각이 발달하는데, 이는 평생 영향을 준다. 이 감각이 발달한 아이들은 위협을 느낄 때도 안전한 감각을 유지할 수 있다.

에릭슨 부부는 반대로 가혹하고, 일관성 없으며, 아이가 예측도 의지도 할 수 없는 방식으로 양육된 아기에게는 불신이 뿌리를 내린다고 보았다. 이들은 세상과 자기 인생, 다른 사람과의 관계를 두려움·불안·의심으로 물든 색안경을 끼고 바라보게 된다.

에릭슨이 제시한 발달 과정의 반대쪽 끝, 마지막 여덟 번째 단계에는 자아 통합과 절망이라는 상반된 결과가 기다린다. 사람들은 이 시기가 되면 자신의 기대, 열망과 현실의 간격을 조정하려고 노력하는데, 이는 몹시 힘든 일이며 때로는 버겁게 느껴지기도 한다. 신체 기능이 날로 약해지는 시기인 만큼 더더욱 그렇게 느껴질 수 있다.

에릭슨의 이론은 과거와 현재를 어떻게든 일치시키려 애쓰는(80대 중반쯤 되면 미래는 이전만큼 중요하지 않으므로 제외하고) 이 마지막 단계에 지혜가 꽃피거나 반대로 곤두박질치게 된다고 설명한다. 즉 자아 통합과 절망이 충돌하는 시기에 지혜가 구제책이라고 본 것이다.

"40대에 인간의 일생을 보면 나이 든 사람들은 다 지혜로워 보입니다." 조앤 에릭슨은 골먼과의 인터뷰에서 이렇게 설명했다. "하지만 막상 80세가 되어 동년배들을 보면, 현명한 사람도 있고 그렇지 않은 사람도 있다는 게 보이죠. 나이가 들어도 현명해지지 않는 사람이 많습니다. 그러나 나이가 들지 않고는 지혜로워질 수 없죠."

조앤의 말에는 지혜로운 행동을 배우고 익히는 기회가 꼭 필요하다는 예리한 통찰이 담겨 있다. 물에 들어가지 않고서는 수영을 배울 수 없고, 꾸준히 연습하지 않으면 수영 실력이 좋아질 수 없다.

지혜의 구성요소인 연민, 회복력, 유머도 마찬가지다. 수영 연습을 많이 하면 체형이 바뀌듯이, 지혜로워지려는 노력도 규칙적으로 자주 실천해야 더 현명한 행동이 나오도록 뇌를 의식적으로 재구성할 수 있다.

그렇지만 조앤의 말 가운데 "나이가 들지 않고는 지혜로워질 수는 없다"는 부분은 예외가 있다고 생각한다. 나는 긴 세월이 지혜의 무조건적인 전제조건은 아니며, 나이 들기 전에 더 일찍 지혜로워지는 법을 배울 수 있다고 강하게 확신한다. 그게 이 책의 기본 전제다. 지혜는 생물학적인 특성이다. 유전성과 유전자 조작의 기본 법칙을 밝혀낸 그레고어 멘델Gregor Johann Mendel의 완두 실험으로도 훌륭하게 입증되었듯이, 생물학적 특성은 바뀔 수 있다.

그러나 지혜와 관련해 노인들에게서 배울 점은 분명히 있다. 과거는 미래의 서막이다. 우리는 활동적으로 살아가는 노인들의 뇌에서 현명한 생각과 감정, 행동이 꾸준히 발전·적응·촉진되는 과정이 어떻게 이루어지는지 배울 수 있다. 그렇게 알게 된 전략은 젊은 사람들에게 적용할 수 있고, 나이와 상관없이 더 현명해지기 위한 결정과 노력에도 활용할 수 있다.

나이 듦과 사회

지구상에 존재하는 거의 모든 생물의 생애는 한 가지 중요한 일을 해낼 수 있는 만큼만 지속된다. 바로 종족 번식이다. 번식하지 못하면 죽는다.

자연에 그런 예가 무수하다. 붉은등거미*Latrodectus hasselti* 수컷은 교미 직후 암컷에게 죽임을 당하고 잡아먹힌다. 수컷의 이 '희생'은 후손을 얻고 자기 유전자를 후대에 전달할 확률을 높이는데 도움이 된다. 포만감을 느끼는 암컷은 대부분 짝짓기를 다시 시도하지 않기 때문이다.

이처럼 자기 안위를 개의치 않는 부모의 행동에는 보편적이고 뚜렷한 이유가 있다. 다음 세대를 만들 수 있다면 뭐든 해야 한다는 것이다. 때로는 그 대가에 자손의 부친도 포함된다. 포유류를 제외한 동물은 대부분 자손이 태어난 이후에 부모가 생존하기 위한 기술이 거의, 또는 아예 발달하지 않았다.

그런데 인간은 다르다. 우리는 정신 능력이 완전히 발달하려면 몇 년을 더 기다려야 하는 나이에 자손을 낳을 수 있는 유일한 종이다. 인간의 뇌는 10대 전반에 걸쳐 시냅스의 정리와 같은 여러 중요한 재정비 과정이 계속 진행되고 대다수가 20대 초까지는 뇌기능이 완전히 성숙한 상태가 아니지만, 생물학적으로는 사춘기가 시작되는 12세 또는 13세부터 아이를 가질 수 있다. 법적으로는 21세가 되어야 스스로 완전한 책임을 지는 성인으로 간주되는데, 아직 뇌가 완전히 발달하지 않은 어린 나이에 어떻게 자기 아이를 보살피고 위험천만한 환경에서 생존하도록 기를 수 있을까?

인간의 지혜를 설명하는 '할머니 가설'이 등장할 차례다.

1950년대 중반, 생물학자 조지 크리스토퍼 윌리엄스George

Christopher Williams는 여성이 완경 후에도 생이 길게 이어지는 이유를 처음 제시했다. 윌리엄스는 여성이 나이가 들어서도 생식 기능이 유지된다면 치러야 할 대가가 너무 커지므로, 스스로 자손을 낳고 키우는 데 드는 에너지를 자신보다 어린 세대가 생식 활동을 성공적으로 마치게끔 돕는 데 쓰는 것이 더 나은 선택이라고 설명했다. 완경기를 지난 할머니의 역할이 생기는 것이다. 이들은 친족의 생계를 돕고 지원하며, 이는 자손의 유전자가 다음 세대에 전달되는 데 보탬이 된다.

사람을 포함해 다양한 생물을 대상으로 오랫동안 수행된 여러 훌륭한 연구에서 이 가설을 뒷받침하는 결과가 나왔다. 논문에서도 이 가설과 일치하는 실제 동물들의 수많은 사례를 찾을 수 있다. 예를 들어 범고래(라틴어로 '오르카orcas')는 암컷이 인간처럼 완경기를 겪고, 여러 세대가 한 집단으로 지내면서 서로 끈끈한 유대를 맺고 도움을 주고받는 몇 안 되는 종에 속한다. 번식기가 지난 암컷 범고래가 죽으면, 그 집단에서 태어난 자손이 죽을 확률은 새끼 암컷의 경우 최대 5배, 새끼 수컷은 14배까지 높아진다. 조류 중에서는 세이셸 울새도 번식기가 지난 암컷이 집단의 새끼들을 돌보는 일을 돕는다. 큰돌고래는 할머니가 손주에게 젖도 먹인다. 아시아코끼리의 경우 할머니 코끼리가 있는 집단의 새끼들은 그렇지 않은 집단의 새끼들보다 생존율과 번식률이 높다.

근대 이전 연구들에 따르면 사람도 완경기와 갱년기 이후 수명이 늘어날수록 손주의 수가 늘어나며, 이것이 개인과 사회에 모두 도움이 된다는 사실이 일화적 증거와 정량적 증거로 확인되었다. 조부모가 손주의 양육에 참여하면 아이의 젊은 성인 부모는 더 오래 살고 더 행복하며, 노인이 된 부모 세대보다 자녀를 더 많이 낳는 경향이 있다.

사냥과 채집으로 살아가는 탄자니아의 하드자Hadza 부족을 대상으로 한 연구에서는 양육을 도와주는 할머니가 있으면 젊은 세대의 수명이 길어지는 것으로 나타났다. 심지어 현대사회에서도 조부모가 손주의 양육에 참여하면 손주들이 겪는 감정 문제와 적응 문제가 줄어들고, 친사회적 행동은 증가하는 것으로 확인되었다. 이러한 효과는 특히 한부모 가정과 재혼 가정에서 뚜렷하게 나타난다. 학술지 《네이처》에 실린 한 연구에서는 1900년 이전에 태어난 캐나다와 핀란드 여성 약 2800명의 가계 기록을 조사한 결과, 할머니가 있었던 자손은 더 이른 나이에 자녀를 낳았고 출산 빈도와 성공률이 더 높았다. 추측이긴 하지만, 할머니들의 '현명한' 행동이 자신의 장수는 물론이고 자손의 성공에도 기여했을 가능성이 있다.

할머니(그리고 할아버지)가 있는 젊은 세대가 누리는 한 가지 주된 이점은, 조부모의 인생 경험과 지혜를 얻을 수 있다는 것이다. 이는 먼 옛날 유목생활을 하던 인류부터 현대를 사는 우리가 똑같이 알고 있는, 시대를 초월한 이점이다. 아이와 부모, 조부모까지 3세대가 함께 사는 127개 가족을 조사한 랜드 콩거Rand

Conger 연구진의 '가족 전환 프로젝트'에서도 할머니가 손주 양육에 참여하는 비중이 클수록 아이에게 행동 문제가 발생할 확률이 감소하는 것으로 나타났다.

이 연구만이 아니다. 노인의 존재 그리고 그들의 지혜가 우리 생활과 인류의 삶을 전반적으로 향상한다는 증거는 넘쳐난다. 나도 개인적인 삶과 우리 가족들과의 생활 속에서 그렇게 느낀다. 나는 손주들에게 느끼는 사랑과 기쁨을 마음껏 표현하고, 내 딸과 사위가 아이를 키우면서 생기는 이런저런 일을 의논하면 조언을 해주기도 한다. 동시에 나도 내 아이들과 손주들을 통해 어떻게 해야 더 나은 아버지, 더 나은 할아버지가 될 수 있는지를 배운다. 이 아이들 덕분에 나는 더 행복하고 건강하게 살 수 있다. 이러한 관계에서는 애정과 정보가 양방향으로 흐른다.

소설가 루이자 메이 올컷Louisa May Alcott은 "모든 가정에는 할머니가 필요하다"고 썼다.

할머니만이 아니라 할아버지도 필요하다.

유전자가 노인을 보호하는 이유

노인의 사회적 가치는 유전자 차원에서도 확인할 수 있다. 인류 기원의 연구·훈련을 위한 UC 샌디에이고 솔크연구소 소속이자 내 동료인 아지트 바르키가 다른 연구자들과 함께 발표한

2015년 논문에 따르면, 인간의 유전자에서 발견되는 몇 가지 변이는 노년기의 신경퇴행성 질환과 심혈관 질환을 막기 위해 특이적으로 발달했을 가능성이 있다.

인간 유전자에는 'CD33'이라는 단백질이 암호화한 유전자가 있는데, 바르키 연구진은 인간과 가장 가까운 현존 동물인 침팬지보다 우리가 이 유전자를 4배 더 많이 보유한다는 사실을 발견했다. CD33은 면역세포 표면에 발현되는 수용체 단백질로, 면역반응이 적시에 원활히 일어나게 하고 면역세포의 '자가공격'을 방지해 불필요한 염증을 줄인다. 다른 연구들에서는 CD33의 한 가지 특정한 형태가 뇌에서 아밀로이드 베타 펩타이드의 축적을 억제하는 것으로 밝혀졌다. 단백질이 제대로 된 형태로 접히지 않고 뭉쳐져 생기는 아밀로이드 베타는, 알츠하이머병의 원인으로 여겨지는 찐득한 플라크를 형성한다.

바르키 연구진은 인간이 분화하기 전 공통 조상에게서 물려받은 APOE4 유전자에도 변이형이 생겨났다는 사실을 밝혀냈다. APOE4 유전자는 알츠하이머병과 뇌혈관 질환의 위험인자로 잘 알려져 있는데, APOE2와 APOE3으로 각각 이름 붙여진 APOE4의 변이 유전자는 반대로 치매를 막는 효과가 있다고 여겨진다.

"노년층이 치매로 꺾이면 지역사회는 지혜와 축적된 지식, 문화를 얻을 수 있는 중요한 자원을 잃게 된다. 게다가 노인이 영향력 있는 자리에 있는 경우에는 인지 기능이 조금만 저하되어도 허술한 결정으로 사회집단 전체에 피해가 발생할 수 있다." 바르키와 공동으로 논문을 저술한 파스칼 가뉴Pascal Gagneux의 설명이다. "CD33, APOE, 그 밖에 다른 유전자에서 노인을 보호하는 변이형이 선택적으로 발달한 배경에 그러한 이유가 있다는 것이 우리 연구를 통해 직접적으로 입증되지는 않았지만, 이는 충분히 합리적인 추정이다. 서로 다른 세대가 어울려 더 어린 구성원을 함께 보살피며 정보를 주고받는 것은, 그 집단이 속한 더 넓은 사회관계망 전체에서 어린 구성원의 생존을 좌우하는 중요한 요소다."

22년 전으로 돌아간다면

노화가 몸에 끼치는 영향은 눈에 띈다. 그 영향을 생생한 고통으로 느끼는 사람도 많다. 몸이 축축 늘어지고 갈수록 허약해진다. 몸 곳곳에서, 모든 차원에서 변화가 일어난다. 나이 든 세포는 기능이 떨어지고, 한때는 일상이던 세포 수선도 삐걱댄다. 장기도 마찬가지다. 뼈는 밀도가 떨어지고 약해져서 부러지기 쉬운 상태가 된다. 연골은 다 닳아 없어지고, 인대는 탄력을 잃는다. 근육량도 감소하고(이 변화는 비교적 젊을 때인 30대부터 시작된다) 힘이 점점 줄어든다. 그리고 모든 감각이 무뎌진다. 예를 들어 60세가 되면 대다수는 혀의 미뢰 절반이 사라진다. 달고 짜고 기름진 음식을 먹는 노인들이 많은 이유다.

셰익스피어William Shakespeare가 쓴 16세기 희곡 〈뜻대로 하세요As You Like It〉에는 "인간의 일곱 가지 나이"에 관한 이야기가 나온다. 영아기부터 시작되는 이 일곱 단계의 마지막은 다음과 같이 묘사된다.

> 다시 어린애가 되어, 망각만 남고
> 치아도, 눈도, 맛도, 모든 게 사라지네.

그렇지만 이러한 변화를 노화의 전형이라고 한다면 절반밖에 보지 못하는 것이다. 정신도 노화한다. 마크 트웨인의 《적도를 따라서Following the Equator》에는 "주름은 웃음이 머무른 자리를 보여줄 뿐이다"라는 구절이 나온다. 위스콘신에서 활동했던 칼럼니스트 더그 라슨Doug Larson은 "쌓인 눈을 보고도 뭉쳐서 던지고 싶은 마음이 더 이상 들지 않을 때, 비로소 자신이 늙고 있음을 확실히 알게 된다"고 했다.

과학도 이를 뒷받침한다. 한 예로 1981년에 하버드대학교의 젊은 심리학자 엘렌 랭어Ellen Langer는 70대 남성 여덟 명을 모집해 뉴햄프셔의 한 수도원에서 시간을 거슬러 과거로 돌아간 듯한 경험을 제공했다. 2014년에 작가 브루스 그리어슨Bruce Grierson이 이 연구에 관해 쓴 기사에는 이런 설명이 나온다. "빈티지 라디오에서 페리 코모Perry Como의 노래가 흘러나오고, 흑백 TV에서는 토크쇼 진행자 에드 설리번Ed Sullivan이 초대 손님을 맞이한다. 책장에 꽂힌 책들, 여기저기 놓인 잡지들을 비롯해 수도원 내부의 모든 것이 1959년이 소환된 듯한 인상을 주었다.”

랭어는 그리어슨과의 인터뷰에서, 참가자들에게 그곳에 머무는 5일 동안 그 환경을 실제 자신의 과거처럼 받아들이라고 했는데, 이는 바꿔 말해 “심리적으로 다시 22년 전의 사람이 되어보려고 노력하라”는 요청이었다고 설명했다. 참가자들은 과거의 환경으로 탈바꿈한 이 수도원의 문턱을 넘는 순간부터 정말로 과거로 돌아간 것처럼, 즉 시간을 거슬러 다시 청년이 된 것처럼 대우받았다. 숙소에서 위층에 있는 방까지 가방을 옮겨주는 사람도 없었고, 대화 중에 스포츠 이야기가 나오면 미식축구 선수 조니 유니터스Johnny Unitas며 농구 선수 윌트 체임벌린Wilt Chamberlain 등 1959년 그 시절의 경기가 얼마 전 일처럼 언급되었다. TV에서는 미국이 처음으로 쏘아 올린 위성에 관한 뉴스가 나왔고, 제임스 스튜어트James Stewart가 주연한 영화 〈살인의 해부〉가 방영되었다.

연구 참가자들은 옷도 1959년 스타일로 입었다. 벽에는 그들이 젊었을 때 찍은 사진들이 걸려 있고 거울은 어디에도 없었다. 이 모든 환상을 깨뜨릴 수 있었기 때문이다.

결과는 놀라웠다. 이러한 연구 환경에서 지내는 동안, 참가자들은 그간의 긴 세월이 다 사라진 것처럼 느끼고 행동했다. 모두 몸이 더 유연해지고 민첩해졌으며, 힘이 세지고 키도 커졌다. 악력, 기억력, 유연성, 인지 능력 등 신체 측정 결과도 실험 전보다 향상했다. 심지어 시력까지 좋아졌다.

불과 5일 전만 해도 수도원 복도를 걸어서 들어오는 것조차 힘겨워하며 쩔쩔매던 이 노인들은, 연구 기간이 끝나고 케임브리지로 돌아가는 버스를 기다리는 짧은 시간에도 가만있지 않고 터치풋볼 게임을 시작했다.

죽음을 앞둔 사람에게 묻다

일생의 끝에 이르러 죽음이 일렁일 때, 마지막이기에 또렷해지는 것들이 있다. 인생의 모든 가식과 기대, 혼란, 분개, 실망감, 그 밖에 많은 것들이 힘을 잃는다. 심리학자 로라 카스텐슨Laura Carstensen은 이를 '사회정서적인socioemotional 선택성'이라고 일컬었다. 이 땅에 머물 시간이 얼마 남지 않으면 의미 있는 일을 더 많이 선택하고, 점차 줄어드는 하루하루를 어떻게 보낼지 더 신중히 선택하게 된다는 뜻이다. 사소한 일에 안달복달하지 않고, 마음 쓰이던 일들이 대부분 사소하다는 것을 깨닫는다. 살날이 6개월도 채 남지 않아 호스피스 시설의 침대에서만 지내는 사람에게는 붙들고 싶은 일이나 중차대한 일이 거의 없다.

그 시기가 오면 무엇이 중요해질까? 동료들과 나는 호스피스 시설에서 지내는 58~97세의 남녀 말기 질환자 21명에게 물어보았다. 이들은 지혜를 어떻게 정의할까? 시간이 흐르고 주변 상황이 변하면서 이들의 관점도 바뀌었을까?

예상대로, 죽음을 목전에 둔 사람들이 정의한 지혜는 공통 요소들이 있었다. 다만 세부적으로 어떤 요소가 더 중요한지는 각자 의견이 달랐다. 친사회적 태도, 인생을 사는 지식, 활동적으로 살아가는 것, 감정조절, 긍정성, 감사할 줄 아는 태도, 새로운 경험에 대한 개방성, 불확실성을 받아들이는 것, 영성/신앙심, 성찰, 유머감각, 참을성 등 지혜의 주된 요소로 밝혀진 것들이었다.

우리가 조사한 21명이 모두 공감, 연민, 사랑, 친절, 용서, 존중과 같은 친사회적인 태도와 행동을 지혜의 중요한 요소로 꼽았다. "현명한 사람 중에 자기중심적인 사람은 본 적이 없어요." 한 참가자의 말이다.

의사결정 능력과 인생을 사는 지식 역시 모든 참가자가 지혜의 필수 요소로 꼽았다. "현명한 사람은 무작정 결정을 내리기 전에 그 일에 관해서 의논하거나 정보를 찾는 듯해요." 한 참가자는 이렇게 설명했다. "어떤 결과가 나올 수 있고 장단점은 무엇인지 가늠하는 것이죠."

지혜로워지려면 평생 일하고 활동해야 한다는 것도 모든 참가자의 공통 의견이었다. "인생은 장미꽃밭이 아닙니다. 저는 스스로 움직여야 한다는 걸 깨달았습니다… 일을 해야 해요."

감정조절과 긍정성도 대다수가 꼽은 지혜의 요소였다. "제가 아주 현명한 사람은 아닙니다만, 제가 보기에 지혜는 행복하게 살아가는 태도를 길러줍니다. 그 바탕에 반드시 돈이 있어야 하는 건 아니에요. 하늘을 가만히 올려다보고, 자연을 감상하며, 주변 사람들을 소중히 아끼는 것만으로도 행복해지는 거죠. 저는 그런 삶이야말로 정말 풍족한 인생이라고 생각합니다."

불확실성을 받아들이는 것, 영성, 성찰, 유머감각도 지혜의 요소로 언급되었다. "인생에는 슬픔도 있지만, 보통은 아주 많은 것에서 웃음을 찾을 수 있습니다." 한 남성 참가자의 말이다. "슬픔에만 귀 기울이며 살 수는 없습니다. 거기서 빠져나와야죠. 그러지 않으면 너무 우울해지니까요. 그런 상태에서는 누구에게도 좋은 사람이 될 수 없어요. 아무 쓸모 없는 인간이 되기를 자처하는 겁니다."

비극 속의 능력

노년기를 암담한 시각으로 정의한다면 질병, 퇴행, 쇠퇴, 치매, 불능, 우울증 그리고 죽음까지 일곱 가지 비극이 찾아오는 시기라고 할 수 있다. 미국에서는 65세 이상 인구의 약 13퍼센트(85세 이상 인구에서는 약 40퍼센트)가 알츠하이머병을 겪는다. 아밀로이드 플라크와 엉킨 신경섬유 다발의 영향으로 신경세포가 서서히 사멸하면서 결국 신체 기능에 이상이 생기는 질병이다. 현재 미국의 알츠하이머병 환자는 500만 명 이상이며, 이 수치는

2050년까지 세 배로 늘 것이라고 추정된다.

하지만 다행히도 대다수는 이런 무시무시한 뇌질환을 겪지 않는다. 2013년 UC 샌디에이고 의과대학의 수브호지트 로이 Subhojit Roy 부교수가 같은 대학의 병리학과, 신경학과, 샤일리 마르코스 알츠하이머병 연구센터 소속 연구자들과 공동으로 학술지《뉴런Neuron》에 발표한 연구 결과를 보면, 서로 결합할 경우 알츠하이머병의 치명적 특징인 진행성 세포 기능 퇴행과 세포 사멸을 초래하는 단백질과 효소가 뇌에 있더라도, 대다수는 결합하지 않고 분리된 상태가 유지된다는 중요한 특징이 나타난다.

"화약과 성냥이 만나면 폭발이 불가피하지만, 그 둘이 물리적으로 멀리 떨어져 있어서 폭발이 일어나지 않는 것과 같다." 로이의 설명이다. 정말 안심이 되는 사실이다.

한 연구에서는 사람들에게 중간중간 예상치 못한 단어나 문구가 무작위로 끼어 있는 글을 읽게 했다. 그러자 대학생들은 일정하고 빠른 속도로 글을 읽어 나갔지만, 60대 이상은 힘겨워했다. 나이 많은 참가자 대부분은 글을 읽다가 갑자기 어울리지 않는 단어가 나오면 정신적 '과속방지턱'이라도 만난 것처럼 읽는 속도가 느려졌다. 또한 그 낯선 정보를 흡수하고 소화하느라 중간중간 읽기를 멈췄다.

그러나 희소식도 있다. 읽기가 끝난 다음 모든 참가자에게 엉뚱한 곳에서 튀어나온 단어들의 뜻을 묻자, 이번에는 나이 많은 참가자들이 더 정확하게 답했다.

"젊은 참가자들은 주의를 분산시키는 요소가 있어도 아무렇지 않게 글을 읽었습니다." 이 연구를 진행한 토론토대학교 심리학과 교수 린 해셔Lynn Hasher는 《뉴욕타임스》와의 인터뷰에서 이렇게 설명했다. "그렇지만 노인 참가자들은 여분의 단어들을 전부 간직하고 더 탁월한 문제해결 능력을 발휘했습니다. 흡수한 정보를 다른 상황에도 적용할 줄 안다는 의미입니다." 이러한 재능은 실생활에서 답이 분명하지 않거나 상황이 자꾸 바뀔 때, 어렴풋한 기억이나 아주 사소한 징후가 매우 중요한 단서가 될 때 빛을 발한다.

뇌와 근육의 공통점

지혜는 뇌의 여러 특정 영역이 발휘하는 기능으로 형성되는 복잡한 성격특성인데, 어떻게 나이가 들수록 '증가'할까? 전체 노인 인구 중에 그런 사람이 일부라도 있는 게 가능한 일일까?

의대생 시절에 나는 인간의 뇌는 태아 때부터 성장과 발달이 시작되며, 그 과정은 태어난 후 몇 년 안에 대부분 완료되고 이후에는 그런 과정이 없다고 배웠다. 태아의 뇌에서는 임신 전 기간에 걸쳐 새로운 신경세포가 분당 25만 개씩 생겨난다. 출생 후에는 속도가 더 빨라져서 6세쯤 되면 뇌가 태아 때보다 4배 더 커지고, 부피도 성인 뇌의 90퍼센트 정도에 이른다. 청소년기에는 대부분 이곳저곳에서 일종의 가지치기가 진행되고, 각 신경세포 사이에 약 100조 개에 달하는 연결 지점이 생기거나 강화되어 뇌가 더 효율적·효과적으로 기능할 수 있게 된다. 20대 초반부터 50대까지는 뇌의 구조와 기능이 비교적 안정적으로 유지된다고 배웠다. 또한 의학 교과서에는 60대가 지나면 신경세포와 시냅스, 뇌혈관, 백색질이 양적으로나 질적으로 모두 축소된다고 적혀 있었다. 말 그대로 뇌가 점차 쪼그라든다는 것이다. 생의 막바지에 이르면 뇌조직의 부피가 7세 아동의 뇌와 거의 비슷해진다. 물론 예외도 있지만, 나이 들어서 개선되는 인지 기능은 전혀 없다는 것이 대다수의 통념이었다.

그러나 이제는 그 생각이 틀린 것으로 밝혀졌다. 나이가 들면 뇌가 수축하고 인지 기능에 이상이 생길 수도 있지만, 그런 영향이 모든 사람에게 똑같이 일어나지는 않는다. 지난 20년간 신경과학 연구로 밝혀진 가장 흥미로운 사실 중 하나는, 우리 뇌가 물리적·인지적·심리사회적으로 적절한 자극을 받으면 평생 계속해서 발달한다는 것이다. 내 친구이자 동료인 UC 샌디에이고 솔크연구소의 저명한 신경과학자 프레드 러스티 게이지Fred 'Rusty' Gage의 연구진은 나이 든 쥐로 실험했는데, 신체 활동에 심리사회적 자극이 더해지면 뇌의 시냅스(신경세포 간 연결 지점) 개수가 늘어날 뿐만 아니라 해마의 치아이랑, 뇌실 주변 등 뇌 특정 영역의 신경세포가 증가한다는 사실을 확인했다. 다른 연구진들도 여러 동물에서 같은 결과를 얻었다.

뇌영상 연구와 신경생리학 연구들에서는 노년기의 신체 운동과 정신적 자극, 사회적 교류가 생물학적으로 긍정적인 영향을 준다는 사실이 밝혀졌다. 신체 활동, 인지 기능, 사회적 활동이 모두 활발한 노인들은 어휘력이 감소하지 않았다. 과거에 일어난 사건, 과거에 본 물건과 사람, 수영이나 자전거 타는 법 등 아동기 초반에 배운 기술을 더 잘 기억하는 경향도 있었다. 이들의 뇌에서는, 주로 앉아서 생활하고 별다른 활동 없이 외롭게 지내는 노인들의 뇌에서 나타나는 위축성·쇠약성 변화가 발생할 확률이 낮다.

2011년에 나는 리사 아일러Lisa Eyler, 아예샤 셰르자이Ayesha Sherzai, 앨리슨 카웁Allison Kaup과 함께 뇌영상 기술로 사람의 뇌 구조를 조사한 550건의 연구 결과를 검토했다. 우리가 분석한 연구 대부분에서, 노년기에 인지 기능이 원만히 유지되는 사람은 뇌에서 한 곳 이상이 구조가 더 크거나 신경 연결이 더 강한 것으로 나타났다. 그런 영역은 전전두피질과 내측두엽에 특히 많았다. 이처럼 뇌의 특정 영역이 커지거나 연결이 더 강해지는 구체적인 이유는 밝혀지지 않았지만, 생활환경이 풍요로우면 뇌의 기능과 구조에 유익한 영향을 준다는 사실이 여러 건의 동물 연구에서 확인되었다. 신체적·정신적으로 활발하게 살아가면 뇌가 평생 건강하게 기능하고, 적응력과 관련이 있는 신경가소성에도 긍정적 영향을 주며 신경퇴행이 감소한다.

나쁜 것은 적게, 좋은 것은 많게

지혜의 구성요소 중 일부는 나이가 들면 대체로 더 강력해지고 다듬어진다. 타고난 특성처럼 몸에 배는 사람들도 많다. 나이가 들수록 유동지능◆은 감소하지만, 추상적 사고와 패턴인식, 대인관계에서의 분별력, 문제를 바로바로 해결하는 능력 등을 포괄하는 사회적 추론 능력은 향상하는 경향이 있다. 실제로 여러 뇌 영상 연구에서 노년기가 되면 뇌가 노화의 영향을 상쇄하는 방법을 찾는다는 사실이 밝혀졌다. 즉 본래 담당하던 영역이 아닌 다른 영역에서 특정 기능이 발휘되기도 하고, 기능이 약해지거나 수축하는 회로도 있지만 더 커지고 강해지는 회로도 생긴다. 나이가 들면 뇌가 차선책을 찾아내는 것이다.

몇몇 연구에서는 나이가 들어도 활동적으로 생활하는 사람의 뇌는, 지혜의 핵심 요소가 발달할 수 있는 기반이 더욱 탄탄하게 갖추어져 있다는 인상적인 결과도 나왔다. 이런 노인들은 뇌의 활성 부위가 뒤편(후두엽)에서 앞쪽(지혜의 발달과 강화에 중대한 영향을 주는 전전두피질)으로 바뀌는 경향을 보인다. 또한 젊은 성인이나 비활동적인 노인보다 뇌의 활성 면적이 넓다.

◆ 낯선 상황에서 새로운 정보를 처리하고 학습해 해결 방법을 찾는 능력을 뜻한다. 경험, 교육, 문화 등으로 축적된 정보를 필요할 때 상기하는 능력인 '결정지능'과 대비되는 지능이다.

젊을 때는 뇌가 국소적으로 기능하는 경우가 많다. 실제로 우리는 뇌의 특정 기능을 두고 우뇌가 담당한다거나 좌뇌의 활성으로 생긴다고 표현하곤 한다. 그러나 활동적인 노인은 대부분의 뇌기능에 양쪽 반구가 '모두' 동원된다. 뇌의 더 많은 부분을 활용함으로써 새로운 학습 같은 인지적 과제를 젊은이들과 거의 비슷한 수준으로 수행한다.

젊은 시절에 나는 마트에서 짐이 잔뜩 실린 무거운 카트도 한 손으로 거뜬히 밀곤 했지만, 이제는 나이가 들고 관절염이 있어서 카트를 밀려면 양손을 다 써야 한다. 그래도 꾸준히 운동한 덕분에 비슷한 연배의 비활동적인 노인들보다는 손 기능이 멀쩡한 편이다. 양손을 쓰긴 해도 무거운 카트를 얼마든지 끌 수 있다는 점은 수십 년 전과 같다.

노년기에는 뇌의 정서적 반응성에도 변화가 생긴다. 젊은 시절의 큰 감정기복은 사라진다. fMRI(기능적 자기공명영상) 연구에서는 나이가 들면 편도체가 끔찍한 교통사고 사진 같은 부정적 자극이나 심한 스트레스가 되는 자극에 덜 민감하게 반응하는 것으로 나타났다. 이러한 변화로 감정조절 능력과 긍정성이 증가하며, 이는 노년기의 지혜 향상에 도움이 된다. 나이가 들면 뇌에서 감정과 기억에 관여하는 또 다른 영역인 해마와 편도체의 기능적 연결이 약해지고, 배외측 전전두피질과 편도체의 연결은 반대로 계속 강하게 유지되어 결과적으로 나쁜 기억은 줄어들고 좋은 기억은 강화된다. 노인들에게 활짝 웃는 아기 사진 같은 긍정적인 자극이 주어지면 편도체의 반응이 젊은이들과 비슷한 수준으로 나타난다. 나이가 들면 긍정적인 감정과 기억은 그대로 있고, 부정적인 감정과 기억만 감소하는 것이다.

영국 런던 정치경제대학교의 한스 슈반트Hannes Schwandt는 1991~2002년에 17~85세의 독일인 2만 3161명을 대상으로 '삶의 만족도 예측치'를 설문 조사하고 5년 뒤에 다시 같은 설문 조사를 해서 얻은 13만 건의 응답을 분석했다. 2013년에 발표된 이 연구 결과를 보면, 젊은 사람들은 노인들보다 후회가 많고 더 비관적인 경향이 있으며 노인들은 실망과 회한을 더 수월하게 흘려보내는 것으로 나타났다. 또한 노인들은 자신이 바꿀 수 없는 일들을 덜 불행하게 여겼다.

코넬대학교의 일레인 웨딩턴Elaine Wethington 교수는 《애틀랜틱Atlantic》에 실린 작가 조너선 라우시Jonathan Rauch와의 인터뷰에서 "젊은 사람들은 부정적인 감정을 더 많이 느낀다"고 설명했다. 젊은이들은 노인들보다 균형을 잘 잡지 못하고 일의 맥락도 잘 파악하지 못한다. 그러다 나이가 들면서 점점 태도가 변한다. 노인들은 이미 해봤거나 해볼 만큼 해본 일들이 많으므로 직접 시도하거나 실행하는 일이 줄어든다. 또한 노화에서 비롯되는 신체적 제약을 받아들이며, 과거에 자신이 성취한 일들에 더 큰 기쁨을 느끼고, 또래집단의 압박에 덜 휘둘리며, 자신의 강점과 부족한 점을 더 현실적으로 평가하는 경향이 강해진다. 펜실베이니아 주립대학교의 데이비드 알메이다David Almeida는 청년층과 중년층에게는 스트레스가 되는 요인도 노인에게는 영향이 덜하다고 밝혔다.

UC 버클리의 그레이터 굿 사이언스 센터Greater Good Science Center 소속 릭 핸슨Rick Hanson은 이 주제로 많은 글을 썼다. 핸슨은 인간의 뇌가 태생적으로 부정적인 것에 집중하며 이는 진화의 결과라고 주장한다. 인류의 선조들은 굶주린 포식동물이나 자연의 위험요소 등 나쁜 일에 각별한 관심을 기울여야 했다. 하루하루의 생존이 달린 일이었기 때문이다. 호모에렉투스나 네안데르탈인에게는 먹을 것이나 몸을 누일 장소, 성교의 기회 같은 긍정적 경험이 아무리 좋다 한들 그것이 내일의 해를 볼 기회까지 보장하지는 않았다. 부정적인 일에 더 집중하는 이런 성향은 현대를 사는 호모사피엔스에게 더더욱 두드러진다.

실제로 인간의 뇌는 부정적인 일에 더 관심을 기울이는 편향성이 발달해서 스트레스를 느끼고 불행감이 커지더라도 위협적인 대상, 위험한 일에 더욱 주의를 집중한다. 우리가 좋은 소식보다 나쁜 소식을 더 잘 기억하는 이유이자 정치적인 공격이 먹히는 이유다.

나이가 들고 지혜로워지면 이와 같은 부정성 편향이 해소된다. 젊을 때는 정서적으로 좋지 않은 경험과 나쁜 기억이 접착제라도 바른 듯이 머릿속에 쉽게 들러붙지만, 나이가 들면 정신에 테플론 코팅이라도 생긴 것처럼 오래 눌어붙지 않고 금세 떨어져 나간다.

스탠퍼드대학교의 심리학자 로라 카스텐슨은 사람들이 노년기가 되면 생이 얼마 남지 않았다는 사실을 더욱 깊이 인식하면서 자신이 경험한 일들에 정서적으로 더 큰 만족감을 느끼며, 꼭 해내야 한다는 조바심으로 낭비하는 시간은 줄어든다고 설명했다.

"젊은이들은 감정조절에 서툽니다." 카스텐슨는 조너선 라우시와의 인터뷰에서 이렇게 설명했다. 라우시는 그 말에 자신의 개인적인 경험을 떠올렸다. "몇 년 전에 제가 아버지께 50대 이후로 심하게 화내시지 않게 된 이유를 여쭌 적이 있습니다. 그때 아버지도 비슷한 말씀을 하셨어요. '짜증 나는 일이 5센트어치인데 내가 5달러어치만큼 반응할 필요가 없다는 걸 깨달았다'고 하셨죠."

4
지혜를 측정하는 법

> 측정할 수 있는 것은 측정하고, 측정할 수 없는 것은 그럴 수 있게 만들어라.
>
> —갈릴레오 갈릴레이Galileo Galilei

> 나는 증거를 믿는다. 그리고 독자적인 관찰자의 관찰과 측정, 추론을 믿는다. 아무리 엉뚱하고 터무니없는 일도 증거가 있다면 믿을 수 있다. 그러나 엉뚱하고 터무니없는 일일수록 더 확실하고 탄탄한 증거가 있어야 한다.
>
> —아이작 아시모프Isaac Asimov

내 환자인 존 B에게는 조현병의 대표적 증상이 대부분 나타났다. 그는 막대한 자금을 보유한 어떤 은밀한 세력이 사람들이 중요시하는 가치를 무너뜨리려 하며, 자기 이웃들이 이들의 표적이 되었다는 망상에 시달렸다. 그가 말하는 세력이 무너뜨리려 한다는 가치가 무엇인지는 상담 때마다 달라졌다. 존은 통화 중에 정체불명의 숨소리를 들었다거나, 마트나 헬스장에서 자기를 쫓아오는 존재들이 있었다는 등 환청과 환각에도 시달렸다. 존의 이야기는 알아듣기 힘들었다. 말을 웅얼거리고, 유명한 문구와 각종 사상이 무작위로 뒤엉켜나오는 등 생각에 체계가 없었다. 의심이 극히 커져서 자기 생각이나 자신이 봤다고 여기는 것을 편히 털어놓지 못할 때도 많았다.

그러다 몇 주 동안 존의 증세가 조금 잠잠해진 듯했다. 공격성이 줄고, 잠을 많이 잤으며, 이웃과 다른 사람들을 불평하지도 않았다. 정기검진이나 치료 일정에 맞춰 그를 병원에 데리고 오는 가족들도 존이 나아지는 것 같다고 했다. 정신 나간 말을 하지 않고 싸움도 걸지 않는다고 했다.

하지만 존의 실제 상태는 정반대였다. 그는 몹시 우울하고 절망감을 느끼며 겁도 난다고 했다. 사람들과 악수하거나, 집 밖에 쓰레기를 내놓거나, 가족과 함께 저녁식사를 하는 등의 일상적인 일들마저 힘들어했다. 가끔은 그냥 죽는 게 낫겠다는 생각에 자살 방법을 고민하기도 했다. 존은 이런 생각을 포함한 어떤 생각이나 감정도 사람들에게 털어놓지 않았다.

일반적으로 정신과 의사는 환자의 말과 환자 가족이 하는 말 중에 자연히 후자의 말을 더 믿는 경향이 있다. 환자의 상태와 그가 놓인 상황을 환자보다 가족이 더 정확하고 '더 객관적으로' 평가할 수 있으리라고 추정하기 때문이다.

그러나 환자의 감정이나 상태를 가장 잘 아는 사람은 환자 본인이다. 존이 내게 우울하다고 한다면, 나는 그에게서 우울증 징후가 뚜렷이 나타나지 않거나 그의 상태가 의학 교과서에 적힌 우울증의 정의에 딱 맞아떨어지지 않더라도 그의 말을 믿고 진지하게 받아들인다. 자살자나 수많은 목숨을 빼앗은 살인자의 가족, 친구들은 일이 벌어진 다음에야 그런 일이 벌어질 줄은 꿈에도 몰랐다며 기겁하는 경우가 많다. 왜 그럴까?

안녕감은 주관적이다. 몸과 마음이 어떤 상태인지를 자기 자신보다 잘 아는 사람이 있을까? 따라서 사람들이 스스로 평가한 자신의 건강 상태는 질병, 장애, 심지어 죽음까지 예측할 수 있는 유의미한 지표다. 한 공동체의 구성원들이 스스로 평가한 주관적 안녕감은 범죄율, 주택 가격, 통근 시간 등 객관적 지표로 평가한 그 공동체의 안녕감과 밀접한 상관관계가 있다는 훌륭한 연구 결과도 있다.

불안감 같은 개인의 주관적인 성향과 상태는 객관적 지표로 측정하기 어렵다. 청중 앞에서 편안한 모습으로 아무렇지 않게 노래하는 가수도 실제로는 큰 스트레스와 불안을 느끼고 있을 수도 있다. 이런 점들을 고려하면, 심리적 구성개념을 평가하는 방식이 대부분 주관적 평가나 자가보고인 것도 당연한 일이다. 예컨대 스트레스 평가도 "스트레스를 얼마나 느끼는가?"와 같은 질문에 주관적으로 답하게 하는 방식이 가장 좋은 평가 방식으로 여겨진다. 아무리 가족이고 가까운 친구라도 24시간 7일 내내 누구의 생각을 꿰뚫어볼 수는 없기 때문에, 개인의 성격특성을 정확히 평가하지는 못한다. 지혜 평가도 마찬가지다. 현재까지의 과학 발전을 기준으로 할 때, 지혜의 각 구성요소를 나타내는 행동에 관해 당사자가 직접 밝히게 하는 것이 지혜를 평가하는 가장 좋은 방법이다. 언젠가는 지혜를 객관적으로 측정하는 방법이 개발될 수도 있지만, 그때도 당사자의 주관적인 평가로 보완해야 할 것이다.

중요한 것에 집중하기

캐나다 밴쿠버 랑가라대학의 심리학과 교수 제프리 딘 웹스터는 학술지 《성인 발달 저널Journal of Adult Development》에 실린 연구에서 이런 질문을 던졌다. "응답자가 종이에 직접 답을 기재하는 방식의 설문 조사로 지혜를 탐구하려는 건 헛수고일까? 지혜처럼 다채롭고 동적이며 불가해한 개념을 자가평가에서 나온 총점으로 요약할 수 있을까?"

지혜의 측정을 다룬 연구에 크게 공헌한 학자인 웹스터는, 몇 가지 주의할 점은 있지만 '가능하다'는 결론을 내렸다.

과학 그리고 과학을 기반으로 하는 의학과 같은 학문은 검증과 재검증이 가능한 실증적 데이터, 또는 측정할 수 있는 데이터를 근거로 삼는다. 수천 년에 걸쳐 발달한 과학적 방법의 기본 요건은 정확한 측정이다. 이 요건이 충족되지 않으면 과학이 아닌 추측과 의견이 된다.

물리적인 측정은 적절한 도구만 있으면 비교적 수월하다. 이러한 측정에는 보고 만지고 셀 수 있는 것이 도구로 활용되며, 인간의 생리학적 특징이 활용되는 경우가 많다. 예를 들어 과거 대영제국의 단위계에 포함된 '인치inch'는 엄지손가락 하나의 두께를 의미했고, '피트feet'도 말 그대로* 발 길이에서 나온 단위다. 현대의 수 체계가 10을 기본으로 하게 된 것도 인간의 손가락이 열 개인 것과 깊은 관련성이 있다.

무게, 질량, 시간도 객관적인 측정 단위가 발명되었다. 그런데 생각, 느낌 같은 심리적 현상은 어떻게 측정할 수 있을까? 이 문제는 정신의학자, 심리학자, 인지과학자라 불리게 된 전문가들이 처음 등장했을 때부터 지금까지 해결 과제로 남아 있다.

의사와 연구자가 정신질환 진단에 활용하는 도구 가운데는 미국정신의학협회의 《정신질환 진단 및 통계 편람Diagnostic and Statistical Manual of Mental Disorders》(줄여서 'DSM')이라는 것이 있다. 조현병부터 외상후스트레스장애에 이르는 모든 정신질환을 기술하고 각각에 대해 신뢰할 수 있는 진단기준과 지침을 제공한다는 목적으로 개발된 이 자료는 1950년대에 처음 출판되었으며, 현재 다섯 번째 개정판(DSM-5)까지 나왔다.

《DSM-5》는 정신질환의 진단에서 믿고 활용할 수 있는 유용한 자료지만 뚜렷한 한계가 있다. 또한 정신건강이라든가 회복

* 피트(feet)는 '발'을 뜻하는 영어 단어 'foot'의 복수형이다.

력, 지혜 같은 긍정적인 행동은 임상학적으로 정의하려는 시도조차 하지 않는다.

물론 정신질환을 진단하는 방법보다 지혜를 측정하는 방법을 찾는 일이 훨씬 까다롭다. 건강한 정신을 측정하는 일은 정신에 생긴 이상을 진단하고 평가하는 것보다 더 어렵기 때문이다.

그럼에도 우리는 방법을 찾고 있으며, 앞으로도 그럴 것이다. 지금까지 꾸준한 노력이 있었으며 점차 발전하고 있다. 이번 장 마지막 부분에서는 이 노력으로 거둔 결실인 '지혜 지표'를 소개한다.

IQ 점수는 얼마나 똑똑할까

성격특성을 객관적으로 측정하는 방법 중에 가장 많이 연구된 것이 지능지수IQ다. 지능검사는 심리학자 알프레드 비네Alfred Binet가 제시한 버전이 역사적으로 가장 유명하다고 할 수 있지만, 웩슬러성인지능검사WAIS 등 다른 학자들이 제안하고 개발한 몇 가지 다른 방법들도 활용된다. IQ는 개개인의 지능검사 점수를 나이가 같은 사람들의 평균점수로 나누고(가령 10세 아동이라면 10세 아동들의 평균점수로 나눈다), 기억하기 쉽게끔 100을 곱한 값이다.

예를 들어 10세 어린이가 지능검사에서 60점을 받았고 동갑내기 아이들의 평균점수가 50점이라면, 60을 50으로 나누고 100을 곱한 120이 이 어린이의 IQ가 된다. '스탠퍼드-비네검사'라고도 불리는 이 방식으로 도출되는 일반적인 또는 평균적인 지능지수는 85~115다. IQ가 116~124이면 지능이 평균 이상으로 여겨지며, 125~134는 영재, 135~144는 뛰어난 영재, 145~164는 천재, 165~179는 고도의 천재, 180~200은 최고 수준의 천재로 평가된다. IQ 검사를 받는 사람 중에 천재로 분류되는 비율은 0.25퍼센트도 되지 않는다. 알베르트 아인슈타인Albert Einstein은 IQ가 대략 160으로 추정되는데, 평균을 크게 웃도는 점수이긴 하지만 영화 〈로키〉에서 이반 드라고 역할로 명성을 떨친 배우 돌프 룬드그렌Dolph Lundgren이나 미국의 TV쇼 진행자 코넌 오브라이언Conan O'Brien, 미국의 전설적인 야구선수 레지 잭슨Reggie Jackson의 IQ와 큰 차이가 없다.

IQ 검사는 객관적인 평가법이지만 논란의 여지도 있다. 특히 검사받는 사람의 인종·성별·계급·문화별로 부당한 계층구조가 생긴다는 비난이 제기되어왔다. 이제는 아주 먼 옛날처럼 왕의 점수가 표준이 되는 일은 없지만, IQ 검사를 받는 사람은 대부분 서구 국가의 도시나 도시 근교에 사는 백인이다. 따라서 시골에 사는 사람들, 소수 집단과 인종, 비서구권 사람들에게 적용하기에는 알맞지 않다.

어떤 검사건 검사받는 사람이 그 검사를 치를 만한 능력이 얼마나 되는지가 결과에 영향을 준다. 여러 선택지 중에 하나를 택해본 경험이 거의 또는 전혀 없거나 그런 형식 자체를 어려워하는 아이들은, 경험이 더 많거나 능숙한 아이들과 실제 지능이 같아도 더 낮은 점수를 받을 수 있다.

IQ 검사로 전반적인 지능은 측정할 수 있어도 대인관계 기술이나 음악적 지능, 창의력 같은 세부 능력을 측정하진 못한다는 점도 유념해야 한다. 성격과 실용적인 노하우도 IQ 검사로는 평가할 수 없다. 또한 지능검사는 지적 잠재력이 태어날 때부터 정해지는 고정불변의 능력이라거나, 그것이 인생의 성공을 결정한다는 개념을 전파하는 경향이 있다.

요약하면, 표준 IQ 검사는 영리함의 한 측면을 측정한다. 대학수학능력시험 점수가 인지 기능의 중요한 영역을 평가하고 학업과 일의 성공을 어느 정도 예측하는 것과 비슷한데, 이는 결정적인 한계가 있다. IQ 점수로는 지혜의 핵심 요소인 감정조절 능력이나 연민, 성찰은 전혀 파악할 수 없다.

"IQ가 높은 것은 농구 선수의 키가 큰 것과 같다." 하버드 교육대학원에서 사고력과 추론 기술을 연구해온 데이비드 퍼킨스David Perkins의 말이다. "다른 조건이 전부 같다면 매우 중요한 요소가 되지만, 다른 조건이 전부 같을 수가 없다. 훌륭한 농구 선수가 되는 데는 큰 키 외에도 수많은 요소가 작용한다. 마찬가지로 사고력이 뛰어난 사람이 되는 데도 높은 IQ 점수 외에 수많은 요소가 작용한다."

지혜를 정량화하다

지혜를 직접적으로 정밀하게 평가할 수 있는 간단한 방법은 없다. 인간이 세포배양접시 같은 곳에 담겨 실험실에서 살아가는 존재라면 지속적으로 상태를 관찰·기록하며 이리저리 조작하기가 쉽겠지만, 현실은 그렇지 않다. 우리의 자연스러운 생활과 생활환경을 변화시키는 모든 요소는 그 속에서 우리가 행하는 모든 일의 특성을 변화시키고 평가 결과에도 영향을 준다. 그래서 지혜를 연구하는 학자들은 면밀히 설계한 질문과 특정한 딜레마 상황을 사람들에게 제시하고, 응답자의 대답이 얼마나 현명한 생각이나 행동인지를 분석하는 방식으로 지혜를 평가한다.

이러한 평가는 설문 조사와 인터뷰 형식으로 이루어진다. 설문 조사는 자가평가의 한 방법으로, 특정 질문이나 "친구들은 내가 유머감각이 뛰어나다고 한다"와 같은 일반 문장을 제시하고 선택지 중에서 응답자가 직접 답을 고르게 한다. 선택지는 보통 '전혀 동의하지 않는다'부터 '매우 동의한다'까지 여러 단계로 나뉜다. 이러한 자가평가는 자명한 문제가 있다. 바로 응답자가 자신을 스스로 평가한다는 점이다. 인간은 자신을 다른 사람들이 평가하는 것보다 더 좋게 보고 너그럽게 평가하려는 경향이 있다. 혹은 최소한 남들과는 다른 시선으로 자신을 보려고 한다. 자신의 이미지를 사회적으로 좀 더 용인되는 모습이나 연구자가 원한다고 생각하는 모습으로 지어내려고도 한다. 그래서 스스로 장점이라 생각하는 점은 극대화하고 약점이라 여기는 부분은 최소화하려 한다.

또래집단의 의견이나 평가를 활용하는 지혜 연구자들도 있다. 또래집단이 현명하다고 여기는 사람은 지혜롭다고 간주하며, 주변인들이 별로 지혜롭지 않다고 평가하는 사람은 점수를 낮게 매기는 식이다. 구글에서 '지혜로운 인물들'을 검색해보면 솔로몬, 부처, 공자, 소크라테스, 벤저민 프랭클린, 펄 벅, 간디, 마이아 앤절로, 테레사 수녀, 링컨, 처칠 같은 이름이 나온다. 모두 역사상 가장 현명한 사람들이 누구냐는 이야기가 나올 때마다 자주 등장하는 이름들이며, 많은 사람이 공통적으로 그렇게 생각한다는 것은 중요한 가치가 있다. 그러나 주변인의 의견으로 개인의 지혜를 평가하는 방식은 그 시대의 특정한 사고방식과 인기도, 응답자의 개인적 편향, 평가하려는 사람에 관해 응답자가 얼마나 아는지에 영향을 받는다.

햇살 없는 낮

독일 막스플랑크 인간개발연구소의 파울 발테스와 우르줄라 슈타우딩거는 지혜 연구와 평가를 처음 시도한 선구자들이다. 1장에서 소개한 '베를린 지혜 프로젝트'도 이들 손에서 시작되었다. 사실 베를린 지혜 프로젝트의 정확한 목표는 지혜 검사법의 개발이 아니었다. 이 프로젝트의 목표는 감정이나 동기처럼 '애매한' 특성에 관한 논의는 배제하고, 발테스와 슈타우딩거가 "삶의 근간이 되는 실용 기술"이라 칭한, 실제로 측정할 수 있는 기술에 초점을 맞춰 지혜를 연구·평가할 방법을 찾아내는 것이었다.

발테스와 슈타우딩거는 지혜를 고도의 지적 전문성이라고 정의했다. 또한 지혜로운 사람은 아주 드물며, 정말로 지혜롭다고 할 만한 사람은 극소수라고 보았다. 그리고 이러한 희소성 때문에 지혜로운 사람들은 사회에서 더욱 귀중한 가치가 있다고 설명했다.

발테스와 슈타우딩거의 이론에서는 기본적으로 지혜를 비상한 인지 능력cognition으로 간주한다. "코기토 에르고 숨Cogito, ergo sum", 즉 "나는 생각한다, 그러므로 나는 존재한다"라는 유명한 말에 빗대어, 생각하는 능력이 뛰어나면 더 나은 사람이 된다(그리고 더 현명해진다)고 보는 것이다. 그렇지만 사람은 이성적인 생각대로만 움직이지 않으며 오히려 감정에 따라 행동하는, 정반대의 경우가 더 많다고 할 수 있다. 감정을 뺀 지혜는 햇살이 없는 낮과 같다. 가끔 철학자가 되기도 하는 코미디언 스티브 마틴Steve Martin은 햇살 없는 낮은 낮이 아니라 "다들 알다시피 밤이죠"라고 했다.

감정이 빠진 지혜는 지혜가 아니다. 밤과 낮이 다르듯, 지혜가 아닌 전혀 다른 것이다. 예를 들어 반사회적 인격장애를 생각해보자. 이 인격장애의 특징은 연민이 없는 것이지만, 모든 사이코패스가 사람을 죽이는 범죄자가 되진 않는다. 사실 대부분의 사이코패스는 사회에 완벽히 적응해서 지극히 평범하게 살아간다. 그중에는 매우 영민한 사람도 있고, 심지어 성공의 표본이 되는 사람도 있다. 그렇다고 이런 사람들을 현명하다고 할 수 있을까? 나는 그렇게 생각하지 않는다.

"사이코패스는 겉으로 보기에 매력적이며, 대체로 첫인상이 좋은 경향이 있고 놀라울 정도로 평범해 보인다." 스콧 릴리엔펠드Scott Lilienfeld와 할 아코위츠Hal Arkowitz가 2007년 《사이언티픽 아메리칸Scientific American》에 기고한 글에 나오는 내용이다. "그러나 자기중심적이고, 정직하지 않으며, 신뢰할 수 없다. 때때로 이들은 재미를 느끼는 것 외에 다른 뚜렷한 이유 없이 무책임한 행동을 한다. 대체로 죄책감, 공감, 사랑이 결여되어 대인관계나 연인과의 관계가 가볍고 냉담하다. 이들은 습관적으로 무모한 행동을 하고, 극악한 행위를 저지르고는 변명하며 다른 사람 탓을 할 때가 많다. 실수에서 깨달음을 얻거나 자신에게 제공된 부정적인 의견을 유익하게 활용하는 경우가 드물고, 충동을 잘 억제하지 못한다."

모두 지혜와는 거리가 먼 특징들이다.

인지, 성찰, 정서

지혜를 측정할 수 있는 더 포괄적인 방법을 찾아 나선 과학자들도 있다. 조지 이먼 베일런트와 댄 블레이저, C. 로버트 클로닌저C. Robert Cloninger는 모두 정신의학자이자 개인의 지혜를 주제로 저술 활동을 하는 등 지혜를 설명하려고 애쓰며 이 분야를 일군 존경받는 학자들이다. 내 오랜 친구이자 동료인 플로리다대학교 사회학과의 모니카 아델트 부교수도 학자 인생의 상당 기간을 노화와 잘 늙는 법을 연구하는 데 할애했다. 아델트는 나이가 들면 지혜가 함께 커지는 경우가 많다는 사실(이 내용은 나중에 더 자세히 설명할 것이다)에 주목한다. 그는 지혜의 본질적 특성과 함께, 노년기에 느끼는 안녕감의 수준과 지혜를 연계해서 측정하는 방법을 오랫동안 고심했다.

아델트는 2003년에 '3차원 지혜 척도3D-WS'를 발표했다. 비비언 클레이턴, 제임스 비렌 등 저명한 학자들의 획기적인 연구 결과를 바탕으로 설계된 이 척도는 지혜가 세 가지 성격특성, 즉 인지 능력(순수 지능), 성찰 능력(자기 내면을 들여다보는 능력), 정서적 능력(다른 사람을 향한 공감과 연민)이 조합된 결과라는 전제에서 출발한다.

3D-WS는 이 세 가지 능력의 관계와 상호연관성에 관한 귀중하고 새로운 통찰을 제공한다. 즉 이 세 가지는 서로를 강화하며 독자적이지 않다는 것, 어느 한 가지도 다른 것과 무관하게 따

로 발달하지 않는다는 것이다.

예를 들어 "어떤 일을 하는 올바른 방법은 딱 한 가지뿐"(인지 능력을 평가하는 질문)이라고 생각하는 사람은 "나는 내 의견에 반대하는 사람들에게 쉽게 짜증을 낸다"(정서적 능력을 평가하는 질문)에 '매우 그렇다'를 선택할 확률이 아주 높다.

마찬가지로 "모르는 게 약이다"(인지 능력)라는 항목에 매우 동의한다고 답하는 사람은 "나는 문제가 생기면 항상 모든 측면을 다 보려고 노력한다"(성찰 능력)에 매우 동의한다고 답할 가능성이 아주 낮다.

또한 "나는 문제의 답을 알기만 하면 그게 왜 답이 되는지는 몰라도 상관없다"(성찰 능력)에 그렇다고 답하는 사람은 "나는 가끔 사람들이 내게 무얼 말하고 있을 때 그만하고 다른 데로 갔으면 좋겠다고 생각한다"(정서적 능력)에도 동의한다.

3D-WS의 한 가지 단점은 문항이 39개로 너무 많다는 것이다. 문항이 많을수록 응답자가 피로를 느끼거나 집중이 흐트러져 결과가 정확하게 나오지 않을 확률이 높아진다. (동시에, 평가 문항이 포괄적일수록 결과가 더 유효하다는 장점이 있다.)

나는 2015년에 마이클 L. 토머스Michael L. Thomas, 캐서린 J. 뱅언과 함께 아델트와도 협력해서, 앞서 소개한 '성공적인 노화에 관한 평가' 참가자들인 샌디에이고 카운티 거주자 1546명의 지혜를 이 3D-WS 검사로 측정했다. 그리고 이 측정 결과를 바탕으로 수정을 거듭한 끝에 평가 문항을 12개로 줄였다. 선택지는 기존처럼 '매우 동의한다'부터 '전혀 동의하지 않는다'까지의 범위에서 고르거나, 자신에게 '해당된다'와 '해당하지 않는다' 중에서 고르게 했다. 문항은 기존의 3D-WS처럼 지혜의 구성요소인 인지 능력, 성찰 능력, 정서적 능력을 평가하는 내용들로 구성했다. 문항을 12개로 줄인 3차원 지혜 척도라는 의미로 '3D-WS-12'라고 명명한 이 검사법은 인간의 정신을 측정하는 우수한 척도가 갖춰야 하는 조건을 모두 충족한다.

일상의 소란과 소동 속에서

아델트가 3D-WS를 세상에 선보인 해에 캐나다 랑가라대학의 제프리 웹스터도 직접 개발한 '지혜 자가평가 척도SAWS'를 발표했다. SAWS는 웹스터가 연구로 밝혀낸 지혜의 다섯 가지 요소, 즉 인생의 중대한 경험, 회상과 삶에 관한 숙고, 경험에 대한 개방성, 감정조절, 유머를 바탕으로 설계되었다.

SAWS도 3D-WS처럼 여러 문항으로 구성되며(총 40개), 응답자는 '매우 동의한다'부터 '전혀 동의하지 않는다'까지 총 여섯 가지 중 하나를 선택한다. 이 척도는 지혜로운 사람이라면 자기 인생을 스스로 능숙하게 돌보고, 좋은 일과 나쁜 일 모두 절충할 줄 알며, 개인의 발전을 최대치로 끌어올릴 줄 안다는 것을 전제로 한다. 또한 지혜로운 사람은 다른 의견이나 반대 의견을 수용할 줄 알며, 새로운 관점과 낯선 것(음악, 책, 예술, 음식 등)에 개방적이고, 자신과 다른 사람의 감정을 잘 알며, 사람들과 가까워지고 스트레스를 줄이는 수단으로 유머를 활용할 줄 안다고 본다. 더불어 자신의 과거와 현재를 성찰하며, 이를 미래의 어려움을 예측하고 대처하는 데 유용하게 활용할 줄 안다고도 전제한다.

웹스터와 아델트의 지혜 척도는 공통적으로 지혜가 하루아침에 뚝딱 생기는 것이 아님을 강조한다. 시간이 흐른다고 해서 자연히 축적되는 것도 아니다. 지혜는 "인생의 위급한 상황, 일상생활의 각종 소란과 소동 속에서" 생겨난다.

그 밖에도 지혜를 측정하는 몇 가지 척도가 발표되었는데, 제각각 장단점이 있다. 동료들과 나는 전문가들의 검토를 거쳐 합의된 지혜의 구성요소와, 각 요소의 신경생물학적 토대에 관한 가설을 반영해 지혜를 평가하는 새로운 척도가 필요하다는 결론에 이르렀다. 이에 따라 나보다 젊은 동료이자 평가 척도 개발의 전문가인 마이클 토머스와 다른 몇몇 연구자의 도움을 받아 '샌디에이고 지혜 척도SD-WISE'를 개발했다.

샌디에이고 지혜 척도

SD-WISE는 지혜의 심리학적·신경생물학적 특성에 관한 최신 이론을 바탕으로 한다. 구체적으로는 감정조절, 친사회적 행동, 성찰, 불확실성의 수용, 결단력, 사회적 의사결정 능력(조언)을 평가한다. 모두 지혜를 구성한다고 밝혀진 요소들이며, 뇌에서 뚜렷한 활성이 나타나는 영역이 있다. SD-WISE는 지혜 같은 인간의 복잡한 특성이 기본적인 생물학적 특성과 체계적으로 연결되는 방식에 관한 지식수준을 한 단계 더 높인 성과다.

이 결실은 발테스, 아델트, 웹스터 등 방향타 역할을 하며 길을 닦아준 선배들과 동료들이 먼저 거둔 성취에 매우 큰 빚을 졌다. 마이클 토머스와 나를 포함한 우리 연구진은 자가평가용 설문 문항 목록을 만들고, 몇 달 동안 조합·정리·검토·수정·시험 과정을 여러 번 반복하며 다듬은 끝에 24개 문항을 최종 선정했다. 그리고 '성공적인 노화에 관한 평가' 연구 사업에 참여했던 25~104세 지역 주민 524명을 대상으로 테스트를 했다. 결과 비교를 위해 이전에 3D-WS와 SAWS로 지혜 평가를 받은 적이 있는 사람들을 참가자로 선정했다.

테스트는 여러 단계의 의사결정을 거쳐 체계적으로 진행되었다. 치매 환자, 말기 질환자, 영어를 유창하게 구사하지 못하는 사람은 제외했는데, 이렇게 참가자의 범위를 제한하는 것은 이러한 유형의 연구에서 꼭 필요한 일이지만, 그로 인해 생기는 문제도 있다. 지혜가 영어를 할 줄 아는 사람이나 샌디에이고 카운티에 사는 사람에게만 국한되는 특성이 절대 아니라는 점도 그중 하나다. 이처럼 우리 연구에는 우리 스스로 인지한 한계가 있었지만, 모든 조건이 완벽히 갖춰질 때까지 기다릴 수만은 없었다.

SD-WISE도 다른 지혜 척도처럼 여러 문항으로 구성되며, 참가자는 각 문항에 얼마나 동의하는지로 답한다. SD-WISE의 24개 문항은 우리 연구진이 수행한 여러 연구에서 밝혀진 지혜의 구성요소들을 평가할 수 있도록 세밀하게 설계되었다.

SD-WISE 테스트는 참가자를 총 두 그룹으로 나누어 진행했다. 표본이 더 많은 첫 번째 그룹에서 나온 결과는 척도를 다듬는 데 활용하고, 그보다 표본이 적은 두 번째 그룹에서 나온 결과로는 이 평가법의 타당성을 검증했다. 우리 연구진은 지혜의 신경생물학적 특성에 관한 지식을 토대로, 지혜를 최대한 정확히 측정할 수 있도록 우리가 동원할 수 있는 모든 도구를 활용했다.

SD-WISE는 모든 과학적·통계적 평가에 공통적으로 적용되는 최신 표준에 부합하며, 신뢰도와 타당성이 검증된 평가법이다. 우리는 이 척도를 개발한 연구 결과를 2017년 학술지《정신의학 연구 저널Journal of Psychiatric Research》에 발표했다. 이는 전 세계 언론에 보도되며 널리 관심을 받았다. 한 가지 주목할 점은, SD-WISE가 공개됨에 따라 첫 번째 현장 시험도 자연히 시작되었다는 것이다. 이후 SD-WISE는 샌디에이고 카운티와 이탈리아 치렌토 지역 주민을 대상으로 한 외로움 연구, IBM과의 공동연구를 비롯한 여러 연구에 활용되고 있다. 크라우드소싱 웹사이트 '아마존 메커니컬 터크Amazon Mechanical Turk'에서 진행되는 연구들에도 쓰인다. 이러한 웹사이트의 서비스를 연구에 활용하면 연구자는 훨씬 다양하고 많은 참가자를 더 효율적·경제적으로 모집할 수 있다.

다양한 사회와 문화, 인종, 민족, 특정 국가나 여러 국가의 표본에 적용했을 때의 신뢰도와 타당성을 검증해야 하는 등 SD-WISE는 아직 갈 길이 멀다. 모든 검사법이 그렇듯 SD-WISE도 앞으로 더 개선하고 다듬을 내용들이 있다. 2017년 논문에서도 동료들과 나는 SD-WISE의 한계점과 개선해야 할 방향을 대략적으로 제시했다. 우리는 SD-WISE가 지혜 연구 분야에서 고유하고 귀중한 도구가 될 수 있다고 생각한다. 이를테면 더 현명해지기 위한 노력이 얼마나 성공적인지를 확인하는 도구로도 활용할 수 있다.

SD-WISE는 총점만 제공할 뿐, 동일 연령이나 성별 집단의 점수와 비교한 결과는 제시하지 않는다. 이 점을 고려해 우리는 SD-WISE를 더 발전시키고 정교화하는 한편, 지혜 평가의 총점과 함께 지혜를 구성하는 여섯 가지 요소별 점수를 제공하고, 응답자와 나이·성별이 같은 집단의 평균점수도 함께 알려주는 '제스테-토머스 지혜 지표'를 최근에 개발했다. 응답자는 이 지혜 지표에서 제공하는 정보를 토대로 자신의 전반적인 지혜 수준을 파악하고, 개선할 점은 무엇인지 알 수 있다.

SD-WISE로 자신의 지혜를 평가할 때는 자존심과, 남들에게 좋은 인상을 주려는 내재적 충동을 내려놓고 최대한 공정하고 솔직하게 답해야 한다. 문항들은 응답자의 편향이 배제될 수 있도록 세밀하게 체계화한 구조와 문장으로 구성되어 있다.

SD-WISE의 24가지 질문◆

다음 24개 문항을 읽고, 다섯 가지 항목 중 자신과 가장 일치하는 답을 고르시오.

나는 다른 사람들의 기분을 잘 안다.

( ) 전혀 그렇지 않다 ( ) 그렇지 않다 ( ) 보통 ( ) 그렇다 ( ) 매우 그렇다

사람들은 선택할 일이 있을 때 내게 도와달라고 한다.

( ) 전혀 그렇지 않다 ( ) 그렇지 않다 ( ) 보통 ( ) 그렇다 ( ) 매우 그렇다

사람들은 내게 훌륭한 조언자라고 말한다.

( ) 전혀 그렇지 않다 ( ) 그렇지 않다 ( ) 보통 ( ) 그렇다 ( ) 매우 그렇다

사람들이 내게 조언을 구할 때, 무슨 말을 해야 할지 모르겠다고 느

◆ 2025년 3월 현재 이 평가를 제공하는 온라인 사이트에는 총 28개 문항이 등록되어 있다. 이 책이 출간된 후 추가된 4개 문항은 다음과 같다.
- 죽은 후에 영혼이 존재하지 않는다고 생각한다.
- 나는 영적인 믿음으로부터 내면의 힘을 얻는다.
- 나는 우리 모두가 더 높은 존재와 연결되어 있다고 느낀다.
- 삶에 전반적인 목적은 없다고 생각한다.

낄 때가 많다.

( ) 전혀 그렇지 않다 ( ) 그렇지 않다 ( ) 보통 ( ) 그렇다 ( ) 매우 그렇다

나는 결정을 잘 내리지 못한다.

( ) 전혀 그렇지 않다 ( ) 그렇지 않다 ( ) 보통 ( ) 그렇다 ( ) 매우 그렇다

나는 대체로 제때 결정을 내린다.

( ) 전혀 그렇지 않다 ( ) 그렇지 않다 ( ) 보통 ( ) 그렇다 ( ) 매우 그렇다

나는 중요한 결정은 최대한 미루는 경향이 있다.

( ) 전혀 그렇지 않다 ( ) 그렇지 않다 ( ) 보통 ( ) 그렇다 ( ) 매우 그렇다

확신이 들지 않을 때는 누가 나 대신 결정해주면 좋겠다.

( ) 전혀 그렇지 않다 ( ) 그렇지 않다 ( ) 보통 ( ) 그렇다 ( ) 매우 그렇다

나는 당황하면 생각을 명확하게 하지 못한다.

( ) 전혀 그렇지 않다 ( ) 그렇지 않다 ( ) 보통 ( ) 그렇다 ( ) 매우 그렇다

나는 압박을 느껴도 침착함을 유지한다.

( ) 전혀 그렇지 않다 ( ) 그렇지 않다 ( ) 보통 ( ) 그렇다 ( ) 매우 그렇다

나는 정서적인 스트레스를 잘 이겨낸다.

( ) 전혀 그렇지 않다 ( ) 그렇지 않다 ( ) 보통 ( ) 그렇다 ( ) 매우 그렇다

나는 내 부정적인 감정을 걸러내지 못한다.

( ) 전혀 그렇지 않다 ( ) 그렇지 않다 ( ) 보통 ( ) 그렇다 ( ) 매우 그렇다

나는 내 생각을 돌이켜보는 시간을 갖는다.

( ) 전혀 그렇지 않다 ( ) 그렇지 않다 ( ) 보통 ( ) 그렇다 ( ) 매우 그렇다

나는 성찰을 피한다.

( ) 전혀 그렇지 않다 ( ) 그렇지 않다 ( ) 보통 ( ) 그렇다 ( ) 매우 그렇다

나는 내가 한 행동의 이유를 알아야 한다고 생각한다.

( ) 전혀 그렇지 않다 ( ) 그렇지 않다 ( ) 보통 ( ) 그렇다 ( ) 매우 그렇다

나는 내 행동을 분석하지 않는다.

( ) 전혀 그렇지 않다 ( ) 그렇지 않다 ( ) 보통 ( ) 그렇다 ( ) 매우 그렇다

나는 친구 관계를 잘 유지하지 못한다.

( ) 전혀 그렇지 않다 ( ) 그렇지 않다 ( ) 보통 ( ) 그렇다 ( ) 매우 그렇다

나는 내 도움이 필요할 것 같은 상황은 피하려고 한다.

( ) 전혀 그렇지 않다 ( ) 그렇지 않다 ( ) 보통 ( ) 그렇다 ( ) 매우 그렇다

길에서 낯선 사람이 20달러짜리 지폐를 떨어뜨리고 간다면, 나는 가던 길을 멈추고 주워서 돌려줄 것이다.

( ) 전혀 그렇지 않다 ( ) 그렇지 않다 ( ) 보통 ( ) 그렇다 ( ) 매우 그렇다

나는 내가 대접받고 싶은 방식으로 다른 사람을 대한다.

( ) 전혀 그렇지 않다 ( ) 그렇지 않다 ( ) 보통 ( ) 그렇다 ( ) 매우 그렇다

나는 다른 문화를 알게 되는 게 즐겁다.

( ) 전혀 그렇지 않다 ( ) 그렇지 않다 ( ) 보통 ( ) 그렇다 ( ) 매우 그렇다

나는 다른 사람들의 도덕관과 가치관이 나와 달라도 괜찮다.

( ) 전혀 그렇지 않다 ( ) 그렇지 않다 ( ) 보통 ( ) 그렇다 ( ) 매우 그렇다

나는 대체로 만나는 모든 사람에게서 배울 점을 찾는다.

( ) 전혀 그렇지 않다 ( ) 그렇지 않다 ( ) 보통 ( ) 그렇다 ( ) 매우 그렇다

나는 다양한 관점을 기꺼이 접해보려고 한다.

( ) 전혀 그렇지 않다 ( ) 그렇지 않다 ( ) 보통 ( ) 그렇다 ( ) 매우 그렇다

과도한 지혜는 없다

지혜는 검사로 점수를 매기기가 쉽지 않다. 지혜처럼 복잡한 특성을 검사할 때 충분히 예견되는 문제다. 다른 모든 척도가 그렇듯 지혜를 평가하는 척도도 결과를 과학적으로 엄격히 분석하려면 세부적인 훈련을 받고 노하우가 있어야 한다. 그러나 그 모든 조건을 갖추지 않아도 SD-WISE로 자기 자신에 관한 새로운 지식과 통찰을 얻을 수 있다. 또한 지혜 지표로 자신의 현 위치를 가늠함으로써 더 현명해지려면 무엇이 최선인지도 알 수 있다.

SD-WISE 점수와 제스테-토머스 지혜 지표를 이용하는 가장 간편하고 좋은 방법은 우리 웹사이트(sdwise.ucsd.edu)에서 제공하는 온라인 검사로 평가받아보는 것이다. 이 사이트에서는 지혜 평가의 총점과 함께, 지혜를 구성하는 여섯 가지 요소별 점수를 자동으로 계산해서 알려준다. 또한 응답자와 동일한 나이, 성별 집단의 평균점수와 표준편차도 함께 제공한다. 이 온라인 검사에서는 검사받는 사람의 나이와 성별, 교육수준 외에 다른 개인 정보는 요구하지 않는다. 개개인의 평가 결과는 익명으로 처리되어 이 척도를 더 다듬고 개선하는 데 활용되므로, 온라인에서 검사를 받는 사람은 모두 우리 지혜 연구를 돕게 된다.

나는 SD-WISE를 한 번 이상 받아볼 것을 권한다. 한 번 받고 나서 며칠 후, 이전 평가에서 자신이 각 문항에 어떻게 답했는지 떠올리려 하지 말고 다시 평가를 받아본 다음에 결과를 비교해보라.

제스테-토머스 지혜 지표는 개인 용도라면 누구나 무료로 이용할 수 있다. 공짜니까 원하는 만큼 받아볼 수 있다는 뜻이다. 아마추어 과학자가 되어볼 기회이기도 하다. 가족과 친구들에게도 평가를 받아보라고 한 뒤, 각자 다른 사람이 되었다고 상상하며 그 사람이라면 어떻게 답했을지 예상해서 평가를 받은 다음 당사자의 점수와 비교해보라. 내가 받은 지혜 점수와 다른 사람이 내가 되었다고 상상하고 받은 지혜 점수는 얼마나 비슷한가? 특정한 사람을 정해 여러 사람이 그 사람이 되었다고 상상하며 각자 평가를 받아보면 결과가 얼마나 비슷하게 나오는가?

이러한 '실험'의 중요한 전제조건은, 서로를 평가하려면 신뢰가 두터워야 한다는 것이다. 비판에 민감한 사람이 있는지 잘 살펴야 한다. 서로 존중하는 관계, 이 일로 감정이 상하지 않고 애정과 우정에 금이 가지 않을 관계여야 한다. 그런 관계는 집단 지혜가 우수하다는 증거이기도 하다!

기밀 유지도 중요한 조건이다. 전 세계 연구자들은 실험을 시작하기 전에 자신이 속한 국가의 연구윤리위원회에서 연구 방법이 올바른지, 최상의 방식인지에 대해 독립적인 평가와 승인을 받아야 한다. 또한 정식 연구에서는 참가자가 자신이 참여할 연구에 관한 정보를 충분히 제공받았는지 확인하는 사전동의서에 서명하는 절차도 거쳐야 한다. 아마추어 연구자가 되어 서로의 지혜를 평가한다면, 그 과정에서 어떤 문제가 생길 수 있고 어떤 점이 우려되는지 함께 의논하라. 참가자 모두 아무런 부담 없이 편하게 참여할 수 있어야 한다.

SD-WISE 점수는 현재 자신의 지혜가 어떤 상태인지 알려주는 일종의 현황 보고서다. 이 평가를 바탕으로 지금까지 밝혀진 지혜의 구성요소가 현재 어떤 수준인지 세부적으로 알 수 있다. 검사 점수는 앞으로 남은 생애에 꾸준히 이어질 지혜 그래프의 한 점이 될 것이다.

다음 장부터는 지혜의 세부 요소를 상세히 탐구한다. 그리고 지혜를 더 키우고 강화하려면 무엇을 할 수 있는지에 관한 중요한 내용도 나온다. 지혜를 더 자세히 탐구하고 강화하는 동안에도 SD-WISE 점수로 진전 상황을 계속 확인하고, 필요하면 생각의 방향을 조정하라. 우리의 목표는 지혜로운 사람이 되는 것이지만, 이는 끝이 없는 과정이다. 과도한 지혜 같은 것은 없기 때문이다.

자, 이제 시작하자.

2부

지혜의 구성요소

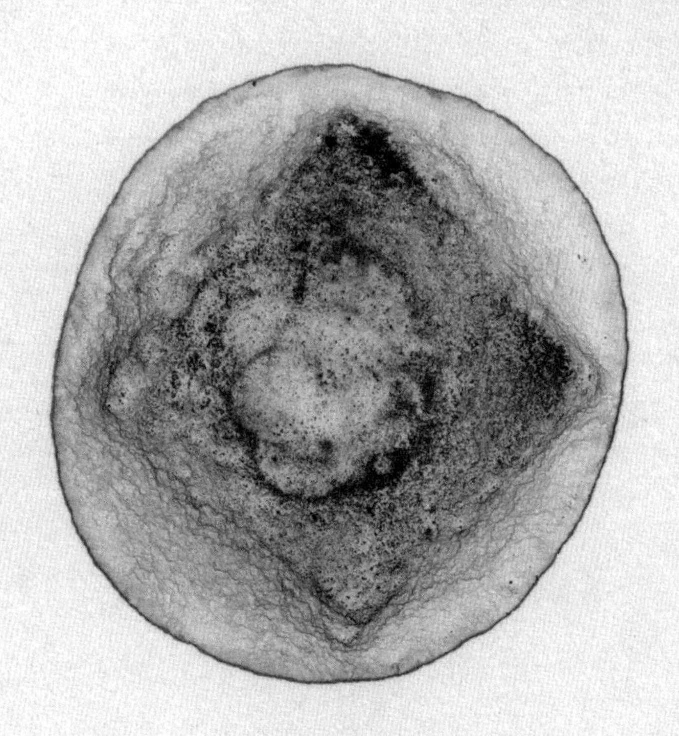

이 책의 핵심인 2부에서는 연민, 감정조절, 균형 잡힌 결단력과 불확실성의 수용, 성찰, 호기심, 유머감각, 영성 등 지혜를 구성하는 핵심 요소를 다섯 장에 걸쳐 자세히 살펴본다. 각 장의 기본 구조는 동일하다. 먼저 역사적·사회적·과학적 배경을 소개하고 정의, 측정법과 함께 약간의 생물학적인 설명이 나온다.

각 장에는 지혜를 바꾸는 방법, 즉 지혜를 조정하고 강화하기 위해 시도할 만한 방법이 제시된다. 더 현명해지기 위해 우리가 할 수 있는 일은 여러 가지다. (이 내용은 3부의 10장에서 배경 설명과 함께 더 자세히 나온다.)

2부의 각 장에서는 지혜의 핵심에 가닿기 위해서 지혜를 한 겹 한 겹 벗겨내며 철저히 분석한 연구들도 소개한다. 모두 수많은 논문에 기록되고 무수히 인용된 연구들이며, 대부분 놀라울 만큼 탁월하고 창의적이다. 지혜를 리트머스 시험지처럼 간단하고 완벽하게 확인하는 검사는 없으므로, 지혜가 어떻게 기능하고 왜 그렇게 기능하는지 밝혀내려면 독창성과 인내심이 필수다. 곧 알게 되겠지만, 때로는 마시멜로도 필요하다.

각 장에는 실험실 바깥의 이야기도 나온다. 공감, 유머, 호기심, 불확실한 상황에서 발휘한 결단력 등 지혜의 구성요소를 드러낸 평범한 사람들과 영웅들의 인상적인 사례들이 소개된다.

지혜를 구성하는 요소는 하나하나가 전부 중요하다. 현명한 사람마다 각 구성요소가 차지하는 비중은 다르다. 그리고 각 요소가 모여서 형성되는 전체는 부분의 합보다 훨씬 크다.

5
연민도 근육이다

> 야만적이고, 잔인하며, 공감할 줄 모르고 연민하지 못하는 데서 인류는 대단한 능력을 지닌 듯하다.
>
> —애니 레녹스Annie Lennox

> 우리는 인류가 먼 옛날부터 알고 있던 사실이 과학으로 검증되는 시대에 살고 있다. 그 사실은 바로 연민은 사치가 아니며, 인류의 행복과 회복력, 생존의 필수 요소라는 것이다.
>
> —조앤 핼리팩스Joan Halifax

고타마 싯다르타는 예수가 태어나기 약 500년 전에 살았던 실존 인물이다. 나중에 석가모니(부처)로 불리게 된 그는 지금의 네팔 룸비니라는 지역에서 왕의 아들로 태어나 특권을 누리며 사람들이 흔히 겪는 고통을 모르고 살았다. 결혼하고 중년의 나이가 되어 왕궁 밖으로 나간 어느 날, 싯다르타는 엄연한 삶의 실상을 생전 처음 목도했다. 노인, 병자, 시체도 처음 보았다. 모든 광경이 그에게는 큰 충격이었으며, 그것이 자신을 포함한 모든 인간의 피할 수 없는 운명이라는 깨달음은 더 큰 혼란을 불러일으켰다.

왕궁 밖으로 나간 그 결정적인 날, 어느 승려가 옳은 일을 행하는 모습도 본 싯다르타는 이를 하나의 징조로 받아들였다. 이후 그는 특권을 누릴 수 있는 왕족의 삶을 버리고 집 없이 떠돌며 더 고귀한 의미를 찾아다니는 성자가 되었다. 몇 년 뒤에는 보리수나무 아래에서 모든 것을 깨닫는 열반에 이르렀다.

전 세계가 석가모니를 지혜의 전형으로 꼽는다. 그의 삶은 지혜의 구성요소가 무엇인지 보여주는데, 특히 연민이 발달하는 과정이 가장 두드러진다. 연민은 그의 글과 명상에서 자주 다루어진 주제이기도 했다. 부처가 보편적인 자애의 실천과 가치를 이야기한 〈자애경〉이라는 법문에는 "온 세계에 한량없는 자비를 행하라"는 구절이 있다.

나는 의대 공부를 마치고 레지던트로 일하던 시절에 인간이 병들고 나이 들고 죽는 것이 어떤 것인지 목격했다. 많은 깨달음을 얻었지만, 언제나 바쁘고 지쳐 있었다. 낮이고 밤이고 수업과 연구가 이어졌고, 나중에는 병원 실무와 각종 경험이 모든 시간에 빈틈없이 들어찼다.

의사가 되는 과정은 너무 험난하고 고된 나머지 인간성을 갉아먹는 경향이 있다. 수련을 시작한 초반에 특히 그렇다. 눈앞에 있는 사람들이 여러 증상의 뭉치, 또는 풀어야 할 의학적 과제로만 보이기도 한다. 8시간째 쉬지 못한 채로 새벽 2시를 맞이하면,

응급실에 들어온 새 환자를 보고 누구를 도울 기회가 또 찾아왔다며 열의를 보이기가 힘들다.

실제로 여러 연구에서 의대생의 공감 능력이 의대 진학 후 첫 1년부터 4년(미국에서는 학사 마지막 해)까지 감소한다는 사실이 밝혀지자, 많은 의과대학이 연민을 가르치는 수업을 정규 교과과정에 추가하기 시작했다.

예를 들어 UC 샌디에이고 의과대학에는 학사 1~2학년 학생들이 교수들과 현직 의사들이 자세히 지켜보는 가운데 '환자들'을 직접 진찰하는 수업이 있다. 이 수업의 환자들은 사실 배우들로, 수업 전 이들에게 몸에 특정한 이상이 있거나 병이 있을 때 일반적으로 겪는 불편함과 통증을 알려주고 숙지시킨다. 학생들에게는 각 환자의 배경 정보가 제공되는데, 그 내용은 일반적이지 않다. 가령 한 시나리오에서는 환자가 트랜스젠더 남성이며, 병력을 파악하기 위해 이 환자와 대화할 때는 환자의 성정체성에 맞는 올바른 성별대명사를 사용하라는 주의사항이 제시된다. 이 강의의 목표는 학생들이 편향과 판단, 추측에 휘둘리지 않고 환자를 도움이 필요한 사람으로 대하는 법을 가르치는 것이다. 우리는 누구나 다른 사람의 도움이 필요할 때가 반드시 있다.

의대 졸업장이 의사의 연민까지 보장하지는 않는다. 졸업 후에 이어지는 레지던트 생활은 진이 빠질 만큼 정신없이 바쁘고 힘들다. 그런데 보통 그 시기에, 다치고 병드는 것의 의학적 측면이 아닌 정서적 측면을 드디어 인식하는 특별한 계기가 찾아온다. 그런 경험을 하고 나면, 정확히 진단해 교과서에 적힌 대로 치료하려는 기술적 노력에만 급급해하는 대신, 환자를 자신과 같은 한 인간으로 바라보며 돌보는 전체적인 시각이 생긴다.

이제는 정확한 날짜나 시각까지 기억나지는 않지만, 나에게도 인생과 세상을 보는 관점이 크게 바뀐 잊지 못할 순간이 있었다. 봄베이(지금의 뭄바이)의 킹 에드워드 기념병원과 세스 고르단다스 순데르다스 의과대학에서 정신의학과 레지던트로 일하던 시절, 우리 가족의 오랜 친구가 눈을 다쳐 내가 일하던 병원으로 갑자기 왔다. 병원에 온 그분을 처음 발견했을 때는 눈에 작은 반창고만 붙어 있었는데, 살펴보니 상처가 너무나 끔찍했다. 그때 본 상처는 지금도 세세한 부분까지 생생하게 기억날 정도다. 나는 너무 놀라서 거의 기절할 뻔했다.

병원에서 일하다 보면 충격적인 일을 무수히 겪는다. 살이 찢기고 피가 난무하는 모습을 늘 접하게 마련이고, 그분의 눈 상처도 그 범위에서 크게 벗어나지 않았다. 그러나 이 환자는 내가 정서적으로 깊은 유대를 느끼는 사람이었다. 예전에 우리 가족을 여러 번 도와준, 정말 친한 친구였다. 그 유대감이 내게 지금껏 잊지 못할 강렬한 연민을 일으켰고, 그의 고통을 내 고통처럼 느끼게 했다.

그때부터 수십 년 뒤에 나는 동료들과 함께 노인들이 느끼는 연민을 연구했다. 우리는 50~99세 노인 1000명 이상을 대상으로 연민과 회복력, 과거와 현재의 스트레스 요인, 인생을 얼마나 잘 산다고 느끼는지를 설문 조사했다.

이 연구에서 밝혀진 핵심 결과 중 하나는 다른 사람을 도우려는 마음은 나이를 먹는다고 저절로 생기지 않으며, 그런 마음이 발달하는 데는 현재의 스트레스 수준이나 정서적인 기능 수준보다는 각자 살면서 겪은 중요한 사건들이 더 큰 영향을 준다는 것이다. 남을 도우려는 마음은 고통을 겪고 얻는 대가인 셈이다. 실제로 우리는 개인적으로 큰 고통과 상실을 겪고 나면 다른 사람의 심정을 더 쉽게 이해한다. 직접 겪어본 일이기 때문이다. 남을 성급하게 평가하기 전에 "그 사람의 신발을 신고 1.5킬로미터쯤 걸어보라"는 말이 있다. 남의 고통을 자진해서 직접 겪어보기란 어려운 일이지만, 그 일이 자신이나 가까운 어떤 사람이 겪는 고통이라고 상상해보면 그 아픔을 느끼고 진정한 연민을 경험할 수 있다.

이타적인 뇌

지혜로운 사람의 특성 또는 지혜로워지려면 갖춰야 하는 요소 가운데 가장 필수적인 것이 타인과 사회 전체에(자신을 포함해서) 이로운 일을 하는 친사회적 행동이다. 친사회적 행동은 공감과 연민, 이타주의 같은 성향에서 비롯된다. 각각의 정의를 다시 살펴보면, 공감은 다른 사람의 감정과 생각을 이해하고 함께 느낄 줄 아는 것이다. 연민은 공감을 도움 주는 행동으로 표현하는 것, 이타주의는 외적인 보상을 기대하지 않고 다른 사람을 돕는 행위다.

인간은 사회적인 동물이다. 어느 정도는 가능해도 아주 오랜 시간을 홀로 잘 살아갈 수는 없다. 우리는 다른 사람들이 필요하다. 외부인의 출입을 차단하는 주택단지나 요양시설, 온라인 쇼핑, 넷플릭스, 다른 사람과 직접 눈을 맞추거나 대화하지 않아도 되는 무수한 스마트폰 어플리케이션 등 다른 사람과 엮이지 않을 방법을 끊임없이 새로 만들어내는 것은 위험을 자초하는 일이다.

2015년에 퓨 리서치센터Pew Research Center가 실시한 조사에서, 10대 청소년의 58퍼센트가 친구와 소통하는 방법으로 스마트폰 문자메시지를 선호한다고 답했다. 통화로 대화하는 게 좋다고 한 응답자는 10퍼센트에 불과했다. 18~24세의 젊은 청년들이 평상시에 타인과 주고받는 문자메시지 건수는 하루 평균 109.5건, 한 달에 약 3200건이다.

이런 흐름은 아이러니한 순간을 맞이했다. 2020년에 새로운 호흡기 질환을 일으키며 코로나19로 명명된 신종 코로나바이러스가 등장하자 각국 정부와 지역사회는 바이러스의 확산 속도를 늦추거나 유입을 차단할 방안을 찾기 시작했고, '사회적 거리두기'는 우리의 일상 용어가 되었다. 코로나 대유행기에 나온 이 조치는 서로 2미터의 거리를 유지해야 한다는 내용이었다. 비말이 다른 사람에게 닿지 않고 바닥에 떨어져 아무한테도 해가 되지 않으려면, 이 정도 간격은 지켜야 한다고 했다. 바이러스의 확산을 막기 위해 발효된 이 공중보건 조치는 내가 이 글을 쓰는 2020년 11월에도 실행되고 있다. 명칭은 사회적 거리두기이지만, 사실 이 조치는 서로의 물리적 거리를 유지하라는 뜻이다.

사회적 관계의 필요성은 힘들 때일수록 커진다. 우리는 서로 도와주고, 길잡이가 되어주며, 조언과 지혜를 나눌 사람이 필요하다. 밀레니얼 세대를 비롯한 젊은이들이 각종 전자기기와 소셜미디어를 지나치게 많이 이용한다며 손가락질하거나 한탄하는 사람들이 많지만, 아이러니하게도 통화와 문자메시지, 이메일, 페이스타임, 스카이프, 줌, 그 밖의 수많은 소통 방식이 생긴 덕분에 어쩔 수 없이 물리적 거리를 유지해야 했던 코로나19 시기를 더 잘 견딜 수 있었다. 물리적으로 가까워질 수 없게 되자, 기술을 매개로 가상환경에서 가까이 지내는 것이 사회적 유대의 일차적 수단이 되었다.

그러나 집단을 이루고 그 안에서 잘 지내려면, 서로의 물리적인 거리나 관계의 깊이와 상관없이 주변의 수많은 이들과 원만히 살아가는 법을 알아야 한다. 오늘날 이는 과거 어느 때보다도 어려운 일이 된 듯하다. 스스로 허락하기만 한다면 우리는 훨씬 다양한 사람들과 문화, 사회, 관점을 접하며 살 수 있다. 진정한 지혜와 품위를 갖추기 위해서는 열린 생각과 마음이 필수 요건이다. 친사회적 행동은 공익을 추구함으로써 개인도 이로운 결과를 얻게 한다.

록펠러대학교 교수이자 신경생물학자인 도널드 패프Donald Pfaff는 2015년에 출간한 책《이타적인 뇌The Altruistic Brain》에서 언어를 자연히 습득하는 것이 인간의 '타고난' 능력이듯 인간에게는 '타고난' 선함이 있다고 설명했다. 패프는 인간은 태어날 때부터 자기 이익만 챙기기보다 남을 위해 베푸는 경향이 더 크게 나타난다고 이야기한다.

패프는 이렇게 주장하는 근거로 '이타적인 뇌 이론'을 제시했다. 이 이론에서는 인간의 뇌가 이타심을 여러 단계로 처리하며, 그 모든 단계가 뇌의 기본적인 신경인지 메커니즘을 따르는데, 이 메커니즘은 인간의 친사회적 행동을 강화하게끔 진화했다고 설명한다.

이타적인 뇌 이론에서는 그러한 진화가 필요에 따라 인위적인 노력으로 일어났다고 본다. 인간은 다른 영장류나 동물에 견주어 '미성숙한' 상태로 세상에 태어나므로 생후 몇 년 동안 많은 보살핌을 받아야 한다. 아이 하나를 키우려면 마을 하나가 필요하다는 말도 있듯이 부모, 조부모, 일가친척, 공동체 구성원 등 수많은 사람이 거들어야 한다.

패프는 발달심리학자 마이클 토마셀로Michael Tomasello의 말을 인용해 그러한 상황이 어떤 결과를 낳았는지 설명한다. "호모 사피엔스는 문화적 집단에서 전례를 찾아볼 수 없을 만큼 서로 협조적으로 행동하고 사고하도록 적응했다. 복잡한 기술, 언어

기호와 수학 기호, 정교한 사회제도 등 인류의 인지 기능이 거둔 가장 인상적인 성취는 모두 개인이 혼자 만들어낸 게 아니라 여러 사람의 상호작용에서 나왔다." 다시 말해 우리는 태어날 때부터 다른 사람들을 위하게 되어 있고, 그게 대체로 모든 이에게 가장 이롭기 때문이라는 것이다.

공익을 추구하고 사리사욕에 무심한 태도는 옛 문화와 새로운 문화를 통틀어 다양한 문화에서 지혜의 필수 요소로 인정된다. 공감, 연민, 사회적 협력, 이타심 같은 친사회적 태도와 행동은 인류의 역사가 기록된 이래로 늘 중시되고 본받아야 할 덕목으로 여겨져왔다. "선한 사람이라면, 다른 선한 사람이 다쳤을 때 그 고통을 함께 느낄 수 있어야 한다." 고대 그리스의 비극 시인 에우리피데스Euripides가 2000년도 더 전에 한 말이다.

고대 이집트인들은 인간의 지성과 지혜, 감정, 기억, 영혼이 심장에 담겨 있다고 믿었다. 그래서 시신을 미라로 만들 때 몸에서 제거하지 않는 몇 안 되는 기관에는 심장도 포함되었다. 망자가 사후세계에서 살아가려면 심장이 꼭 있어야 한다고 생각한 것이다. 반면에 뇌는 그저 머리뼈 내부를 채운 물질로 여겨서, 사후에는 코를 통해 기다란 갈고리를 집어넣고 마구 휘저어서 다 뽑아내 버렸다.

심장을 인간의 중심으로 여기던 이런 생각은 이미 오래전에 사실이 아닌 것으로 판명되고 폐기되었지만, 지금도 어떤 기억이 "심장에 새겨졌다"거나 "심성이 좋은 사람"이라는 표현이 쓰이는 데서 그 잔재를 확인할 수 있다. 이제는 공감과 같은 특성이 생겨나는 곳은 이마 바로 뒤편, 대뇌피질의 앞쪽 3분의 1에 해당하는 전전두피질이라는 사실이 밝혀졌다. 이 전전두피질에는 거울뉴런이라 불리는 뇌세포가 있다.

1980~1990년대에 짧은꼬리원숭이를 대상으로 뇌기능을 연구하던 이탈리아의 신경생리학자들은 꼭 거울처럼 기능하는 놀라운 뇌세포를 발견했다. 원숭이가 먹이를 집는 것과 같은 특정 행동을 할 때 활성화하는 세포였는데, 직접 행동하지 않고 다른 원숭이의 행동을 지켜볼 때도 그 세포에 활성이 나타난 것이다.

인간에게도 거울뉴런이 있다. 인간을 인간답게 만드는 이 거울뉴런의 기능은 우리가 모방을 통해 학습하는 방식과, 다른 사람들에게 공감하는 이유를 이해하는 데 도움이 된다. 공원에 있다가 갑자기 날아온 원반이 다른 사람 머리에 부딪히는 것을 보고 꼭 내 머리에 맞은 것처럼 움찔할 때, 라디오에서 흘러나오는 야구 중계에서 투수와 타자가 팽팽한 대결을 벌이는 상황에 귀를 기울이다가 심장이 쿵쾅댈 때, 눈물샘을 자극하는 영화에서 등장인물의 죽음을 보며 펑펑 울 때 모두 거울뉴런의 기능이 발휘된 것이다. 거울뉴런이 활성화하면 다른 사람의 감정과 의도를 단번에, 본능적으로 알게 된다.

거울뉴런의 기능은 촉각으로도 나타난다. 누구 몸에 다른 사람의 손길이 닿는 것을 보기만 해도, 즉 시각정보만 주어져도 그것을 보는 사람의 뇌에서 촉각에 반응하는 영역이 활성화한다는 연구 결과가 있다. 극히 드물지만, 이런 상황에서 몸으로도 의식적인 촉각을 느끼는 거울 촉각 공감각mirror-touch synesthesia을 경험하는 사람들도 있다.

거울뉴런은 자신과 타인의 정신상태(신념, 의도, 욕구, 감각, 지식)를 아는 능력인 마음 이론과 관련된다. 마음 이론은 태어날 때부터 완비된 능력이 아니며 출생 이후에 매우 빠른 속도로 발달한다. 생후 6개월이 되면 아기들은 자신에게 관심을 보이는 사람을 아는 듯한 징후를 보이며, 무언가를 선택적으로 응시함으로써 자신이 흥미를 느끼는 대상이 있음을 나타낸다. 또한 손으로 무엇을 가리키면 다른 사람의 관심을 그쪽으로 이끌어 자신의 관심사를 공유할 수 있다는 것을 금세 배운다. 이런 행동은 모두 아기가 다른 사람들의 마음 상태는 자신의 마음 상태와 별개임을 알아야 가능한데, 아기들은 이를 당연한 일인 듯 자연스럽게 안다. 미소 짓는 사람을 보면 그 사람의 기쁨을 이해하고 함께 느끼는 우리의 본질적인 능력도 마음 이론에서 비롯된다. 이런 능력은 우리가 같은 인간으로서 결집하게 한다. 아주 어린 아이들도 다른 사람의 표정을 관찰하고 모방할 때 거울뉴런이 활성화한다. 거울뉴런의 활성도가 공감 능력에 대한 평가 점수와 상관관계가 있다는 사실은 여러 연구에서 밝혀졌다.

사려 깊은 사이코패스

마음 이론의 결핍은 일부 정신적 증상이나 정신질환과 관련이 있다. 예를 들어 자폐스펙트럼 장애가 있는 사람이나 조현병 환자, 코카인 중독자, 알코올중독자의 뇌는 사회적 신호를 '신경전형인neurotypical'으로 분류되는 사람들*과 같은 방식으로 처리하지 못할 가능성이 있다. 하지만 그것이 반드시 공감 능력의 결핍을 의미하지는 않는다. 사회적 신호를 정확히 읽고 표현하는 데는 다른 정신적 도구들도 필요하다는 설득력 있는 근거가 있기 때문이다.

소시오패스이거나 사이코패스인 사람들은 반사회적 경향과 행동을 보인다. 이들도 다른 사람들에게 다양한 수준으로 공감할 수 있지만, 그 능력은 병적인 거짓말이나 양심의 가책을 전혀 느끼지 않는 행동 등 자신의 이익을 위한 더 크고 더 강한 욕구에 쉽게 잠식된다. 이러한 반사회적 인격의 형성에는 유전적인 소인과 환경의 영향이 모두 작용한다.

사이코패스는 똑똑하고, 보기에 멀쩡하며, 심지어 매력적이라는 인상을 주기도 한다. 그러나 공통적으로 양심과 책임감이

* 우리가 생각·인지·행동하는 방식을 정상과 비정상으로 구분하는 대신, 신경의 발달과 기능은 사람마다 다양하다는 전제 아래 전형적인 유형과 비전형적인 유형으로 구분하는 분류 방식이다.

없고 남들을 다정하게 대할 줄 모른다. 사이코패스는 태생적으로 공감 능력이 없다는 연구 결과도 많다. 한 예로 시카고대학교 연구진은 표준화한 평가 도구를 활용해 18~50세 수감자의 사이코패스 성향을 검사하고 뇌영상을 촬영했다. (일반 인구 중 사이코패스의 비율은 1퍼센트인 반면 수감자 내에서 사이코패스의 비율은 약 23퍼센트다.)

그 결과, 사이코패스 성향이 강한 사람들의 뇌영상에서는 복내측 전전두피질과 외측 안와전두피질, 편도체, 중뇌 수도관 주변 회백질의 활성이 대조군보다 뚜렷이 약했고, 선조체와 섬엽의 활성은 더 강했다.

섬엽은 감정과 체성공명에 관여한다. 체성공명은 우리 몸이 진동수로 발산되는 에너지를 통해 다른 몸들과 상호작용하는 현상으로, 실제로 우리는 어떤 사람에게서 좋은 기운을 느낄 때가 있다. 섬엽의 이런 기능을 고려하면 앞서 나온 연구 결과는 뜻밖이다. 다른 연구들에서는 사이코패스의 경우 뇌에서 공감, 모방, 직감, 감정의 조율과 관련된 영역의 활성이 다른 사람들보다 약하다는 일관된 결과가 나왔다.

신경과학자 제임스 팰런James Fallon은 2013년에 낸 책《사이코패스 뇌과학자The Psychopath Inside》에서 호기심으로 유전자 검사와 MRI 검사를 받았다가 자신에게 사이코패스의 병리학적 특성이 있다는 사실을 알게 된 사연을 전한다. 팰런은 결혼해서 잘 살고 있는 사람이다. 그는《스미스소니언Smithsonian》과의 인터뷰에서 이전부터 자신에게 "아주 볼썽사나운 경쟁심"이 있음을 알고 있었다고 말했다. "손주들과 게임을 해도 져주는 법이 없습니다. 돌발적인 행동으로 사람들을 열받게 하기도 하고요." 팰런은 그러나 스스로 사이코패스라고 생각하지는 않으며, 자신은 폭력성도 없고, 냉담한 사기꾼이나 연쇄살인마의 기질이 엿보이지도 않는다고 설명했다.

팰런은 인생이 암담해질 수도 있는 운명을 타고나고도 거기에서 벗어날 수 있었던 것은, 자신이 평범하고 화목한 가정에서 부모님의 꾸준하고 깊은 관심을 받으며 자란 덕분이라고 보았다. 이를 통해 전전두피질 등 욕구와 충동을 조정하고 통제하는 뇌 영역의 발달이 강화된 게 부분적인 이유인 듯하다는 것이다. 동시에 팰런 스스로도 자신의 불쾌한 행동을 의식적으로 변화시키고, 옳은 일을 하며, 다른 사람들의 감정을 더 많이 헤아리려고 노력하며 살았다.

그러나 팰런은 자신의 연민이 전적으로 관대한 마음에서 나오는 게 아니라고 말한다. "제가 갑자기 착한 사람이 돼서 이런 노력을 하는 게 아닙니다. 자존심 때문에, 모든 사람과 저 자신에게 내가 얼마든지 이겨낼 수 있는 사람임을 보여주고 싶어서 하는 겁니다."

사이코패스와 자폐스펙트럼 장애는 뚜렷한 차이가 있다. 후자는 남들을 친절하게 대하고 도움을 주려 하지만, 다른 사람의 마음 상태나 감정을 이해하는 데 필요한 인지 능력이 부족하다.

공감을 구성하는 요소 중 남을 돕고 싶은 욕구(연민)는 있어도 인지적 능력은 없는 것이다. 반대로 사이코패스는 타인의 정신상태와 감정을 이해하는 인지 능력은 갖추고 있다. 즉 공감에 필요한 능력은 있지만 연민은 없기 때문에, 상대방의 정신상태와 감정을 그저 책 읽듯이 읽는다.

팰런의 사례는 생물학적 특성이 운명을 좌우하지 않는다는 것을 보여준다. 그는 생물학적으로 사이코패스 성향을 타고났지만, 가족의 지지와 보살핌, 자발적이고 결연한 노력이 모여 사려 깊은 신경과학자가 되었으며, 다른 사람들이 인간의 행동을 이해하게끔 돕는 일을 한다. 연민, 나아가 지혜는 적절한 개입으로 조정할 수 있고 키울 수도 있다!

낯선 이들의 친절

연민과 이타심은 가까운 사촌지간과 같다. 그리고 둘 다 광범위한 동물에게 먼 옛날부터 보편적으로 나타났다고 입증된 행동 특성인 사회적 협력과 관련이 있다. 진화의 역사가 매우 깊다는 것도 연민과 이타심의 공통점이다.

사회적 협력은 개체와 집단 모두에게 이롭다. 사회적 협력의 대표적인 예로 꼽히는 개미, 꿀벌, 사자, 침팬지의 생활에서는 서로의 유대를 보여주는 행동이 나타나고, 이는 각 개체와 집단 모두에게 도움이 된다.

인간도 그런 행동을 보이지만, 꼭 생존 때문만은 아니다. 동료의 업무를 도와주면 나중에 나도 도움받을 수 있고, 리더가 행복하면 일터가 전체적으로 더 행복해진다. 그런데 이타심은 협력과는 다른 특성이 있다. 이타심은 양방향이 아니라 일방적일 수도 있으며, 심지어 이타심을 발휘하다가 해를 입을 수도 있다.

노인이 길을 건널 때 도와주거나 기부금을 내는 것과 같은 인간의 이타적 행동은 다른 사람의 안위에 대한 염려에서 비롯된다. 유심히 살펴보면 우리 일상에서 그처럼 무작위로 친절을 베푸는 행동을 무수히 발견할 수 있다. 샌디에이고에서 기자로 활동하던 마이크 매킨타이어Mike McIntyre는 몇 년 전 일을 그만둔 뒤 등에 짊어지고 다닐 수 있을 만큼의 옷가지를 제외한 모든 재산과 소유물을 사람들에게 나눠주었다. 그리고 물질적인 도움을 일절 받지 않고 미국 전역을 횡단한다는 목표로 길을 떠났다. 그의 명의로 된 재산은 전혀 없었고, 주머니에도 땡전 한 푼 없었다. 미 대륙을 가로질러 동부 해안까지 무사히 도착하려면 먹을 것과 쉴 곳, 이동 수단을 낯선 사람들이 베푸는 친절에 전적으로 의존해야 했다('낯선 이들의 친절the kindness of strangers'은 나중에 그가 이 경험을 바탕으로 쓴 책의 제목이 되었다). 매킨타이어가 이 여행을 잘 마쳤다고 말할 수 있어서 정말 기쁘다. 마이크는 지금도 잘 지내고, 그때의 경험으로 이루 말할 수 없이 현명해졌다.

생전 처음 만난 사람들이 마이크를 도와준 이유는, 밥 한 끼

또는 하룻밤 지낼 장소를 내주는 정도는 자신이 해줄 수 있는 일이라고 생각했기 때문이다. 그저 이타심에서 나온 행위였다.

자신이 해를 입거나 위험에 놓이면서까지 다른 사람을 도우려 하는, 훨씬 '비범한 이타심'도 있다. 자기 신장을 다른 사람에게, 심지어 생판 모르는 남에게 공여하는 사람들을 떠올려보라(장기 이식은 엄청난 통증과 스트레스를 견뎌야 하는 일이다).

신장은 가장 많이 이식되는 장기다. 두 번째로 많이 이식되는 장기는 간이지만 이식 수술의 규모로 비교하면 신장 이식이 간 이식보다 두 배 이상 많다. 그런데도 신장 이식이 필요한 사람들의 수요를 다 채우지 못하고 있다. 미국의 경우 신장 이식 대기자가 10만 명을 넘으며, 매달 대기자 명단에 새로 추가되는 사람이 3000명 이상이다. 대기자가 이식 수술을 받기까지는 대략 5년이 걸린다. 이식을 기다리던 대기자 중 매일 13명이 세상을 떠난다.

이식되는 신장은 거의 다 사망자가 공여한 것이다. 미국인의 30~40퍼센트가 사후 신장 기증을 결심하고 운전면허증에 미리 그 사실을 명시해두거나, 주 정부에 기증자로 미리 등록해둔다. 살아 있는 공여자가 자기 몸에 있는 신장 두 개 중 하나를 기증하는 경우는 그보다 훨씬 적고, 갈수록 줄어드는 추세다. 살아 있는 사람이 자기 신장이 누구에게 갈지 전혀 모르고 공여하는 사례는 거의 없다고 해도 될 만큼 극소수다.

몇 년 전에 한 연구진은 이렇듯 자기 신장을 모르는 사람에게 기꺼이 주는 이들이 어떤 사람들인지 조사했다. 1999년부터

2009년까지 10년간 성사된 신장 기증 수십만 건 중에 살아 있는 공여자가 이타심으로 자기 신장을 공여한 사례 955건을 찾아서 확인한 결과, 낯선 사람에게 자기 신장을 주는 이 놀라운 행위는 자기 삶이 순탄할 때 더 친절하고 너그러워진다는 '엔진 이론'과 깊은 상관관계가 있는 것으로 나타났다. 이 이론에서는 건강, 소득 등 안녕감의 객관적 지표가 우수하면 긍정적인 기분이 촉발되고, 삶의 의미를 더 깊이 느끼게 되며, 궁극적으로는 순수한 선행을 베풀게 된다고 설명한다.

이는 곧 낯선 사람에게 자기 신장을 나누는 사람들이 자신의 정서적 상태도 함께 나누고 싶어 한다는 의미로 해석할 수 있다. '나는 (운 좋게도) 잘 살고 있으니, 남들도 그래야 한다'는 마음이다.

자기연민과 자기애의 차이

자신의 부족한 면, 실수, 실패와 마주할 때 그리고 인생을 살다가 괴로운 일을 겪을 때 자신을 스스로 챙기고 염려하는 자기연민은 개인의 안녕감과 회복력에 중요한 요소이자 다른 사람을 연민하는 태도와도 연결된다.

인도 시인 사노버 칸Sanober Khan의 시에는 이런 구절이 있다. "가장 외로운 순간에도, 내 곁에는 늘 내가 있다."

자기연민은 남들에게는 베풀지 않을 너그러움을 자신에게 베푸는 게 아니라, 사람은 누구나 완벽하지 않으며 자신도 예외가 아님을 아는 것이다. 우리는 모두 실수를 저지른다. 또한 누구나 실패한다. 네덜란드 마스트리흐트대학교의 엘케 스미츠Elke Smeets는 2014년에 발표한 논문에서 "자기연민은 자신의 허물을 모든 인간의 공통적인 일로 여기는 것"이라고 설명했다.

스미츠 연구진은 여성 대학생들을 모집해 일반적인 시간관리 요령을 알려주는 훈련 프로그램과 자기연민 훈련 프로그램에 각각 참여하게 하고, 후자가 회복력과 안녕감을 높이는지 조사했다.

자기연민 훈련 프로그램에서 마음챙김 이론에 근거해 인생의 좋고 나쁜 일들을 인식·대처하고 균형 잡는 법을 배운 학생들은 연민, 긍정성, 행복, 자급자족 능력에 대한 평가 점수가 훈련 전보다 높아졌다. 자기가 경험한 이로운 변화를 남들과 나눌 가능성이 높아졌다고 해석할 수 있는 결과다.

자기 자신 그리고 이 세상에서 자신의 위치에 만족하면, 남들도 그렇게 되기를 바랄 수도 있다. 그러나 놀랍게도 타인을 향한 연민과 자기연민이 무조건 한 묶음으로 형성되는 건 아니다. 남들에게 친절한 의사들과 신부들이 정작 자신에게는 훨씬 혹독한 경우가 있다. 마찬가지로, 힘든 일을 겪고 도움받아야 하는 사람이 오히려 다른 사람에게 더 공감하고 더 많은 연민을 베풀 수도 있다.

캐나다 온타리오주에 있는 윌프리드로리어대학교의 신경과

학자들은 한 가지 재미있는 실험을 계획했다. 참가자들을 무작위로 두 그룹으로 나눈 뒤, 한쪽은 스스로 능력 있는 사람이라고 느끼게끔 어떤 일을 앞장서서 해결했던 경험을 글로 써보라고 했다. 그리고 다른 그룹은 스스로 무력한 사람으로 느끼게끔 다른 사람에게 도움받아야 했던 경험을 글로 쓰게 했다.

그런 다음 각 참가자에게 어떤 특별한 감정도 일으키지 않는 영상(정체를 알 수 없는 사람의 손이 고무공을 꽉 쥐는 모습)을 보여주고 뇌기능, 구체적으로는 거울뉴런의 활성도를 확인했다. 연구진은 거울뉴런의 활성이 높으면 영상에 공을 쥔 손만 나오는, 누군지 모르는 낯선 사람에게도 깊이 공감하는 것이라는 가설을 세웠다.

그러자 글쓰기로 자신의 무력감을 느낀 상태에서 이 영상을 본 참가자들은 거울뉴런의 활성이 큰 폭으로 증가했지만, 글을 쓰면서 자신의 뛰어난 능력을 새삼 상기한 후에 같은 영상을 본 참가자들은 거울뉴런의 활성이 그만큼 많이 증가하지 않았다. 거울뉴런의 활성으로 본다면 스스로 유능하다고 느낄 때 공감 반응이 오히려 줄어드는 듯했다.

자기연민은 자기애와 다르다. 자기애(나르시시즘)는 자신의 중요성을 과장되게 느끼는 것이다. 나르시시즘이라는 용어도 자신을 깊이 사랑한 어느 남성에 관한 그리스 신화에서 유래하는데, 그 인물이 남성이라는 점은 의미가 있다. 실제로 자기애가 강한 성향은 여성보다 남성에게서 훨씬 많이 나타나기 때문이다.

자기애는 성격특성의 하나이며, 사람마다 정도에 차이가 있다. 자기애가 지나쳐 일상생활에 지장이 생기는 수준에 이르면 자기애성 인격장애라는 정신의학적 진단이 내려진다(즉 의학적인 질병으로 여겨진다). 미국정신의학협회가 발행하는 《DSM-5》에는 자기애성 인격장애의 9가지 진단기준이 나와 있다. 자신을 지나치게 중요한 존재로 느끼는 것, 남들의 선망을 과도하게 바라는 것, 특권의식, 공감 결여, 대인관계에서 다른 사람을 이용하는 행동 등이 포함되며, 이 9가지 기준 중 5개 이상을 충족하면 인격장애로 진단된다.

소셜미디어와 셀카는 자기중심적인 태도와 자기애를 부추길까? 다른 성격특성들과 마찬가지로, 자기애도 유전과 환경의 영향을 받는다. 페이스북, 엑스(트위터), 인스타그램에서 활발히 활동하거나 휴대전화에 셀카 사진이 수천 장쯤 있다고 해서 무조건 나르시시스트라고 할 수는 없다.

그러나 자기애의 세부 유형 중 튀는 행동을 많이 하고 적극적이며 다른 사람을 지배하려는 특징이 있는 '외현적 자기애'는 여러 사회적 행동과 밀접한 관련이 있다. 외현적 나르시시스트는 자기 자신을 부풀려 인식하고, 의사결정에 지나친 자신감을 보이며, 자기가 저지른 실수에서 아무런 교훈을 얻지 못하는 모습을 보인다.

외현적 나르시시스트이거나, 공감 능력이 부족하고 남들의 찬사를 꼭 받아야 할 정도로 자기애가 강한 사람이 소셜미디어를 즐겨 이용하는 데는 명백한 이유가 있다. 소셜미디어는 자신을 널리 알리고 자랑할 수 있는 강력한 도구다. 그러므로 사람에 따라 소셜미디어의 이용량이 늘어날수록 자기애의 징후가 점점 뚜렷하게 나타날 수도 있다.

물론 소셜미디어가 없던 자기애를 만들지는 않으며, 소셜미디어를 이용한다고 해서 전부 나르시시스트인 것도 아니다. 그러나 애초에 자기애가 강한 사람은 소셜미디어를 더 자주 이용하는 경향이 나타날 수 있다.

자기애가 강한 사람은 다른 사람에게 연민을 느끼지 못한다. 지혜와는 거리가 먼 특징이다.

성별과 유전

태어날 때부터 유독 남들보다 인정이 많은 사람이 있다. 공감, 이타심 같은 성격특성은 어느 정도 유전적 바탕이 있는 것으로 보인다. 서로 유전체가 같은 일란성 쌍둥이들을 조사한 연구에 따르면 낯선 사람을 도와주는 행동, 자선단체에 기부하는 활동 같은 이타적인 행동에서 개인의 유전학적 특성으로 설명할 수 있는 부분은 30~60퍼센트다. 달리 해석하면, 사회적·문화적 영향에 따라 사람마다 이타심이 다를 가능성이 높다는 의미다.

여성은 남성보다 수명이 길다. 정확한 이유는 밝혀지지 않았지만, 성염색체의 차이(여성은 XX, 남성은 XY) 등 생물학적 원인이 있으리라고 추정된다. 그렇다면 지혜도, 특히 연민도 성별에 따라 차이가 있을까?

내가 비공식적으로 조사한 결과, 전 세계 종교에서 지혜의 신이라 불리는 신들은 남신보다 여신이 더 많았다! 우리 집만 하더라도 지혜와 성공을 모두 거머쥔 여성이 셋이나 된다. 내 아내 소날리와 두 딸 샤팔리·닐룸은 모두 소아과 의사이고(세부 분야는 각각 소아정신과, 소아신경학과, 소아종양학과다), 일단 우리 가족은 지혜에 성별 차이가 분명히 존재한다. 여성들이 더 현명하다.

플로리다대학교의 모니카 아델트는 2009년에 발표한 연구에서 직접 개발한 척도를 활용해 학부생 464명과 52세 이상 성인 178명을 대상으로 지혜의 구성요소인 인지 능력, 성찰 능력, 정서적 능력을 평가했다. 그 결과, 공감과 이타심 등이 포함된 정서적 능력의 경우 여성들이 남성들보다 우수했다. 인지 능력(자기이해 수준, 이해력) 점수는 52세 이상 성인 참가자 그룹에서만 남성이 여성보다 높았다. 동료들과 내가 '성공적인 노화에 관한 평가' 연구 사업의 일환으로 2011년부터 지역 주민 1500명 이상을 무작위로 선정해서 꾸준히 추적 조사한 결과나, 우리 연구진이 수행한 다른 몇 건의 연구에서도 지혜의 구성요소 중 연민은 여성들이 더 우수한 것으로 확인되었다. 그러나 전체적인 지혜는 성별 차이가 없었다.

일반적으로 여성이 남성보다 더 잘 공감한다. 이를 뒷받침하는 실증적인 증거도 있다. 한 예로 1995년 스칸디나비아에서 실시된 한 연구에 따르면, 여성은 남성보다 다른 사람의 감정 표현을 자신도 모르게 따라 하는 경향이 크다. 이러한 모방 행동은 거울뉴런의 활성이 커질 때 나타난다고 여겨진다.

2003년에 실시된 다른 연구에서는 참가자들에게 다른 사람의 다양한 감정 상태를 구분하는 과제를 주고 뇌 활성을 확인했다. 뇌 활성 패턴에 따르면 여성들은 다른 사람의 감정을 파악하면서 자신도 같은 감정을 경험했다. 반대로 남성 참가자들이 다른 사람의 감정을 구분할 때는, 뇌에서 이성적 분석을 할 때 나타나는 활성 패턴이 확인되었다. 남성들은 상대방의 감정을 확인한 다음 예전에 본 적 있는 사람인지, 이름이 뭐였는지 생각했다.

유아기에는 자신의 감정이나 다른 사람의 감정을 아는 능력에 성별 차이가 없는 듯하다. 1993년에 한 연구에서는 유아들이 다른 사람의 감정을 얼마나 민감하게 느끼고 주의를 기울이는지 평가했는데, 여아와 남아의 점수가 비슷했다. 그러나 성인이 되면 도덕적 딜레마 상황을 판단하는 기준에 성별 차이가 어느 정도 나타난다. 여성들은 단 한 명이라도 해를 입을 가능성이 있으면 부정적·정서적·직감적 반응을 보일 확률이 높고, 남성들은 한 명이 해를 입더라도 다수를 구할 수 있으면 이런 강한 정서 반응을 보일 확률이 낮다. 2015년에 어느 과학자가 미국 공영라디오 방송에 출연해 이런 결과가 나온 연구를 설명한 적도 있다.

남성과 여성의 뇌는 해부학적·생리학적으로 몇 가지 작은 차이가 있지만, 이것이 지혜와 관련되는지는 명확하지 않다. 성별에 따라 연민에 차이가 나타나는 이유는 부분적으로 호르몬, 즉 테스토스테론과 에스트로겐의 영향일 수 있다. 테스토스테론은 생물학적 기능 외에도 남성의 전형적 행동인 공격성, 지배 욕구와도 관련된다. 이와 반대로 에스트로겐은 다른 사람을 돌보는 행동, 선행, 공감에서 나오는 행동과 관련이 있다고 여겨진다.

UC 버클리 연구진은 옥시토신 수용체 유전자가 특정 변이형인 사람들은 다른 사람에게 더 잘 공감한다는 사실을 발견했다. 뇌에서 분비되는 펩타이드(단백질과 비슷하지만 더 작은 분자) 호르몬인 옥시토신은 스트레스 대응에 중요한 기능을 한다. 옥시토신은 출산할 때, 모유를 먹일 때, 오르가슴을 느낄 때 분비되며 사람과 프레리들쥐, 래트 등의 동물에서 사회적 유대 형성에 영향을 준다.

마우스의 친척뻘인 프레리들쥐를 대상으로 예전에 실시된 여러 연구에서는, 이들의 뇌에서 분비되는 옥시토신이 각 개체가 교미 상대와 일부일처로 유대를 형성하는 데 중요한 역할을 한다는 사실이 밝혀졌다. 래트 연구에서는 새끼를 낳은 암컷 래트에게 옥시토신의 활성을 차단하는 약물을 주입하자 어미 래트가 보이는 전형적인 행동이 사라졌다. 사람을 대상으로 한 연구에서는 참가자들에게 옥시토신을 투여했더니 낯선 사람을 포함한 다른 사람에게 더 크게 공감하고 더 적극적으로 도우려는 경향이 나타났다.

토론토대학교 연구진은 이 주제로 참신한 연구를 설계했다. 먼저 오래 사귄 연인들이 개인적으로 힘든 일을 의논하는 모습을 영상으로 촬영했다. 로맨틱함과는 거리가 먼 상황이었다. 그리고 둘의 대화가 가장 활발한 부분을 20초 분량만 잘라내 이 연인들과 일면식도 없는 사람들에게 소리 없이 영상만 보여주었다.

연구진은 사람들에게 영상 속 행동만 보고 연민, 신뢰도, 사회적 지능을 추측해 평가하게 했다. 그러자 영상에 등장하는 사람들 중 옥시토신의 수용성이 일반적인 수준보다 더 높은 변이형 수용체 유전자를 가진 사람은, 더 많은 사람으로부터 공감 능력이 우수하다는 평가를 받았다.

2011년에 나온 이 연구 논문의 공동 저자인 박사후연구원 알렉산드르 코간Aleksandr Kogan은 이렇게 설명했다. "그러한 변이 유전자가 있는 사람들의 행동은 생판 모르는 사람에게마저 믿을 만한 사람이라는 인상을 준다. 아주 사소한 유전학적 변이도 얼마나 강력한 힘을 발휘하는지 보여주는 결과이자, 인간이 그러한 차이를 포착하는 능력이 얼마나 뛰어난지도 알 수 있는 결과다."

다이애나의 악수, 병동의 간호사들

연민을 베푸는 크고 작은 행위는 많은 사람의 삶에 변화를 일으킨다.

에이즈가 6년째 유행하며 대중의 두려움과 공포감이 극에 달했던 1987년, 다이애나 왕세자비가 영국에 처음 생긴 HIV·에이즈 치료 전담 병원의 개원식에 참석해 HIV 감염자와 악수한 일이 큰 화제가 되었다. 당시 스물여섯 살이던 다이애나의 손을 맞잡은 사람은 죽음을 앞둔 서른두 살의 남성 환자였다.

오늘날에는 환자를 염려하는 친절한 사람이라면 누구나 할 수 있는 행동이라고 여겨지겠지만, 그때는 매우 이례적인 행동이었다. 그날 다이애나는 보호장갑이나 보호복을 착용하지도 않았다. HIV는 치명적인 바이러스이지만 일상적인 신체 접촉으로는 전파되지 않는다는 사실이 연구로 이미 다 밝혀진 후였다. 그러나 전 세계 대다수가 믿지 않았고, 다들 잔뜩 겁에 질려 HIV 감염을 도무지 이해할 수 없는 병으로 치부하며 극히 예민하게 반응했다.

다이애나 왕세자비가 보인 단 한 번의 이 단순한 행동은 에이즈와 그 병에 걸린 환자들을 향한 대중의 공포를 가라앉히기 위한 본격적인 노력의 발판이 되었다. 다이애나는 천성적으로 인정이 많은 사람이었다. 전기작가들은 다이애나가 사람을 보는 직관력과, 상대에게 자연스레 먼저 다가가 친해지는 능력이 뛰어났다고 전한다. 만나는 사람들을 '잘 안아주는' 사람이기도 했다. HIV 환자와 악수를 나눈 것도 천성에서 나온 자연스러운 행동이었다. 동시에, 다이애나의 의식적이고 성실한 노력이 그런 천성을 더욱 발전시켰다. HIV 환자와 악수한 이듬해에는 브라질 리우데자네이루의 유기 아동 쉼터와 런던의 노숙자 쉼터, 캐나다 토론토의 호스피스 시설, 인도의 나병 환자들을 위한 병원, 아동 암 병원 등 사회에서 외면당하거나 사람들이 피하려 하는 수많은 장소를 직접 찾아가 사람들을 만나는 감동적인 행보를 이어나갔다.

"나는 일주일에 최소 세 번은 환자들을 방문하고, 찾아가는 곳마다 네 시간씩 머무르며 그들의 손을 잡고 이야기를 나눈다." 다이애나가 남긴 말이다. "그중 일부는 계속 살아갈 것이고, 일부는 죽음을 맞이할 것이다. 그렇지만 이 세상에 있는 동안에는 모두 사랑받아야 한다. 나는 그들의 편이 되어주려고 노력한다."

비극적으로 너무 짧게 끝나버린 생에서 다이애나가 무엇을 중시하며 살았는지 알 수 있는 말이다. 전기작가들에 따르면, 다이애나는 개인적인 삶에서도 공감과 연민, 행복을 찾기 위해 부단히 애를 썼다. 1997년에 교통사고로 세상을 떠나기 전까지 다이애나가 대중에게 보여준 이 큰 연민은 수백만의 마음을 움직였다. 다이애나 사후에 만들어진 공공추모기금에는 4400만 달러의 기부금이 모였고, 2012년에 기금이 종료될 때까지 총 471개 단체에 727건의 지원금이 제공되었다. 이 기금에서 자선 목적으로 쓰인 돈은 1억 4500만 달러가 넘는다.

간호 업무에는 직업적인 소명 의식이 큰 몫을 차지한다. 암 환자, 호스피스 시설에서 지내는 환자들처럼 병세가 위중하고 죽음이 코앞에 닥친 환자들을 돌보는 간호사들은 특히 그렇다. 그런 환자들을 곁에서 지켜보며 가슴이 무너지고 감정적으로 힘든 일을 너무 자주 겪으면 연민이 바닥날 위험성도 커진다. 그렇게 되지 않으려 애쓰는 간호사들, 환자를 돌보는 그 밖의 모든 이들은 누구보다 지혜롭다. 이들이 하는 일은 지혜를 강화한다. 또한 이들이 이 일을 계속해나갈 수 있는 이유는 지혜롭기 때문이다.

몇 년 전 노스캐롤라이나의 한 연구진은 암 병동에서 일하는 간호사 30명을 인터뷰하고, 환자들을 돌본 경험이 간호사의 개인적인 성장으로 이어졌는지 조사했다.

예상대로 인터뷰에 응한 간호사들이 모두 개인적 성장을 경험했다고 밝혔다. 이들이 성장한 과정에는 지혜의 여러 구성 요소가 고스란히 나타났다. 연구진이 만난 간호사들은 인생이 불확실하다는 것, 따라서 삶을 조건 없이 포용할 줄 알아야 한다는 것을 깨달았다고 말했다. 그 결과, 상황을 더 넓은 관점에서 바라보며 사소한 일에 매달리지 않게 되었다고 했다.

"퇴근하고 집에 왔을 때 집 안이 엉망이거나 온통 어질러져 있고 할 일이 잔뜩 쌓여 있으면 남편은 막 짜증을 내요. 하지만 나는 '무슨 상관이야? 이렇게 집에 무사히 왔으면 됐지'라고 생각하죠." 호스피스 병동에서 일하는 어느 간호사가 한 말이다.

연구진은 이들이 겪은 성장의 과정을 '간접적인 외상후스트레스성 성장'이라 칭하고 다음과 같이 설명했다. "간호사들의 깨달음과 그들 스스로 인지한 성장은 그저 환자들의 고통과 죽음을 지켜보았기 때문에 생긴 게 아니다. 그보다는 유독 마음이 쓰이거나 기억에 오래 남은 환자들의 죽음을 통해 개인적인 분노와 상실감, 애통함을 느끼면서 생긴 결과다."

환자들이 겪는 일들이 간호사들에게 가르침을 주기도 했다. 간호사들은 사람들에게 더욱 공감하게 되었고, 정서적으로 더 성숙해졌으며, 개개인의 차이와 정체성을 더 잘 인식하고, 각자의 한계를 이해하며, 대인관계 기술도 향상되었다고 말했다.

"이 일을 하다 보면 자기 인생만 신경 쓰는 게 불가능해집니다." 한 간호사의 말이다. "내가 돌보는 모든 환자의 인생에 내가 관여하게 되니까요. 내가 직접 깨닫고 경험하는 일뿐만 아니라 내게 말해주는 그들의 깨달음과 경험도 모두 제게 영향을 줍니다. … 그 모든 개인적인 경험이 모여서 … 나라는 사람이 되는 거죠."

한 간호사는 딸에게 이타심을 이렇게 가르쳤다고 이야기했다. "비참하게 사는 사람을 보고, 그 사람의 삶이 나아질 수 있게 도와주고 싶다면 너는 뭘 할 수 있을까? 그냥 도와주려고 하면 돼. 도움이 필요한 사람이구나, 그렇구나, 알아서 하겠지 하고 지나갈 수도 있어. 하지만 내 생각만 하는 그 틀 밖으로 나와서 뭐라도 해야 한단다. 네 주변 사람들에게 너는 무엇을 해줄 수 있을까? 엄마는 네가 이 세상에 온 목적이 있다고 생각해. 어떻게 해야 우리가 세상에 온 목적을 이룰 수 있을까? … 오늘도 우리는 이렇게 무사히 살아 있고, 건강해. … 어떻게 하면 다른 사람의 삶에 기쁨을 선사할 수 있을까?"

연민은 베푸는 사람과 그 마음을 받는 사람 양쪽 모두에게 이롭다. (좀 더 적극적인 노력이 필요하더라도) 더 많이 베풀수록 자신을 포함한 모두에게 더욱 이롭다.

연민 키우기

연민은 아주 오랜 시간에 걸쳐 진화한 자연스러운 본능이지만, 배워서 익힐 수 있다. 연민을 배우면 뇌에 근본적인 변화가 일어날 수도 있다.

예를 들어 2013년에 한 연구에서는 '연민 훈련'을 받은 사람들이 고통받는 사람들을 보면 뇌에 어떤 변화가 나타나는지 조사했다. 그러자 훈련 전이나 대조군과 달리, 훈련을 받은 사람들의 뇌에서만 활성이 나타나는 영역이 있었다. 긍정적 감정, 소속감과 관련된 내측 안와전두피질과 조가비핵, 창백핵, 복측피개 영역이었다. 연민을 키우려는 의도적인 노력이 새로운 대처 전략을 제공하며, 그것이 관심·각성·기쁨·즐거움 같은 긍정적인 감정을 일으킨다는 사실을 알 수 있는 결과다.

명상은 먼 옛날부터 스트레스를 가라앉히는 방법으로 활용되었다. 명상이 (몸과 마음의) 건강, 자신과 타인에게 느끼는 기분을 모두 개선한다는 사실도 입증되었다. 최근 실시된 두 연구에서는 멀리 다른 대륙에 있는 요가 수행자를 찾아가거나 산 정상에 올라야만 명상의 효과를 얻을 수 있는 건 아니라는 결과가 나왔다.

2016년에 영국 연구진이 수행한 임상 연구에서는 참가자들을 각 그룹에 무작위로 배정하고 자애명상을 온라인으로 학습하게 하면 어떤 효과가 나타나는지 조사했다. 자애명상은 불교의 전통적인 수련 방식으로, 편안한 자세로 앉아 조용히 내면을 깊이 들여다보고 성찰하며 바깥의 신경 쓰이는 일과 걱정을 벗어내고 내면의 평화와 사랑, 평온함을 찾는다. 이는 전형적인 명상 방식이다.

연구진은 자애명상을 학습한 참가자들은 편안함과 성취감이 증가했다고 밝혔다. 그러나 다양한 사람들에게 이 명상을 온라인으로 가르칠 수 있는 더 효과적인 방법을 찾아야 하며, 그 밖에도 더 많은 추가 연구가 필요하다고 강조했다.

2017년에 오하이오 주립대학교 연구진은 간호사, 의사, 사회복지사 등을 모집해 온라인 명상 훈련을 받게 했다. 다른 사람의 건강을 보살피는 의사가 되기 위해 여러 훈련을 받는 수많은 의대생이 본래 지녔던 공감 능력마저 바닥나버리고, 그 잃어버린 능력을 되살리는 수업까지 들어야 하는 지경에 이른 건 참으로 아이러니한 일이다.

이 연구에서도 앞의 자애명상 연구와 거의 비슷한 결과가 나왔다. 몸과 마음의 훈련이 포함된 온라인 명상 훈련을 받은 의료 보건 분야 종사자들은 안녕감, 감사하는 마음, 자기연민, 자신감 평가에서 더 높은 점수를 받았다. 이들이 돌볼 환자들에게 분명 도움이 될 만한 일이다.

폭력에 희생된 사람들과 폭력에 찌든 국가들을 늘 접하며 살아온 달라이 라마 같은 사람들이 보여주는 아낌없는 친절과 넓은 아량의 바탕에는 연민을 키우는 명상이 있다. 그렇지만 평생 수련하고 헌신하며 살아야만 연민을 키울 수 있는 건 아니다. 비교적 간단한 노력만으로도 충분하다. 매일 딱 1분씩만 조용히 자신을 돌아보거나 일주일에 한 번 고마운 일을 기록하는 것으로도 긍정적인 감정이 생기고, 우울한 감정이 일으키는 여러 증상이 감소하며, 삶의 만족감이 커진다.

"현명한 사람들은 더 많은 것에 감사한다. 또한 이들은 남들과는 다른 것에 고마움을 느낀다." 오스트리아 알펜아드리아 클라겐푸르트대학교Alpen-Adria-Universität Klagenfurt의 유디트 글뤼크는 2014년 학술지 《노인의학저널Journal of Gerontology》에 발표한 논문에서 이렇게 설명했다.

글뤼크 연구진은 두 단계로 소규모 연구를 진행했다. 첫 단계에서는 주변에서 현명하다고 인정받는 사람을 찾는다는 신문과 라디오 광고를 냈다. 추천받은 이들 가운데 연구에 참여하겠다고 동의한 사람은 47명이었으며 평균연령은 60세였다. 연구진은 이들과 나이와 교육수준이 비슷한 47명을 무작위로 추가 모집해서 대조군을 꾸렸다.

연구의 두 번째 단계에서는 이렇게 모집한 참가자 전원을 인터뷰했다. 연구진은 각 참가자에게 살면서 가장 힘들었던 경험과 인생 최고의 경험, 인생에서 깨달은 가장 중요한 교훈이 무엇인지 물었다. 그 결과, 전체 참가자의 31퍼센트가 가장 힘들었던 경험이나 인생 최고의 경험을 이야기하면서 신이나 특정인, 그 경험 자체에 감사함을 느낀다고 했다. 주변 사람들이 현명하다고 여기는 사람들은 이와 같은 감사함을 언급한 비율이 대조군보다 훨씬 높았다.

감사하는 마음은 지혜의 원재료이자 지혜가 빚어내는 결과물이다. 힘들었던 일에서 벗어나 참 다행이라고 여기는 정도의 감사함도 포함된다. 앞의 연구에서 현명한 사람으로 추천받은 76세 남성 참가자는 심장발작을 겪고 살아남은 경험을 이렇게 이야기했다. "새 삶을 얻은 덕분에 새로운 깨달음을 얻었고, 인생을 다른 시각으로 보기 시작했습니다." 그의 말에서는 감사하는 마음이 묻어났다.

그보다 훨씬 간단한 방법으로도 연민을 키울 수 있다. 눈을 감고, 살아오는 동안 내게 친절을 베풀어준 특별한 사람들을 떠올리며 "모두 무사히 행복하게 지내기를" 또는 "건강하게 잘 지내시기를"이라고 조용히 여러 번 말해보자.

나아가 자기 자신, 소중한 사람들, 이웃들, 모든 사람에게 같은 인사를 건네보자. 마음이 유난히 더 행복하고 의욕이 넘칠 때는 평소 친절함을 베풀고 싶다고 생각해본 적 없는 사람들을 다정한 마음으로 떠올려보자. 모든 연습이 그렇듯 명상도 실천할수록 숙달되고, 명상이 주는 심리학적 이점도 더욱 커진다.

위스콘신-매디슨대학교의 헬렌 웡Helen Weng은 성인이 되어서도 연민을 훈련하고 학습하는 게 가능한지 조사했다. 그 결과를 소개한 2013년 논문에서 웡은 연민 훈련이 "근력 운동과 비슷하다"고 설명했다. "체계적인 방법으로 조사한 결과, 연민이라는 '근육'도 더 강하게 키울 수 있으며, 다른 사람의 고통에 관심을 기울이며 돕고 싶은 마음을 기를 수 있음을 확인했다."

더 적극적인 감사

감사 일기를 꾸준히 쓰는 것도 공감 능력을 키우는 한 가지 방법이다. 역사상 가장 위대한 업적을 남긴 많은 사람이 자기 생각과 자신이 한 일을 꾸준히 기록했다. 알베르트 아인슈타인, 마크 트웨인, 레오나르도 다빈치, 마리 퀴리, 토머스 제퍼슨, 찰스 다윈은 모두 일기를 썼다.

모든 사람이 자신만의 중력 이론이나 자연선택설에 버금가는 이론을 세워야 한다는 말이 아니다. 그날 고마움을 느낀 일, 만족스러웠거나 즐거웠던 일을 날마다 몇 줄씩이라도 써보자. 그날 만난 친구에 관한 내용이 될 수도 있고, 좋아하는 음식을 먹은 일,

웃긴 글이나 말, 아침에 벌새 한 마리가 하늘 높이 날아올라 밝은 햇빛 아래 무지갯빛으로 빛나던 광경을 본 일도 좋다. 그런 순간을 편안하게 다시 떠올리는 시간에는 마음이 차분해지고 기분이 좋아진다는 사실이 여러 연구에서 거듭 확인되었다. 기분이 좋으면 좋은 일을 하게 되고, 그것이 모여 더 나은 인생이 된다. 꼬박꼬박 써둔 나만의 일기가 언젠가 세상 사람들이 모두 아는 유명한 기록이 될지 누가 알겠는가.

소설을 많이 읽는 사람

좋은 어휘도 공감 능력을 강화한다. 2006년 학술지 《뉴로이미지NeuroImage》에 이에 관한 스페인 연구진의 논문이 실렸다. 강렬한 냄새와 연관된 단어들 그리고 냄새와 상관없는 다른 단어들을 읽을 때 사람들의 뇌에 나타나는 활성 패턴을 뇌스캔으로 확인한 결과, '향수'나 '커피' 같은 단어를 읽을 때는 일차 후각피질이 활성화하지만 '의자'나 '열쇠' 같은 단어를 읽을 때는 그렇지 않은 것으로 나타났다.

일차 후각피질은 후각에 중요한 영역이다. 후각은 우리의 감정, 기억과 밀접한 관련이 있다. 오래전에 맡아본 향수 냄새나 특정한 음식 냄새가 코에 살짝 스치기만 해도 느닷없이 전혀 예상치 못했던 기억이 떠오르곤 한다.

우리 뇌는 인상적인 은유에 반응한다. 미국 에머리대학교 연구진은 사람들에게 "그 가수의 목소리는 벨벳 같았다", 또는 "그 남자의 손은 꼭 가죽 같았다"와 같은 문장을 들려주면 몸이 실제로 질감을 느낄 때 반응하는 뇌 감각피질이 활성화한다는 사실을 알아냈다. "그 가수의 목소리가 정말 매력적이었다"라거나 "그 남자는 손이 억셌다"는 문장을 들을 때는 그러한 활성이 나타나지 않았다.

인간의 뇌는 글이나 소리를 통한 간접 경험과 직접적인 경험을 크게 구분하지 않는다. 예를 들어 거트루드 스타인Gertrude Stein의 소설《미국인의 형성The Making of Americans》을 여는 첫 문장 "한 남자가 잔뜩 화를 내며 자기 과수원에서 아버지를 질질 끌고 간 적이 있다"를 읽으면, 뇌에서 언어를 처리하는 부분뿐 아니라 땅에 끌려가면서 몸이 여기저기 마구 부딪히고 받히며 울부짖는 고통을 실제로 '느끼는' 뇌 영역에서도 활성이 나타난다.

독서는 공감을 키운다. 우리가 어떤 이야기를 이해할 때 활성화하는 신경 네트워크는 다른 사람과 상호작용할 때 활성화하는 신경 네트워크와 겹치는 부분이 아주 많다는 연구 결과도 있다. 앞서 소개한 마음 이론과도 연결되는 결과다. 소설을 자주 읽는 사람이 다른 사람들을 더 잘 이해한다는 것은 명확히 입증된 사실이다. 소설을 많이 읽는 사람은 다른 사람들에게 더욱 공감하고, 세상을 다른 사람의 눈으로 볼 줄 안다.

공감을 잘하는 사람들이 주로 소설을 많이 읽는 것 아니냐고 반박할 수도 있다. 그러나 2010년에 취학 전 아이들을 대상으로 실시된 영리한 연구에서, 다른 사람이 읽어준 책을 통해 많은 이야기를 접하며 자란 아이들은 마음 이론이 더 강하게 발달하는 것으로 밝혀졌다. 영화관에서 영화를 많이 본 아이들도 마찬가지였다. 하지만 희한하게도 TV를 많이 본 아이들은 그렇지 않았다. (이 나이대 아이들은 영화관에 갈 때 부모와 함께 가고, 자연히 그날 본 영화 이야기를 부모와 나눌 확률이 높다. 이 과정에서 서로의 경험과 생각을 공유하는 것이 마음 이론의 발달에 좋은 영향을 줄 수 있다.)

우리는 나와 같은 집단에 속한다고 느끼는 사람에게 공감한다. 또한 전혀 낯설게 느껴지지만 않으면 누구와도 공감할 수 있다. 2005년 영국의 한 연구에서는, 길 가던 사람들이 우연히 힘든 상황에 놓인 낯선 사람을 봤을 때 자신과 같은 집단이라고 인식할수록 도와줄 확률이 높아진다는 결과가 나왔다. 이때 '집단'의 기준은 사람마다 달랐다.

영국 랭커스터대학교 연구진은 이 연구를 위해 먼저 영국 축구팀인 맨체스터 유나이티드의 팬들을 모집했다. 맨체스터 유나이티드는 다른 축구팀인 리버풀과 살벌한 경쟁 관계다.

연구진은 이 팬들을 대학으로 불러 설문지를 나눠주고 답하게 한 뒤, 캠퍼스 건너편에 있는 다른 건물에서 영국 축구에 관한 영화를 상영할 예정이니 그 건물로 가라고 했다. 그리고 사전에 계획해둔 대로, 이들이 이동하고 있을 때 근처에서 달리기하던 사람이 갑자기 넘어져 아파서 끙끙대는 상황을 연출했다. 연구진은 곳곳에 숨어서 맨체스터 유나이티드 팬들이 다친 사람을 보고 어떻게 반응하는지 기록했다. 그 결과, 그들 앞에서 넘어진 사람이 맨체스터 팀명이 적힌 운동복을 입고 있으면 얼른 다가가 도와주려 하지만, 리버풀팀의 운동복을 입고 있거나 아무것도 적히지 않은 운동복을 입고 있으면 선뜻 나서서 도와줄 확률이 크게 줄어드는 것으로 나타났다.

연구진은 다시 맨체스터 유나이티드 팬들을 모집해서 두 번째 실험을 했다. 이번에는 참가자들에게 축구를 좋아하는 사람들에 관한 전반적인 연구라고 설명했다. 그리고 언론에 자주 보도되는 축구 팬들의 안 좋은 사고나 난동이 아니라, 영국 축구 팬으로 살아가는 것의 긍정적인 측면을 중점적으로 조사하겠다고 덧붙였다. 그런 다음 축구 전반에 대한 관심, 다른 팀을 응원하는 사람들에게 같은 축구팬으로서 느끼는 공통점 등을 묻는 설문 조사를 했다.

설문지 작성을 마친 후에는 첫 번째 실험과 똑같이 영화가 상영될 캠퍼스 건너편 건물로 이동하게 하고, 달리다 갑자기 넘어지는 사람과 맞닥뜨리게 했다. 이 두 번째 실험에서는 넘어지는 사람이 리버풀 이름이 적힌 운동복을 입고 있을 때나 맨체스터 유나이티드 운동복을 입고 있을 때나 비슷한 확률로 도와주었다. 그러나 아무것도 적혀 있지 않은 운동복을 입고 있을 때는 특정 팀의 이름이 적혀 있을 때보다 친절을 덜 베풀었다.

이 두 가지 실험의 결과는 사회적인 분류의 경계가 확장되면

(이 연구의 경우 맨체스터 유나이티드 팬에서 축구 팬 전체로) 도움을 베푸는 대상의 범위도 확장된다는 것을 보여준다. 공감을 키우는 것이 그리 어려운 일은 아니라는 의미다.

일상생활에도 이 원리를 쉽게 적용할 수 있다. 선행을 하거나 지역사회를 위한 일에 적극 동참할수록 사회에 느끼는 소속감이 깊어지며, 나와 다른 '남'이라고 선 긋는 경우가 줄어서 다른 사람을 더 많이 챙기게 된다. 자선단체에 기부금을 내는 것도 훌륭한 일이지만, 불우이웃 쉼터에 직접 나가 자원봉사를 하거나 학생들의 멘토가 되어주는 봉사에 참여하는 것과 같을 수는 없다. 기부금을 내는 것은 그 일과 멀찍이 거리를 두고 일시적으로 도움을 제공하는 것이다. 기부금을 보낼 때 잠깐 뿌듯한 기분 외에 그 투자로 얻는 정신적 이득은 없다. 그러나 자기 자신과 자신의 에너지·재능·시간을 적극적으로 투자하면 그보다 훨씬 큰 이익이 사방에서, 안팎으로 발생한다. 이러한 활동은 자주 할수록 몸과 마음이 익숙해진다.

독일 막스플랑크연구소의 타니아 싱어Tania Singer는 연민 훈련을 받으면 더 사려 깊게 행동하고, 다른 사람을 더 너그럽게 대하게 되며, 이 변화는 오래 지속된다는 연구 결과를 발표했다.

그런 변화가 어떤 과정을 거쳐 일어나는지는 아직 명확히 밝혀지지 않았다. 연민 훈련이 뇌에서 공감과 관련된 영역의 감정 처리 기능을 강화한다는 연구 결과도 있고, 마음챙김 훈련을 받으면 정서적 반응을 유발하는 이미지에 노출될 때 편도체의 활성이 감소한다는 결과도 있다. 예전 같으면 "금세 자제력을 잃었을 만한" 자극이 주어져도 더 차분히, 더 사려 깊게 반응하게 된다는 의미다. 또한 누가 고통받는 모습을 보았을 때 나타나는 뇌 활성이 감소하지는 않은 것을 보면, 공감 훈련은 잘 조율된 변화를 일으킨다는 사실을 알 수 있다.

감정을 지휘하기

연민을 베풀면 기분이 좋아진다. 우리는 느낌, 기분, 감정이 있는 동물이다. 이 세 가지는 엄밀히 따지면 동의어가 아니며, 셋 다 우리 행동에 뚜렷하게, 또는 뚜렷하지 않게 영향을 준다. 행동을 일으키는 영향이 될 수도, 억제하는 영향이 될 수도 있다.

인생을 충만하고 의미 있으며 현명하게 살아가려면 우리의 느낌과 기분과 감정을 신중하게 관리할 수 있어야 한다. 즉 적절한 때와 장소에서, 적절한 방식으로, 자신에게(그리고 다른 사람들에게) 유익한 방향으로 활용할 수 있어야 한다. 화가 났을 때는 차를 몰면 안 된다는 말이 있다. 화가 난 채로 살아서도 안 된다. 그렇다고 냉혹한 현실에 고개를 돌리고 괜스레 들떠서 하루하루를 허비하는 것도 현명하지 못하다.

분노, 두려움, 기쁨, 혐오감, 슬픔, 그 밖의 여러 감정은 우리를 움직이게 하고 생각과 행동에 영향을 준다. 감정의 균형을 유지하고 휘둘리지 않는 것, 필요할 때는 감정을 자유롭게 풀어주되 그보다 더 많은 상황에서 최상의 결과를 위해 감정을 적절히 지휘하는 것은 평생 노력해야 하는 일이다.

다음 장에서는 감정조절과 행복을 탐구한다. 그 평생의 노력은 지금부터 시작이다.

6
감정이 머무는 곳

나는 내 감정에 휘둘리고 싶지 않아요.

감정을 이용하고, 즐기며, 지배하고 싶어요.

—오스카 와일드, 《도리언 그레이의 초상》에서

행복은 끊임없이 즐거운 경험을 추구하는 게 아니다(그건 녹초가 되는 지름길에 더 가깝다). 호의적인 마음, 감정의 균형, 내면의 자유와 평화, 지혜를 강화하면서 살아갈 때 얻게 되는 존재의 방식이다. 행복을 만드는 이 모든 특성이자 기술은 정신의 훈련으로 강화할 수 있다.

—마티외 리카르Matthieu Ricard

감정을 뚜렷하게 드러내는 것의 기준 또는 기대치는 문화마다 다르다.

예를 들어 인도를 포함한 많은 아시아 문화권에서는 다른 사람들 앞에서 감정을 '과하게' 드러내는 것을 품위 없고 좋지 않은 행동으로 여겼다. 우리 가족의 예전 모습이 담긴 오래된 사진첩을 열어보면 다들 아주 엄숙한 모습이다. 결혼식 같은 축제일에 찍은 사진도 다르지 않다. 물론 예외도 있고, 아이들이 아이들답게 행동하는 건 문제가 되지 않는다. 다만 나이 많은 어른과 함께 있을 때는 아이들도 '얌전히 굴어야' 한다. 점잖게 있어라, 최소한 그런 척이라도 하라는 뜻이다.

나는 어린 시절에 남들도 다 비슷하게 사는 줄 알았고 그게 불문율이라고 생각했다. 그러다 1934년에 출판된 제임스 힐턴James Hilton의 소설 《굿바이 미스터 칩스Good-bye, Mr. Chips》를 읽었다. 난생처음 본 영어 소설이었던 그 책도 내 생각이 틀리지 않다고 말해주는 듯했다. ('미스터 칩스'라는 애칭으로 불리는) 주인공 미스터 치핑은 젊은 시절에 관습을 중시하는 독단적 성격에다 때로는 가혹하리만치 엄한 사람이었지만, 캐서린이라는 젊은 여성과 만난 후 부드러워진다. 두 사람은 나중에 결혼한다.

1969년에는 이 소설을 토대로 한 동명의 영화가 개봉했다. 주인공 미스터 칩스는 배우 피터 오툴Peter O'Toole이 연기했다. 영화가 거의 끝나갈 무렵의 슬픈 장면은 지금까지도 내 눈물샘을 자극한다. 미스터 칩스는 학교의 새 교장으로 선출되는데, 늘 바라던 그 꿈이 이루어진 그날 캐서린이 독일군의 폭격으로 목숨을 잃는다. 미스터 칩스는 너무나 충격적인 소식에 정신이 멍한 상태로, 한편으로는 절망에 빠진 채로 아직 그 사실을 아는 사람이 아무도 없는 학교에 도착한다. 학생들은 그가 아내를 잃은 줄은 꿈에도 모른 채 존경하는 선생님이 교장이 된 것을 축하하는 깜짝 파티를 준비한다. 미스터 칩스는 냉정을 잃지 않고 웃음 띤 얼굴로 학생들의 마음을 정중하게 받는다. 나는 그 장면을 보면서 얼마나 놀랐는지 모른다. 캐서린을 잃은 직후라 분명 감당하기 힘든 상실감과 슬픔을 느꼈을 텐데도, 그는 자신이 아끼는 학생들이 실망하지 않도록 그 감정을 억눌렀다. 어떻게 그럴 수 있을까? 인간의 평범한 의지력만으로는 절대 불가능한 일 같았다. 어린 시절에 배운 태도, 엄한 얼굴의 노인들, 언제나 강인한 모습을 유지하고 자제할 줄 아는 것이 중요하게 여겨지던 때가 생각났다. 영국인들은 의연히 견디라는 말을 "윗입술을 늘 뻣뻣하게 유지하라"라고 표현하는데, 내가 자라면서 배운 올바른 태도도 그런 식이었다.

미스터 칩스가 보여준 냉정한 태도는 애통함, 고립감 같은 다른 강렬한 감정을 억누른, 자기통제의 극단적인 예시였다. 나는 이것이 대다수에게 권장할 만한 태도는 아니라고 생각한다. 감정조절이란 모든 감정을 그대로 느끼고 대처하며 균형을 유지하는 것이고, 그렇게 정의되어야만 한다. 살다 보면 산꼭대기에 올라 큰 소리를 내지르며 기쁨이나 분노를 표출해야 속이 시원한 날도 있고, 합리적 판단과 신중함·희망·낙관성을 발휘해 감정을 가라앉혀야 하는 날도 있다. 감정이 그 양극단 사이, 훨씬 넓은 중간 범위에 머무르는 것이 가장 좋은 삶이다. 감정이 이 스펙트럼의 절벽과도 같은 양극단에 너무 가까워지면 추락이라는 끔찍한 결과가 초래될 위험이 있다.

나는 다른 여러 책과 영화를 접하고 내 인생을 살아오면서,

인간의 감정이 드러나는 방식은 전 세계적으로 지역마다 엄청난 차이가 있고 극히 다양하다는 사실을 자연히 알게 되었다. 그러나 신경과학을 공부하면서, 감정을 표현하는 방식은 문화마다 다양해도 감정조절의 기반이 되는 기초적인 생물학적 원리는 어디에서나 누구에게나 동일하다는 사실도 알게 되었다. 감정조절은 인간의 생존에 꼭 필요한 능력이다. 화가 날 때마다 내키는 대로 행동하고 폭력을 행사했다면 호모사피엔스도 공룡과 같은 운명, 즉 멸종을 맞이했을 것이다.

스펙트럼 안에서

미국의 영향력 있는 철학자이자 심리학자인 윌리엄 제임스 William James는 감정과 느낌이 불가분의 관계임을 다음과 같은 말로 예리하게 강조했다. "두려움이라는 감정에서 심장박동이 빨라지고, 숨이 얕아지며, 입술이 덜덜 떨리고, 팔다리에 힘이 빠지며, 몸에 소름이 돋고, 속이 뒤집히는 느낌을 빼면 무엇이 남을까."

제임스는 느낌과 감정을 구분하는 것은 상상할 수조차 없는 일이라고 했지만, 사실 앞의 인용문에서 그도 이 두 가지를 구분하고 있다. 감정, 느낌, 기분은 동의어가 아니다. 각각의 차이는 우리가 특정한 순간이나 인생을 경험하는 방식과 그 경험을 생각하는 방식, 그 생각을 변화시키는 방식에 영향을 준다.

감정은 몸이 외부 자극에 반응하면서 나타나는 기본적인 상태이고, 느낌은 그러한 감정에 대한 정신의 반응이다. 한밤중에 어둑한 골목을 혼자 걷고 있다고 하자. 뒤에서 갑자기 소리가 들린다. 뭐가 그르렁대는 것 같기도 한 그 소리에 심장이 쿵쾅대기 시작하고 근육이 바짝 긴장한다. 호흡도 빨라지고 얕아진다. 입이 바싹 마른다. 모두 원초적 감정인 두려움을 나타내는 변화다.

느낌은 이럴 때 마음속에 떠오르는 것, 이를테면 누가 나를 해치려고 몰래 따라오는 것 같다는 무서운 생각이다.

기분은 감정이나 느낌보다 덜 구체적이고 덜 강렬하다. 그리고 더 오래 이어진다. 자극이 사라지고 시간이 한참 흐른 뒤에도 그 자극으로 생긴 기분이 남아 있을 수 있다. 기분은 기질이나 성향과도 다르다. 기질과 성향은 기분보다 훨씬 더 오래, 때로는 평생 지속되기도 한다. 성격이 긍정적인 사람은 쾌활한 성향이 있는 것처럼, 성격특성에 따라 특정 기분이 되기 쉬운 성향이 있다.

원초적 감정은 선사시대에 동굴 생활을 하던 사람들이 곰과 마주치는 것부터 현대인이 혼잡한 길을 건너는 일까지, 인류가 환경에서 맞닥뜨리는 여러 문제에 보이는 반응으로 발달했다. 이러한 감정은 생존의 핵심 기반이므로(그래서 광범위한 동물에게 나타난다) 뇌에서도 아주 오래전에 형성된 변연계가 담당한다. 원초적 감정은 선천적·보편적이며, 필요할 때 신속히 자동으로 일어난다. 이런 특징은 목숨과 팔다리가 위험할 때 큰 도움이 된다.

편도체도 매우 중요한 역할을 한다. 편도체의 주된 기능은 감정을 일으키는 정서적 사건과 관련된 기억을 형성하고 저장하는 것이다. 이는 우리가 장 볼 때 꼭 사야 하는 물건을 기억하거나 교과서에서 배운 내용을 암기한 것과는 정반대의 기억이다. 신경세포 간의 연결 지점인 시냅스가 순차적으로 연결되어 형성되는 실제 기억은 뇌 전반에 저장되며, 해마가 핵심 역할을 한다고 여겨진다. 편도체는 이러한 기억에 감정을 듬뿍 불어넣는 일을 한다.

좀 더 쉽게 이해하기 위해 이 과정을 크게 단순화해서 살펴보자. 길을 가다가 강아지 한 마리를 봤다고 하자. 꼭 털뭉치 같은 꼬맹이 강아지가 통통 튀는 공처럼 걸어간다. 이전에 강아지와 관련된 나쁜 경험이나 기억이 없다면, 편도체는 이 시각정보를 행복하고 사랑스러운 일로 처리한다. 그러면 우리는 그런 감정을 느끼게 되며, 그 귀여운 강아지를 품에 꼭 안아보고 싶어진다. 이는 편도체가 특정 기억에 행복한 얼굴 모양의 도장을 쾅, 찍는 것이라고도 할 수 있다.

반대로 날카로운 송곳니를 드러내고 으르렁대며 침을 줄줄 흘리는 늑대가 눈앞에 나타나면 두려움, 위험과 관련된 기억과 정보가 떠오른다. 늑대를 본 일이 두려운 감정을 촉발하고, 편도체는 이 기억에 살벌하게 생긴 새빨간 깃발 도장을 찍는다.

편도체에 병소가 생기거나 편도체가 손상된 환자들을 다룬 사례 연구가 지금까지 무수히 진행되었다. 결과를 종합하면 편도체가 제 기능을 하지 못할 때 발생하는 문제는 크게 세 가지다. 특정 사건에 대한 감정기억이 잘 형성되지 않는 것, 표정이나 소리로 나타나는 감정을 처리·해석하는 정신 기능에 이상이 생기거나 그런 기능이 아예 사라지는 것(예컨대 웃는 얼굴을 봐도 그게 무슨 의미인지 모른다), 지나친 공격성과 같은 사회적 이상행동이 나타나는 것이다.

편도체는 변연계에 속하는 다른 중요한 뇌구조들과 연결되어 있다. 해마도 그중 하나다. 해마는 기억을 통합해 단기기억을 장기기억으로 전환한다. 해마와 편도체가 나란히 함께 기능하면서 감정과 결합된 기억이 형성된다.

어떤 이유로든 해마가 손상되면(해마도 편도체처럼 뇌에 한 쌍이 존재한다) 현재를 살아가기가 힘들어진다. 새로운 기억이 형성되지 않고, 해마가 손상되기 전에 형성된 기억만 남을 수도 있다.

이런 사실은 수많은 사례 연구로 밝혀졌다. 2008년에 여든두 살의 나이로 세상을 떠난 헨리 구스타브 몰래슨Henry Gustav Molaison은 가장 유명한 사례로 꼽힌다. 주로 과학계에 'H.M.'이라는 이름 머리글자만 알려졌던 몰래슨은 열 살 때 처음 극심한 간질발작을 겪었다. 스무 살이 되어 발작이 견디기 힘들 정도로 심해지자, 몰래슨은 해마를 포함한 측두엽 일부를 절제하는 수술을 받았다. 수술 후에 발작은 사라졌지만 기억이 형성되는 능력까지 함께 사라졌다. 그때그때 필요한 일들은 곧잘 해내면서도 이름, 장소, 사건, 얼굴은 거의 곧바로 잊어버렸다. 점심 식사를 마치고 30분이 지나면 뭘 먹었는지는 물론이고 식사를 했다는 사실마저 기억하지 못했다. 게다가 자기 얼굴도 청년 시절의 모습만 기억해서 거울을 볼 때마다 깜짝 놀랐다. 모든 질문은 생전 처음 듣는 것처럼 대답했다. 불과 몇 분 전에 받았던 질문도 마찬가지였다.

몰래슨이 세상을 떠난 후, 그의 뇌는 UC 샌디에이고 의과대학으로 옮겨졌다. 신경해부학자 자코포 아네스Jacopo Annese의 연구진은 몰래슨의 뇌를 얼린 다음 무려 2401장의 얇은 절편으로 잘랐다. 연구진은 몰래슨의 뇌를 나중에도 계속 연구할 수 있도록 모든 절편을 디지털화하고, 뇌 전체를 현미경으로 직접 관찰할 때처럼 자세히 살펴볼 수 있는 3차원 가상 모형을 제작했다. 생전에 아무것도 기억하지 못했던 몰래슨은 이렇게 절대 잊히지 않을 존재가 되었다.

그렇지만 몰래슨과 같은 극적인 사례가 아니라도 해마가 기억에 중요한 기능을 한다는 근거는 많다. 알츠하이머병의 대표적인 특징도 단기기억부터 시작해 기억이 사라지는 것이다. 해마는 이 병의 영향을 가장 먼저 받는 뇌구조 중 하나다.

시상하부도 변연계에 있다. 크기가 작고 다른 구조와 잘 구분되지 않는 시상하부는 편도체에 정보를 공급하고, 즐거움·공격성·분노의 강도를 통제해 감정조절을 돕는다.

변연계 맨 윗부분에 한 겹으로 덮인 대상피질은 뇌 여러 부분에서 오는 정보를 받고 분류한다. 또한 뇌 전체가 한 가지 사건과 그 사건의 정서적 의미에 계속 집중하게끔 돕는다. 조현병 환자들의 특징은 감정과 지각력이 크게 손상되었다는 점인데, 일부 연구에서 이들의 대상피질이 신경전형인neurotypical보다 작은 것으로 확인되었다.

변연계를 구성하는 이 다양한 구조들이 함께 기능해서 감정 기억을 형성하고, 자극이 주어지면 그 기억을 떠올린다. 겁이 나면 눈이 휘둥그레지거나 손이 덜덜 떨리고, 행복하면 미소 짓고 큰 소리로 웃는 것처럼 상황에 어울리는 반응, 또는 특징적인 생리적 반응을 몸 여러 곳에서 일으키는 것도 변연계의 몫이다.

윌리엄 제임스가 강조했듯이 감정과 그 감정에서 비롯되는 느낌은 하나로 결합되어 있다. 그리고 감정과 느낌은 뇌의 다른 부분, 특히 지식·판단·평가 같은 인지적 과정을 거쳐 상황을 판단하고 무엇이 최선인지를 파악하는 전전두피질의 영향으로 누그러지기도 한다.

인간과 다른 영장류는 다양한 자극과 사건의 정서적 의미를 학습하고 기억하는 능력이 매우 탁월하다. 인간의 인지 능력은 자극과 사건에 '정서가(정서적 감정가)'를 부여한다. 정서가란 특정 자극과 사건에 대해 특징을 정하고 분류하는 방식을 나타내는 심리학 용어다.

예를 들어 뚜렷한 이유 없이 개를 무서워하던 아이도 오랜 시간에 걸쳐 개와 꾸준히 만나고 긍정적인 경험이 쌓이면 개들에게서 받는 느낌, 즉 정서가가 좋은 방향으로 바뀔 수 있다. 나중에는 개를 사랑하게 될 수도 있다. 다른 예로, 이제 막 사귀기 시작한 연인들은 대부분 서로에게 느끼는 긍정적 감정이 크고 행복감과 욕망이 넘친다. 이런 시기에는 서로 무슨 잘못을 하건 큰 문제가 되지 않는다. 그러다 관계가 시들해지고 삐걱대다가 불쾌한 이별을 맞이하면, 처음 사귈 때 즐거웠던 감정들은 분노·불안·슬픔·긴장감으로 대체된다. 같은 두 사람의 일인데도 감정은 이토록 달라진다.

이는 인간의 공통적인 특징이다. 우리는 감정과 이성이 각각 양 끝에 있는 스펙트럼 안에서 살아간다. 지혜는 그 사이에서 균형을 잡는 것, 즉 항상성과 관련이 있다.

느끼면서도 다스리기

항상성은 서로 의존하는 요소들이 상대적으로 안정적 평형을 유지하려는 경향을 과학자들이 멋들어지게 표현한 용어다. 우리는 자연에서 항상성이 유지되는 예를 쉽게 볼 수 있다. 가령 특정 생물의 개체수가 생물다양성에 문제가 될 정도로 많아지면 그 생물의 번식률이나 자연에서 분포하는 패턴이 바뀌고, 이러한 조정을 거쳐 생태계 전체의 회복력과 적응력이 강화된다.

우리 몸도 항상성을 추구한다. 인체는 건강한 체온인 37도를 유지하기 위해 추우면 몸을 떨어 열을 내고, 더우면 땀을 흘려 과도한 열을 방출한다. 혈액도 화학적으로 복잡한 균형을 유지한다. 나트륨, 칼륨, 칼슘 같은 전해질을 비롯한 혈액의 각 구성 성분이 혈액에서 차지하는 비율은 적정 범위 내로 유지된다. 이 균형이 깨지면 건강에 해로운 영향이 발생한다. 혈당 성분인 포도당의 농도도 인체의 항상성을 확실히 보여주는 예다. 혈당이 너무 낮아져서 저혈당증이 일어나면 여러 힘든 증상이 발생하고, 심하면 발작이 일어나거나 사망할 수도 있다. 반대로 혈당이 지나치게 높은 고혈당증은 당뇨병 환자들에게 가장 많이 발생하는데, 고혈당증과 당뇨가 한꺼번에 생기면 건강이 다양한 방식으로 더욱 나빠진다. 건강한 혈당의 범위는 저혈당증과 고혈당증의 사이에 있다.

인간의 정신도 균형이 유지되어야 한다. 바로 진화의 순서상 더 오래전에 형성된 변연계와 나중에 형성된 전전두피질 간의 균형이다. 변연계가 손상되면 두려움·분노·슬픔·놀라움·혐오감·행복 같은 원초적 감정을 제대로 처리하지 못하고, 전전두피질이 손상되면 실행 기능에 이상이 생긴다. 둘 다 적절히 기능해야 건강하게 잘 지낼 수 있다.

감정과 이성을 자기 자신은 물론 나를 아는 모든 사람, 또는 더 광범위한 사람에게 이로운 방향으로 융합할 줄 아는 것이 지혜다. 정서적 항상성은 지혜의 일차적인 구성요소 중 하나다. 이는 일상생활의 사소하고 심각한 각종 문제와 변화 등 늘 일어나고 계속 이어지는 경험에 대한 감정 반응이 사회규범과 사회적 기대에 부합하는 범위를 유지하는 능력을 뜻한다. 이때 감정은 그대로 드러내는 것(변연계)과 표현을 미루는 것(전전두피질) 사이에서 유연하게 조절되어야 한다.

감정조절은 자신과 타인 양쪽 모두와 관련이 있으며, 대부분 무의식적으로 일어나는 정신과 행동의 과정이다. 기분을 끌어 올리려고 즐거운 일을 찾아서 하거나 아이가 불안에 떨면 안심하도록 말로 다독이는 것처럼, 자신과 다른 사람의 기분에 모두 영향을 준다.

〈스타트렉〉의 등장인물 중 인간과 외계종족 벌칸의 혼혈인 미스터 스팍은 모든 일을 논리적으로 냉정하게 계산하고 그에 따라 행동하는데, 스팍처럼 살고 싶은 사람은 아마 없을 것이다. 스팍이 절대로 웃지 않는 건 당연한 결과다. 마찬가지로, 매 순간 느끼는 대로만 살고 싶은 사람도 없을 것이다. 감정을 이기지 못하거나 감정에 휘둘려 후회스럽고 아무 도움도 안 되는 행동을 해 본 경험은 누구에게나 있다. 행동의 주된 동력이 감정인 사람은 행복하고 건강하게 살아갈 수 없다. 늘 끝없이 즐겁기만 한 건 조증에 가까우며, 지속되는 분노·두려움·스트레스에 대처하지 못하는 것 역시 정신건강과 신체건강에 해롭다.

만성적인 분노는 심장질환과 뇌졸중이 발생할 위험을 높이고 면역체계를 약화한다. 하버드대학교 연구진이 실시한 종단연구에서는 적대감이 큰 사람들이 그렇지 않은 사람들보다 폐 기능이 훨씬 나쁘다는 결과가 나왔다. 연구진은 분노로 인한 스트레스 호르몬의 증가가 기도의 심한 염증으로 이어진 것과 관련성이 있다고 설명했다.

만성적인 분노와 스트레스는 우울증, 수명 단축과도 밀접한 관련이 있다. 미시간대학교 연구진은 분노를 억누르면서 17년 이상 함께 살아온 부부들은 화가 났을 때 곧바로 그 감정을 받아들이고 해소하기 위해 노력한 부부들보다 수명이 짧다는 사실을 확인했다.

우리는 감정을 느끼며 살아야 한다. 그러나 감정을 다스리고, 감정의 좋은 영향을 극대화할 수 있는 방향으로 느껴야 한다.

핑크빛 안경

일부 연구에서 생애 동안 느끼는 행복을 그래프로 나타내면 U자 곡선이 된다는 결과가 나왔다.

젊은 시절 비교적 크게 고조되었던 행복감은 시간이 지나면 곤두박질치거나, 그렇게 급격하지 않더라도 점차 줄어든다. 행복감 또는 삶의 만족도는 꾸준히 감소하다가 50대 초반 무렵에 바닥을 찍는다는 조사 결과도 있다. 책임질 일과 해결할 문제가 산적하고, 지금껏 자신이 이룬 게 무엇이며 시간·자원·능력이 더 많았다면 더 잘 살 수 있었을까 스스로 의문을 던지게 되는 이 최저점의 시기는 중년의 위기라고도 불린다. 조너선 라우시는 《인생은 왜 50부터 반등하는가The Happiness Curve》라는 훌륭한 책에서 이 주제를 포괄적으로 다루었다.

다른 영장류의 행복을 다룬 연구에서도 인간과 동일한 형태의 곡선이 나타났다. 침팬지와 오랑우탄을 돌보는 동물원 사육사들, 연구자들, 그 밖에 이러한 동물을 돌보는 일을 해온 사람들을 통해 동물들의 마음 상태가 생애 동안 어떻게 변화하는지 조사한 결과, 역시나 중년기에 행복도가 최저점에 이르는 것으로 나타났다.

2012년에 이런 결과를 발표한 연구진은 다음과 같이 설명했다. "우리 연구의 결과는, 인간이 느끼는 행복도의 변화가 인간만의 특징이 아님을 시사한다. 이는 인간의 생활과 인간 사회의 양상·근원이 부분적으로는 인간과 가까운 유인원과의 생물학적 공통점에서 기인할 수 있음을 나타낸다."

내 연구에서도 정신적 안녕감이 중년기 이후에 증가하는 것으로 나타났다. 그렇지만 성인기 초반의 그래프 형태는 기존에 알려진 것과 차이가 있었다. 예전에는 일생의 행복도를 그래프로 나타내면 대체로 U자 모양이 된다고 알려졌지만, 오늘날에는 20대가 가장 낮고 그때부터 80대까지, 때로는 90대까지 꾸준히 증가하는 양상이 나타난다. 행복곡선이 U자 곡선으로 나타나는 생물학적 바탕이 있을 수도 있지만, 현대에 들어서는 성인기 초기에 느끼는 막대한 압박과 스트레스가 행복곡선의 형태를 변화시킨 듯하다. 우리 연구진이 젊은 성인 약 1500명을 대상으로 조사한 '성공적인 노화에 관한 평가'에서도 20대가 느끼는 불행, 스트레스, 불안감, 우울감이 꽤 높은 수준이었다. 신체건강은 20대가 가장 우수하지만, 이 시기에는 또래의 압박과 낮은 자존감의 영향을 가장 크게 받는다.

다행히 시간이 흐르면 알아서 나아지는 부분도 생기고, 스스로도 좋아졌다고 느끼는 경향이 나타난다. 나이가 들면 감정조절 능력이 향상되며 문제가 되는 감정들도 누그러진다. 충동이 가라앉으며, 과거의 경험과 교훈을 전반적으로 적극 활용한다. 이러한 사실은 최근 학술지 《이상심리학 저널Journal of Abnormal Psychology》에 실린 대규모 연구에서도 다시금 확인되었다. 이와 관련된 내용은 나중에 다시 설명하겠다.

동료이자 친구인 심리학자 로라 카스텐슨 등이 실시한 연구에서, 노인들은 젊은 성인들보다 긍정적 이미지를 더 많이 회상하고 부정적 이미지는 덜 회상하는 것으로 나타났다. 이는 기억력의 차이가 아닌 무엇에 중점을 두느냐의 차이이다. 나이가 들고 더 현명해지면 긍정적인 그림, 이야기, 사건이 마음에 더 많이 와닿는다. 부분적으로는 노년기에 일어나는 생물학적 변화에서 비롯된 결과일 수 있다. 젊을 때는 편도체가 부정적인 정보에 더 강하게 활성화하는 경향이 나타나지만, 나이가 들면 긍정적 정보와 부정적 정보에 똑같이 활성화한다. 10대에 질풍노도의 시기가 찾아오는 것과도 일치하는 특징이다. 노년기에 편도체 활성에서 이러한 변화가 나타난다는 것은 부정적 이미지와 관련된 정보가 젊은 시절보다 덜 저장되어 있고, 따라서 그런 이미지를 봤을 때 부정적인 기억이나 느낌이 떠오를 확률도 낮다는 의미다. 뇌에 핑크빛 안경이 씌워진 듯한 상태라고도 할 수 있다.

즐거운 감정을 느낀 기억은 불쾌한 감정과 엮인 기억보다 더 천천히 흐릿해진다는 연구 결과도 있다. 이는 우리가 좋지 않은 기억이 삶에 끼치는 영향을 최소화하려 애쓰고 있다는 증거일 수도 있다.

못 말리는 낙관주의자

우리 연구진이 진행한 모든 연구에서, 지혜로운 사람은 스스로 인지하는(즉 주관적인) 스트레스가 적고 낙관성과 회복력이 우수하다는 결과가 나왔다.

다른 수많은 연구에서도 낙관성과 회복력이 우수한 사람은 인생이 더 행복할 뿐만 아니라 더 건강한 것으로 나타났다. 낙관적이고 회복력이 크면 스트레스가 적고, 스트레스가 일으키는 해로운 영향도 그만큼 덜 받는다.

스트레스를 아예 피하고 살 수는 없다. 학교와 직장에 제때 등교하고 출근해야 하는 일상적인 규칙부터가 스트레스다. 스트레스는 위험성을 경고하고 행동을 유발하므로 본질적으로는 우리에게 도움이 된다. 또한 약간의 스트레스는 신경영양인자의 생산을 촉진한다. 신경영양인자는 신경세포 그리고 신경세포 간 연결 지점의 발달과 기능을 촉진하는 여러 종류의 단백질을 일컫는다.

가끔 겪는 약간의 스트레스는 집중력과 생산성을 높이기도 한다. 단기적인 스트레스는 면역계의 기능 조절을 돕고 인체의 방어 능력을 '일시적으로' 증대시키는 화학물질인 인터류킨 interleukin의 생산량을 늘린다. 그러나 만성적인 스트레스는 면역 기능 억제, 근골격계 기능 이상, 호흡기 질환, 불면증, 심혈관 질환, 위장관의 기능 문제와 관련이 있다.

스트레스에 대처하는 법을 익혀두면 그런 상황이 닥쳤을 때 더욱 원만히 대처할 수 있다. 말하자면 스트레스에 더 강해지고, 회복력이 높아진다.

지금도 계속되는 우리 연구진의 '성공적인 노화에 관한 평가'에서 스스로 '잘 늙고 있다'고 평가한 노인들, 즉 현재 삶에 만족하는 사람들은 그렇지 않은 사람들보다 대체로 낙관성과 회복력이 더 우수한 것으로 나타났다.

가족, 친구 등 주변에 못 말리는 낙관주의자가 다들 한 명쯤 있을 것이다. 살면서 온갖 우여곡절을 겪으며 그런 사람이 되기도 하지만, 생물학적으로 타고나기도 한다. 뇌영상 연구에서는 건강한 성인 중 낙관적인 사람들은 양쪽 눈 바로 뒤에 자리한 안와전두피질이 더 큰 것으로 나타났다. 쉽게 불안해지는 감정을 조절하는 것이 안와전두피질의 기능 중 하나다.

낙관적인 노인들은 애초부터 뇌에 저장된 좋지 않은 일들이 적을 가능성도 있다. 동료들과 나는 2014년에 인지 기능이 건강한 노인들을 대상으로 인간의 원초적 감정인 행복, 분노, 두려움

중 한 가지가 표정에 나타난 얼굴 이미지를 컴퓨터 화면으로 보여주었다. 이어서 다른 얼굴 두 개를 보여주고 첫 번째 얼굴과 똑같은 감정이 표정에 나타난 얼굴을 찾으라고 한 뒤 fMRI로 참가자들의 뇌를 관찰했다. 이 검사에 사용한 여러 장의 얼굴 이미지는 비교적 빠른 속도로 연이어 제시되었다.

참가자들의 뇌가 두려움이 나타난 얼굴 이미지를 처리할 때는 전두엽과 더불어, 얼굴 인식이 주 기능인 방추상회(방추이랑)를 포함해 광범위한 신경 네트워크가 활성화했다. 그런데 이 검사에 앞서 진행된 다른 검사에서 낙관성이 우수하다고 평가된 참가자들은, 두려운 표정의 얼굴을 볼 때 방추상회를 비롯한 뇌 여러 영역의 활성도가 낙관성이 낮은 사람들보다 낮았다. 긍정적인 사람들은 두려운 얼굴을 봐도 뇌가 덜 강렬하게 반응한 것이다. 이는 정신의 창고에 부정적인 감정을 일으키는 정보가 별로 저장되어 있지 않거나(그런 표정이 전조가 될 수 있는 일들에 관한 정보 등) 감정조절 능력이 더 뛰어나다는 의미일 수 있다.

트라우마, 비극적인 일, 고난을 이겨내는 능력인 회복력은 나이와 성별을 불문하고 누구에게나 유익한 특성이다. 회복력은 유전, 환경, 심리, 생물, 사회, 영적 요인이 복잡하게 얽혀서 형성된다. 교감신경계의 기능(에피네프린, 코르티솔 같은 호르몬의 증가와 감소로 조절된다)과 전전두피질의 강한 활성이 아주 복잡한 방식으로 상호작용하면서 편도체 활성이 억제되고, 결과적으로 편도체와 관련된 불안이나 두려움 같은 감정이 억제되는 것도 회복력이 형성되는 과정에 포함된다.

동료들과 나는 아동기의 힘든 경험과 회복력의 보호 효과에 관한 연구 결과를《임상 정신의학 저널Journal of Clinical Psychiatry》에 발표한 적이 있다. 이 연구에서 우리는 조현병 진단을 받은 환자 114명과 일반인 110명을 모집한 뒤 여러 검사와 측정을 통해 건강 상태, 아동기에 트라우마가 될 만한 일에 노출된 경험, 회복력을 조사했다.

그 결과 두 그룹 모두 아동기에 트라우마를 겪은 사람은 그렇지 않은 사람보다 정신건강과 신체건강이 좋지 않았고, 당뇨병과 심장질환의 위험인자로 여겨지는 인슐린 저항성도 더 높았다. 그러나 회복력 평가에서 높은 점수를 받은 사람은 아동기에 불행한 일을 겪었거나 조현병 진단을 받은 경우에도 인슐린 저항성이 정상 범위였고, 다른 정신건강과 신체건강이 모두 양호했다.

수십 년 전 어린 시절에 이미 일어난 안 좋은 일들은 세월이 흘러도 마음대로 바꿀 수 없다. 그렇지만 회복력은 나이와 상관없이 다양한 방법으로 강화할 수 있다. 노인도 예외가 아니다. 노년기에 회복력이 강해지면, 어린 시절부터 오랫동안 시달린 트라우마의 악영향도 웬만큼 이겨낼 수 있다.

마시멜로는 못 참지

지혜로운 사람들에게서 크게 눈에 띄는 특징 중 하나가 자제력이다. 대다수 종교에서 기본 신조로 삼는 자질이기도 하다. 성경에는 "유혹에 빠지지 말라"는 문구가 여러 번 나오고, 이슬람교에서는 자제력이 행복으로 가는 길이라고 말한다. 힌두교에서는 "쉬운 길에 저항하는 것"이 진리라고 한다.

자제력은 철학과 대중문화에서도 공통적으로 다루는 삶의 원칙이다. "천사들이 두려워 발도 내딛지 못하는 곳으로 어리석은 자들은 달려든다." 18세기 영국의 시인 알렉산더 포프Alexander Pope가 1711년에 쓴 시 〈비평론An Essay on Criticism〉에 처음 등장한 이 구절은 그 뒤 프랭크 시내트라Frank Sinatra, 도리스 데이Doris Day, 에타 제임스Etta James, 엘비스 프레슬리Elvis Presley, 포 프레시맨The Four Freshmen, 클리프 리처드Cliff Richard, 노라 존스Norah Jones의 노래 가사로도 쓰였다.

자제력 또는 충동을 통제하는 능력은 지혜의 필수 요소다. 그만큼 얻기도, 유지하기도 힘들다. 이 능력이 뇌에 어떻게 나타나는지를 알면, 생활 속에서 자제력을 더 잘 키우는 데 큰 도움이 된다. 자제력은 철학자들에게 수 세기 동안 탐구 주제였지만, 과학자들의 관심은 별로 받지 못했다. 과학계가 자제력을 처음 탐구하기 시작한 이야기에는 설탕과 물, 젤라틴이 들어간 폭신폭신한 사탕 과자가 등장한다.

현대 심리학 역사상 가장 유명한 연구라 할 수 있는 '마시멜로 실험'은 무수한 언론의 헤드라인을 장식했을 뿐 아니라, 이후 수많은 후속 연구가 진행되었고, 《월스트리트저널》부터 어린이 TV 프로그램인 〈세서미 스트리트〉까지 곳곳에서 언급되었다.

1960년대 초, 심리학자 월터 미셸Walter Mischel과 그의 동료들은 아이들이 무엇을 선택하는 과정이 어떤 방식으로 이루어지는지 궁금해졌다. 결정을 내리려면 상충하는 여러 생각과 감정을 통제해야 하는데, 아직 행동을 자제할 줄 모르는 어린아이들은 그런 통제력을 어떻게 발휘할까?

당시 스탠퍼드대학교의 심리학과 교수였던 미셸은 인근에 있던 빙 유아원Bing Nursery School에서 실험을 하기로 했다. 그와 연구진은 유아원의 조용한 방 하나에 탁자와 의자를 하나씩 놓고, 탁자 위에 마시멜로 하나를 올려두었다. 그러고는 네 살 또는 다섯 살짜리 아이를 한 명씩 방으로 데려와서 탁자 앞 의자에 앉혔다. 탁자에 덩그러니 놓인 마시멜로는 당연히 아이들 눈에 번쩍 띄었다.

그때, 아이들과 친하고 평소 아이들이 믿고 의지하는 어른이 거래를 제안했다. 잠시 나갔다 올 테니, 그때까지 탁자에 있는 마시멜로를 먹지 않고 잘 참으면 마시멜로 하나를 더해서 모두 두 개를 주겠다고 한 것이다. 만약 어른이 돌아오기 전에 탁자에 놓인 마시멜로를 먹어버리면, 추가로 더 주지는 않겠다고 했다.

그런 다음 어른은 방을 나갔다가 15분 뒤에 돌아왔다. 연구진은 방 안에 숨겨둔 카메라로 아이들이 어떻게 하는지 영상으로 기록했다. 그러자 쉽게 예상할 수 있는 일들이 일어났다. 어른이 방에서 나가자마자 얼른 마시멜로를 집어 먹은 아이들도 있었고, 몸을 꼼지락대고 안달복달하며 하얗고 말랑말랑한 마시멜로를 먹고 싶은 유혹을 참느라 애쓰는 아이들도 있었다. 대부분은 금세 그 유혹에 굴복하고 마시멜로를 먹었다. 끝까지 먹지 않고 잘 참은 아이들은 극소수였다.

미셸 연구진은 아이들 수백 명을 대상으로 같은 실험을 이어갔다. 마시멜로 외에 아이들이 좋아하는 프레첼과 민트 사탕, 또는 색색의 포커 칩*도 활용되었다. 어른이 방에 돌아올 때까지 기다려야 하는 시간도 점점 늘렸다. 이 연구의 결과는 1972년에 학술지《성격·사회심리학 저널Journal of Personality and Social Psychology》에 발표했다.

마시멜로 실험은 아동기의 의사결정 행동에 관한 창의적 탐구였다. 이 연구를 계기로 이후 수십 년간 다양한 연구가 이어지고,

* 이 실험을 이끈 월터 미셸의 인터뷰에 따르면, 보상으로 '먹을 것'이 주어져야만 만족감을 지연시킬 줄 아는 능력이 발휘되는 게 아님을 입증하고자 실험에 '포커 칩'을 활용했다. 여기서 포커 칩은 '반짝이는 예쁜 물건'으로 쓰였다. Jacoba Urist, "What the Marshmallow Test Really Teaches About Self-Control", *The Atlantic*, 2014.9.24; "So your kid failed the marshmallow test. Now what?", PBS NEWS, 2014.10.9.

엄청난 영향을 일으킨 결과도 많이 나왔다. 미셸 연구진은 실험에 참여한 아이들을 40년 넘게 추적 조사했다. 연구 대상자도 처음에는 스탠퍼드대학교 교수진의 자녀들(전체 인구에 견주면 너무나 좁고 협소한 집단)이었다가, 나중에는 사우스브롱크스 지역의 스트레스가 큰 환경에서 생활하는 빈곤층 아이들로 확대되었다.

결과는 당황스러울 정도로 보편적이었다. 어른이 돌아올 때까지 마시멜로를 먹지 않고 기다린 아이들은 실험 당시 인구통계학상 어떤 집단에 속해 있었는지와 상관없이 나중에 대입시험에서 더 높은 점수를 받았고, 물질을 남용하거나 비만이 될 확률이 낮았으며, 스트레스 대응 기술과 사회적 기술이 뛰어났다(부모들에게서 수집한 정보를 토대로 평가한 결과였다). 그 밖에도 개인의 삶을 평가하는 여러 척도에서 더 좋은 점수를 받았다. 이 결과를 보면, 만족감을 지연시킬 줄 아는 능력은 성공을 예견하는 중요한 지표인 듯했다.

각 분야의 전문가들이 이 결과를 두고 나름의 의견을 내놓았다. 아이비리그 경영대학원들은 만족감을 스스로 지연시키는 능력의 중요성에 관한 새로운 이론을 수립했고, 〈새서미 스트리트〉에는 쿠키 몬스터가 욕구를 억제하면 좋은 점이 무엇인지 배우는 내용이 나왔다. 전하려는 교훈은 모두 같았다. 마시멜로가 주어졌을 때 바로 먹어버리지 말고 조금 참으면, 나중에 더 달콤한 인생이 찾아올 수 있다는 것이다. 프로이트가 말한 쾌락원칙과 현실원칙이 생생하게 살아난 듯했다.

미소의 의미

감정의 종류를 나누고 측정하는 일은 언뜻 간단해 보일 수도 있다. 예를 들어 잔뜩 찌푸린 눈썹에 번들거리는 눈빛, 벌름대는 콧구멍, 아래로 축 내려간 입가는 화가 잔뜩 난 사람에게 뚜렷이 나타나는 특징적 표정이다. 입으로 험한 말을 전혀 뱉지 않아도, 이런 모습은 반려견을 포함한 동물들마저 화가 났음을 금세 알아챌 만큼 감정을 분명하게 드러낸다.

그러나 감정 상태를 실증적으로 측정하려면 해결해야 할 성가신 문제가 꽤 많다. 사람은 자기 뜻대로 감정을 숨기거나 위장하는 능력이 뛰어나다. 또 특정한 감정을 나타내는 징후가 모든 사람에게 같은 무게로 전달되지 않으며, 보는 쪽에서도 같은 의미로 해석되지 않을 수 있다. 예컨대 미소는 여러 문화권의 공통적인 표정이지만, 미국인들의 경우 낯선 사람에게도 편하게 미소 짓는 반면 러시아에서 그랬다가는 무례한 사람이 된다. 일부 아시아 문화권에서는 미소가 친근함보다 난처함을 나타내는 표현에 더 가까울 수 있다. 고개를 위아래로 힘차게 끄덕이는 몸짓이 '좋다'는 긍정의 의미로 여겨지는 곳도 있지만, 반대로 '아니다'라는 의미로 해석되는 곳도 있다.

감정을 과학적으로 측정하려면 감정에 관한 합의된 이론('화가 났을 때의 모습은 누구나 똑같은가?'와 같은)이 있어야 한다. 뿐만 아니라 뇌의 특정 영역에 자극이 주어지고 처리되는 과정과 그 결과로 나타나는 행동이 모든 인간, 또는 최소한 대다수 인간의 공통점인지도 알아야 한다. 사람들이 무언가를 실제로 경험하는 방식, 그때 몸에서 일어나는 반응, 촉발되는 감정을 탐구해야 한다는 뜻이다.

감정을 측정하는 가장 좋은 방법은 없지만, 여러 방법으로 측정할 수 있다. 자신의 감정을 직접 밝히는 자가보고는 광범위한 사실을 발견할 수 있는 유용한 방법이다. 그러나 개인의 편향이나 기억의 회상이 측정에 방해가 될 가능성이 있다.

자율신경계의 기능을 활용해서 땀, 심박수 증가 같은 생리적 반응을 토대로 감정 반응을 확인하는 방법도 있다. 이런 신체 기능은 마음대로 통제할 수 없다. 단점은 그런 반응이 어떤 감정에서 나왔는지 정확히 구분하기가 어렵다는 것이다. 심박수만 하더라도 신나서 빨라질 수도 있지만 겁이 나서 빨라질 수도 있다.

행동은 감정을 알려주는 단서다. 감정이 격해지면 목소리가 점점 높아지는 것처럼 사람들은 특정 자극에 대체로 비슷하게 행동하는 경향이 있다. 찰스 다윈은 인간, 적어도 자신이 연구한 사람들은 행복하면 미소 짓고 화가 나면 얼굴을 찌푸리는 등 기본적인 감정을 나타내는 보편적 표정이 있다는 영향력 있는 주장을 펼쳤다. UC 샌프란시스코의 폴 에크먼Paul Ekman은 석기시대 문화를 보존하며 사는 뉴기니 원주민들을 연구했다. 이들은 외부인과 접촉이 거의 없으며, 미디어를 통해 다른 사람들의 감정 표현을 접한 적도 없었다. 이 원주민들에게 다양한 감정이 나타나는 얼굴 사진 여러 장을 연달아 보여주고 사진 속 사람이 어떤 감정이냐고 묻자, 멀리 맨해튼 시내에 사는 밀레니얼 세대에게 같은 사진들을 보여줬을 때와 같은 대답이 돌아왔다.

물론 같은 표정이라도 세부적인 의미는 다르다. 미소는 특정한 감정을 나타내지만, 그 표정이 어떤 동기에서 나왔으며 어떤 의도가 깔려 있는지는 알 수 없다. 사람들은 기분이 좋을 때 웃지만, 비꼬거나 잔인하게 굴 때도 얼굴에 미소가 떠오른다. 그 차이를 구분하는 법을 알아야 미소의 의미를 정확하게 평가할 수 있다.

라일리의 통제실

2015년에 개봉한 픽사의 애니메이션 영화 〈인사이드아웃〉에는 라일리라는 어린 소녀가 등장한다. 라일리가 열한 살 때 온 가족이 미네소타를 떠나 샌프란시스코로 이사하면서 큰 변화를 겪는데, 영화는 이를 중심으로 라일리의 삶을 그린다. 라일리는 새로운 집과 학교, 새 친구들, 새로운 문제들, 새로운 두려움·실망·성취 등에 대처하며 그런 상황에서 생길 법한 갖가지 시행착오를 겪는다.

영화 내용의 대부분은 라일리의 머릿속에 있는 다섯 가지 감정을 따라간다. 두려움, 분노, 혐오감, 슬픔, 즐거움이 각각 '소심이', '버럭이', '까칠이', '슬픔이', '기쁨이'라는 아주 생생한 애니

메이션 캐릭터로 묘사되는데, 이 각각의 감정들은 겉모습과 행동으로 확연히 구분된다. 기쁨이는 늘 활기차고 지칠 줄 모르는 꼬마 요정 같고, 슬픔이는 후줄근한 스웨터 차림의 의기소침하고 느릿한 파란색 여자아이로 묘사된다. 버럭이는 시뻘건 얼굴에 항상 발끈하고 고함을 쳐대며 머리 모양도 타오르는 불꽃을 닮았다. 라일리의 이 감정들은 뇌 안에 있는, 각종 버튼이 즐비한 통제실 같은 공간에서 서로 협력하기도 하고 대립하기도 한다. 영화 비평가 앤서니 올리버 스콧Anthony Oliver Scott의 표현을 빌리자면, 이 감정들은 "직장생활을 그린 여느 시트콤 속 회사 동료들처럼 격의 없이 티격태격하며" 각자 맡은 일을 한다.

다섯 감정이 머무는 뇌의 통제실은 핵심 기억이 만드는 핵심 가치들로 형성된 섬 같은 가상의 구조물들과 연결되어 있다. 핵심 기억은 높이 쌓여 있기도 하고 공간을 날아다니기도 한다. 모든 기억은 각기 다른 색깔의 구슬로 표현되는데, 이 색깔은 그 기억에 담긴 감정과 기억이 형성된 배경에 따라 정해진다. 즐거운 기억은 노란색, 싫은 기억은 녹색을 띤다.

〈인사이드아웃〉은 이처럼 인간의 감정이 기능하는 방식을 그럴듯하고 멋지게 해석했다. 넓은 의미에서는 대체로 꽤 정확하다. 이 애니메이션에 나오는 통제실 같은 공간은 없지만, 2장에서 설명했듯이 우리 뇌에는 특정 기능을 담당하는 각각의 영역들이 있다.

주요 감정이 자리하는 곳은 변연계이며, 이는 모든 동물의 공통점이다. 더 많이 발달한 동물의 뇌에는 더 복잡한 감정을 처리할 전전두피질이 추가되었다. 쌍둥이처럼 꼭 닮은 뇌 좌우 반구의 전전두피질은 여러 부분으로 나뉘고, 각 부분이 각기 다른 기능을 하며 우리를 돕는다. 예를 들어 머리 측면의 전전두피질은 우리가 다양한 선택지 중에서 가장 알맞은 행동을 선택하게끔 도와주며, 안와전두피질은 즉각적인 즐거움을 떨치고 특정 감정을 억눌러 장기적으로 더 큰 이익을 얻도록 돕는다. 복내측 전전두피질은 우리가 감정을 경험하고 의미를 생각할 때 활성화하는 뇌의 여러 영역 중 한 곳으로 추정된다.

전전두피질은 조절 기능도 담당한다. 이 기능은 기분 조절에 중요한 역할을 하는 신경전달물질인 도파민, 노르에피네프린, 세로토닌의 농도를 조절하는 방식으로 발휘된다. 화학적 메신저인 신경전달물질은 신경세포가 다른 신경세포와 연결되는 지점인 시냅스에서 세포와 세포 간에 신호를 전달한다. 신경전달물질이 모두 몇 종류인지는 아직 정확히 밝혀지지 않았지만, 현재까지 100종 이상이 발견되었다. 그중에서 도파민과 노르에피네프린, 세로토닌이 유독 많이 알려진 이유는 그만큼 중요한 기능을 하기 때문이다.

도파민을 모르는 사람은 없을 것이다. 도파민은 우리의 가장 불순한 행동과 은밀한 욕구의 대부분을 뒤에서 부채질하는 분자로 알려졌지만, 도파민의 실제 영향은 세포와 세포 수용체의 종류에 따라 달라진다. 예를 들어 뇌의 도파민 생산이 저하되어 발생하는 파킨슨병은 몸의 움직임을 통제하는 기능이 점차 소실되는 변화가 특징이다. 도파민이 감소할수록 몸의 움직임과 몸 자체, 감정을 조절하는 능력이 점점 더 약해지며, 병이 더 진행되면 인지 기능이 손상되고 치매에 이른다.

도파민은 복측피개 영역, 등쪽 선조체 등 보상을 얻기 위한 행동과 관련이 있는 영역의 중요한 메신저이기도 하다. 뇌에서 보상과 즐거움을 인식하는 영역은 그 외에도 아주 많다.

보상감과 기쁨을 느끼면 도파민 농도가 증가한다. 이는 보상감과 기쁨을 더 오래 유지하거나 느끼려 하는 동기로 작용한다. 이러한 순환이 유익할 수도 있다. 예컨대 선행을 하고 다정한 감사 인사를 받으면 도파민이 조금 증가해서 기분이 좋아지고, 이는 또 다른 선행을 하게 되는 동기가 될 수 있다. 반대로, 도파민 증가가 중독의 원인이 될 수도 있다. 코카인, 암페타민 같은 일부 마약은 체내의 도파민 농도를 급증시켜 더 많은 마약을 원하게 만든다. 이런 중독은 대부분 결말이 좋지 않다.

노르에피네프린은 활성을 일으키는 신경전달물질이다. 즉 뇌 곳곳에서 활성을 키우는 것이 주된 기능이다. 노르에피네프린은 각성·기민성·경계심을 높이고, 기억의 형성과 회상을 강화하며, 초조함과 불안감을 키운다. 노르에피네프린의 체내 농도는 자는 동안 최저치로 떨어졌다가 깨어 있는 동안 다시 증가한다. 그리고 스트레스를 느끼거나 위험에 놓이면 급증한다. 또한 투쟁-도주 반응을 일으켜 심박수와 혈압, 골격근의 혈류를 증가시킨다.

우리 몸의 세로토닌은 거의 다 위에서 공급되고 주로 장운동 조절에 쓰이지만, 뇌에서는 불안과 행복 같은 감정을 가라앉혀 기분을 안정시킨다. 뇌의 세로토닌 농도가 낮으면 우울증과 관련이 있는 것으로 밝혀졌다. 세로토닌은 뇌에 자극을 주는 영역과 열 가지 이상의 수용체 위치에 따라 수면과 각성도 조절한다.

이 세 가지 신경전달물질은 체내 농도가 너무 낮거나 건강에 해가 될 정도로 과다하면 병을 일으킨다. 이에 따라 이 세 가지 물질을 기본 토대이자 표적 물질로 삼아 치료제를 개발하려는 무수한 노력이 시작되었다. 예를 들어 파킨슨병 치료에 일차적으로 쓰이는 레보도파levodopa라는 치료제는 뇌에서 도파민으로 전환되며, 병을 완전히 없애지는 못해도 증상의 진행을 크게 늦출 수 있다. 노르에피네프린은 혈압이 지나치게 낮아서 발생하는 여러 증상을 치료하는 데 쓰인다. 체내 세로토닌의 농도를 변화시켜 우울증, 구토, 편두통을 치료하는 약도 있다.

프로작Prozac, 졸로프트Zoloft, 리스페달Risperdal, 아빌리파이Abilify 등 지난 몇십 년간 큰 성공을 거둔 치료제는 대부분 세로토닌 같은 신경전달물질을 증대시키거나 도파민 같은 신경전달물질과 수용체의 결합을 막는 방식으로 뇌기능에 영향을 준다. 우울증 감소 등 보통 한 가지 문제를 효과적으로 해결하는 치료제가 성공률이 높은 편이다.

감정의 유전학

키가 큰 사람과 작은 사람, 마른 사람, 덩치가 큰 사람, 짙은 색 곱슬머리, 길고 곧은 금발 같은 신체 특징은 개개인을 정의하는 요소가 되기도 한다. 이러한 신체 특징은 대부분 유전되며, 사람마다 다양한 조합으로 나타나므로 우리가 서로를 구분하는 데 도움이 된다.

감정도 유전의 비중이 크다. 감정이 처리되는 과정 중 특정 부분과 관련된 유전자가 과학자들에게 발견되기도 했다. 신경전달물질인 노르에피네프린에 영향을 주는 'ADRA2B'라는 유전자도 그중 하나로, 이 유전자의 변이형에 따라 세상을 보는 방식이 달라진다는 연구 결과가 있다. 뇌영상을 활용한 연구들에서는, ADRA2B 유전자의 여러 변이형 가운데 염기 서열 일부가 없는(결실된) 변이형을 지닌 경우 감정을 자극하는 사진이나 말에 더욱 주의를 기울이는 것으로 나타났다. 즉 이들은 다른 사람들보다 감정을 더 강하게 또는 생생하게 느끼며, 같은 자극에도 한 방 크게 얻어맞은 것처럼 강렬하게 반응했다. 같은 일을 겪어도 미동조차 없이 지나가는 사람이 있는가 하면, 갑자기 노래하고 춤추고 사랑의 시를 쓰고 싶은 충동을 느끼는 사람이 있는 이유도 부분적으로는 이러한 유전학적 차이 때문일 수 있다.

또 다른 신경전달물질인 세로토닌 관련 유전자도 변이형에 따라 귀에 들리는 목소리를 처리하는 방식이나 다른 사람의 말에 담긴 의미를 읽어내는 방식에 영향을 주는 것으로 나타났다. 들은 내용을 처리하는 방식, 긍정적 감정과 부정적 감정 중 어느 쪽이 촉발되는지가 유전자 변이에 따라 달라진다는 연구 결과도 있다.

유전학적 특성으로 개개인의 지적 능력이나 신체 능력의 절대적인 수준을 정확히 알 수 없듯이, 감정의 운명도 유전학적인 특성으로 다 알 수는 없다. 환경도 감정에 큰 영향을 준다. 앞서 소개한 오스카 와일드의 소설 속 대사처럼 우리는 감정을 조절하고, 관리하며, 이용하고, 즐기는 법을 배우고 익힐 수 있다.

뇌의 블랙박스를 열다

뇌영상은 뇌의 3차원 해부 구조와 화학적·생리학적·전기적·대사적 활성을 토대로 뇌의 형태와 기능을 정밀하게 측정할 수 있는, 현시점에서 가장 발달된 기술이자 가장 정확한 기술이다.

CT(컴퓨터 단층촬영)는 뇌 내부 구조의 밀도를 흐릿한 X선 사진으로 보여주고, MRI는 자기장 내에서 전하를 띠는 분자의 변화로 뇌의 이미지를 얻는다. 두 기술 모두 다양한 행동과 관련된 뇌 영역을 찾는 연구에 유용하게 쓰인다. 이러한 연구는 주로 뇌에 특정 외상이 발생한 사람들을 대상으로 실시된다.

fMRI는 혈류와 체내산소량의 변화를 추적해서 신경세포의 활성을 추적한다. 뇌의 특정 부분에 활성이 늘어나면 그 부분에서 소비되는 산소가 늘고 혈류가 증가하는 간단한 원리를 활용한 기술이다. fMRI가 개발된 초기에는 각 영역의 활성 상태를 보고 다양한 인지 기능이 각각 어느 영역에서 나오는지 찾는 연구가 집중적으로 이루어졌다. 시각 언어와 관련된 영역, 기억과 관련된 영역을 찾는 식이었다. 기술이 더욱 발달하면서 fMRI도 정밀해져서, 이제는 신경세포 수준에서 뇌기능의 특성을 파악할 수 있게 되었다.

현재 가장 유망한 뇌영상 기술은 fMRI지만, 다른 기술들도 있다. DTI(확산텐서영상)는 일반적인 MRI 장치로 뇌의 각 부분을 연결하는 신경섬유와 그 주변 물분자의 이동을 추적해, 다채로운 색깔의 가느다란 선들로 이루어진 3차원 뇌영상을 얻는 기술이다. 이를 통해 신경 연결부의 두께와 밀도를 측정할 수 있다.

EEG(뇌파 검사, 뇌전도)는 뇌파를 기록해 발작, 수면장애 등을 나타내는 비정상적인 활성을 찾아낸다. PET(양전자단층촬영)는 방사성 표지물질을 활용하며, 특정 과제를 수행할 때 뇌의 어느 영역에서 활성이 나타나는지 보여준다.

한때 의사나 과학자가 사람의 뇌를 연구하는 방법은 질문하고, 행동을 관찰하며, 알고 있는 정보나 알려진 지식을 토대로 추측하는 정도에 그쳤다. 뇌를 직접 조사하려면 생체조직 검사나 사후 해부, 부검을 해야 했다. 모두 지금은 거의 쓰이지 않는 방법들이다.

뇌영상 기술의 등장으로 머리에 수술용 톱을 들이대지 않아도, 죽은 사람이 아니어도 뇌의 블랙박스를 열 수 있게 되었다. 예컨대 아이들이 책을 정독하는 법을 배우면 뇌기능이 어떻게 향상되는지, 조현병 환자는 뇌의 핵심 영역 간에 소통이 어떻게 어긋나서 생각과 지각이 마구 뒤섞이는지, 왜 도파민 없이는 진정한 사랑이 존재할 수 없는지도 모두 뇌영상 기술로 밝혀졌다.

나는 리사 아일러, 압둘라 셰르자이Abdullah Sherzai와 함께 인지 기능 보존이 어떻게 성공적 노화의 주요 특징이 되는지를 뇌영상 기술로 연구했다. 예상대로 뇌영상에서 뇌의 반응성이 크게 나타날수록 인지 기능이 우수했다. 특히 전두피질에서 그런 특징이 나타났다. 노년기에 전두피질이 계속 정상적으로 원활히 기능하고 전두피질의 크기와 기능 모두 유지되면, 정신 기능도 튼튼하게 유지된다.

세월의 흔적은 몸 곳곳에 남는다. 뇌도 예외가 아니다. 뇌세포가 사멸하고, 정보를 처리하는 속도도 느려진다. 그러나 노년기에도 뇌의 가소성은 웬만큼 유지된다는 사실이 비교적 최근에 밝혀졌다. 우리 뇌는 그때그때 가진 자원으로 기능할 방법을 찾으며, 노년기에 이르러 까다로운 정신적 과제를 예전처럼 간단히 해치울 수 없게 되면 차선책을 찾는다. 어떤 면에서, 또 가끔은 그 차선책이 기존의 방법보다 더 나을 때도 있다. 이것이 지혜의 핵심이다.

과학자들은 사람들이 수학 문제를 풀 때 뇌에서 일어나는 처리 단계를 뇌영상 기술로 지켜보며 초 단위로 기록할 수 있다. 감정, 통증, 자기조절, 자기인식, 다른 사람에 대한 지각 등 심리적·신경학적 과정도 같은 방식으로 탐구할 수 있다.

그러한 연구를 통해 종종 놀라운 사실이 밝혀지기도 한다. 외모 집착이 대표적 특징인 나르시시즘에 관한 연구도 그러한 예다. 2017년에 오스트리아 연구진은 자기애가 심하다는 진단을 받은 사람들이 자기 사진을 볼 때 뇌에서 일어나는 변화를 MRI로 확인했는데, 만족감이 아니라 정서적 괴로움과 관련이 있는 뇌 영역이 활성화했다. 구체적인 위치는 배측과 복측 전대상피질이었는데, 후자는 자기 자신에 관한 정보를 부정적으로 해석하는 것과 관련된다고 알려져 있다.

뇌영상 기술은 완벽하지 않고 절대적이지도 않다. 특정한 재능이나 기억력, 감정을 뇌의 특정 영역과 연결 짓는 논문들과 기사들을 보면, 주장을 뒷받침하는 데이터가 불확실하거나 근거가 부족하다. 추가 증명과 타당성 검증이 필요한 내용도 간간이 눈에 띈다.

뇌는 너무나 복잡하고 여러 부분이 서로 연결된 기관이라 어떤 기능을 어디서 담당하는지 아직 불확실한 점이 많다. 예를 들어 혐오감을 느낄 때 활성화하는 섬엽에서는 맛 정보와 절차 기억을 처리할 때도 활성이 나타난다. 이런 한계는 있지만, 뇌영상 기술은 생각의 생물학적 상태를 실시간으로 보여준다.

뇌영상을 비롯한 모든 측정 결과를 분석하고 해석하는 것은 나를 포함한 연구자들의 몫이다. 지금까지 나온 기술 가운데 완벽한 기술은 없다. 감정이나 감정 상태를 측정하는 확실하고 단일한 표준도 없다. 그렇지만 다양한 기술을 잘 조합해서 활용하면 많은 것을 알 수 있다.

아슬아슬한 브레이크

즉흥적으로 최신 아이폰을 구입하거나(사람들은 멀쩡하게 쓰고 있던 기기를 '하필' 신상품이 나온 시기에 망가뜨리거나 잃어버리고 그것을 핑계로 최신 모델을 산다는 사실이 여러 연구로 밝혀졌는데, 이런 행동은 '무조건 가져야 하는 현상'이라고도 불린다) 아무 준비 없이 갑자기 스카이다이빙을 시도하는 등, 누가 봐도 위태롭고 위험한 일을 버릇처럼 하는 것과 같은 습관적 충동성은 만성 스트레스와 만성적인 분노만큼 건강에 해롭다.

충동성이 크면 흡연, 음주, 약물남용에 빠질 위험성이 높다는 사실이 수많은 연구로 밝혀졌다. ADHD(주의력결핍과잉행동장애)와 폭식 같은 심리학적 문제와도 관련이 있다. 그중에서도 폭식은 절도, 문란한 성교, 약물중독과 똑같은 이상행동으로 분류된다.

섭식장애의 하나인 신경성 폭식증은 심하게 과식한 다음 체중이 늘지 않도록 먹은 음식을 게워내려 하고, 이런 패턴을 수시로 반복한다는 특징이 있다. UC 샌디에이고 의과대학의 내 동료들이 신경성 폭식증 병력이 있는 사람들의 뇌를 조사한 결과, 이들의 뇌는 음식을 먹을 때 발생하는 보상 신호에 다르게 반응하는 것으로 나타났다. 구체적으로는 좌뇌 섬엽과 조가비핵, 편도체의 활성이 증가했다. 또한 폭식증 병력이 없는 사람들은 맛을 느낄 때 나타나는 뇌의 반응이 배가 부를 때보다 배가 고플 때 더 크지만, 폭식증이 있는 사람들은 배가 고플 때나 고프지 않을 때나 음식을 먹을 때 뇌에서 발생하는 보상 신호에 차이가 없다는 연구 결과도 있다.

충동조절 문제는 뇌손상과도 관련이 있는 것으로 밝혀졌다. 앞서 소개한 피니어스 게이지의 사례를 보자. 본래 성격이 온화했던 게이지는 바위를 제거하는 폭파 작업 도중에 화약을 다져 넣으려고 꽂아둔 철제봉이 뇌를 관통하는 사고를 당했다. 사고 이후 그는 변덕스럽고 불손하며 참을성 없는 사람으로 변했다.

충동을 스스로 조절하는 능력은 부분적으로 유전자의 영향을 받는다. '모노아민 산화효소 A'라는 효소를 만드는 MAOA 유전자도 그중 하나다. 이 유전자가 발현되어 모노아민 산화효소 A가 만들어지면 기분을 진정시키는 신경전달물질인 세로토닌의 활성이 감소한다. 이 MAOA 유전자의 여러 변이형은 충동적인 공격성, 회복력, 긍정성에 영향을 주는 것으로 밝혀졌다.

그러나 충동조절 행동은 배울 수 있으며, 배웠어도 시간이 지나면 잊을 수 있는 듯하다. 청년 시절의 충동성은 뇌의 변연계와 전전두피질 기능이 아직 불균형하다는 것을 보여준다. 보상 정보를 처리하는 변연계는 우리가 보상과 벌을 예상하거나 그와 관련된 정보를 처리할 때, 사회적·정서적 정보를 처리할 때 활성화한다. 전전두피질은 이성을 일종의 중화제로 활용해서 변연계의 영향을 관리한다.

사춘기 무렵이 되면 뇌에서 보상과 벌에 반응하는 영역의 활성이 급격히 증가한다. 그 때문에 감각을 만족시킬 일을 찾고, 위험을 감수하려는 욕구가 커지며, 무책임하고 이유를 알 수 없는 행동도 하게 된다. 한마디로 전형적인 10대 청소년이 된다.

전전두피질이 변연계의 발달 속도를 따라잡고 이런 영향을 중화하려면 몇 년이 더 걸린다. 10대의 뇌는 브레이크 성능이 아슬아슬한 레이싱카와 비슷하다. 뇌의 보상처리 기능은 14세 무렵 가속기를 힘껏 밟은 듯한 상태가 되고, 인지 기능이 발휘되어 이를 통제하는 시스템은 20대 초중반에 이르러야 본격적으로 가동된다.

마틴 루서 킹, 빌리 진 킹

"나에게는 꿈이 있습니다"라는 유명한 문구로 잘 알려진 마틴 루서 킹 주니어의 연설은 약 반세기가 지난 지금까지도 글로, 영상으로 전해진다. 이 연설은 1963년 8월 링컨기념관 앞에 운집한 청중 25만여 명에게는 물론, 그의 연설을 보거나 읽은 수백만 명에게도 행동을 촉구하고 영감을 주는 힘을 발휘한다.

마틴 루서 킹 주니어는 감성지능이 매우 우수했다. 이 연설에서 그는 '시들다', '사악한', '이루 말할 수 없는'과 같은 강한 표현으로 자신의 강렬한 감정을 전했다. 처음에는 준비한 원고대로 연설했는데, 절반 정도가 지났을 때 당시의 유명한 가스펠 가수 마할리아 잭슨Mahalia Jackson이 자리에서 일어나 "사람들에게 그 꿈 이야기를 들려줘요, 마틴!"이라고 소리치자 들고 있던 원고를 내려놓았다.

킹은 잭슨의 외침만큼 격앙되고 설득력 있는 음성으로 청중의 감정을 이끌고 다스리며 꿈 이야기를 시작했다. 심각한 불평등, 극악한 행위, 고통에 관해 말하면서도 "긍지와 원칙이라는 더 높은 곳을 향해 나아가야 한다"고 했다. 물리적인 힘에는 영혼의 힘으로 맞서고, 분노와 절망에는 희망·자부심·기쁨·찬미로 맞서야 한다고도 말했다.

인생은 우리의 감정을 끊임없이 뒤흔든다. 때로는 날아갈 듯 들뜨고, 때로는 우울하고 기분이 가라앉는다. 극단적인 감정은 장점이 거의 없다. 무엇보다 장기적인 건강과 행복에 도움이 안 된다. 킹의 연설이 감정을 활용해 더 큰 비전을 펼쳐 보임으로써 역사에 길이 남은 특별한 사례라면, LGBTQ의 존중과 성평등, 권리를 위해 노력한 테니스 선수 빌리 진 킹Billie Jean King의 사례는 정서적 안정성의 중요성을 보여준다(LGBTQ는 레즈비언, 게이, 양성애자, 성전환자, 성정체성이 뚜렷하지 않은 사람을 각각 일컫는 영어 단어의 머리글자를 딴 줄임말이다. 빌리 진 킹은 이런 표현이 생기기 전부터 그와 같은 노력을 기울였다).

또 다른 '킹'인 빌리 진 킹의 본명은 빌리 진 모핏Billie Jean Moffitt이다. 빌리는 열한 살에 테니스를 시작했고, 열심히 노력한 끝에 여자 프로 테니스계의 최고 실력자로 떠올랐다. 그러나 출중한 실력에 견주어 수입이 남성 선수들보다 훨씬 적었다. 여성 선수는 다들 마찬가지였다. "경기를 홍보하는 사람들도 여성 선수보다 많이 벌고, 남자 선수들도 여성 선수보다 많이 번다. 여성만 제외하고 모두가 여성보다 많이 번다." 빌리가 한 말이다. 당시 국제잔디테니스협회(지금의 국제테니스연맹)는 수익성이 더 좋은 남성 종목에 주력하느라 자신들이 주최한 여성 토너먼트 경기를 취소하기도 했다.

빌리의 주도로 뭉친 여성 선수들은 '여성테니스협회'를 조직하고, 남성 선수와 똑같은 상금을 받으며 실력을 동등하게 인정받기 위해 쉽지 않은 싸움을 시작했다. 빌리가 공개적인 자리에서도 성차별적 발언을 서슴지 않던 남자 테니스 선수 보비 릭스Bobby Riggs와 테니스로 맞붙은 '성 대결'에서 승리를 거둔 일은 많은 사람의 기억에 남았다. 빌리는 고등학교와 대학교 체육교육의 성차별 금지를 위한 연방법 제9편Title IX의 제정을 위해 힘쓰는 등 코트 밖에서도 여성 인권을 위해 법을 바꾸고 여론을 모으며 긴 세월 동안 많은 싸움을 끈질기게 이어갔다.

"나는 평등한 권리와 기회를 얻는 데 내 인생을 전부 바쳤다. 내게는 그것이 정신과 몸, 영혼의 건강을 지키는 길이다."

빌리는 이렇게 설명했다.

성평등을 위한 빌리의 싸움은 당연히 고된 일의 연속이었으며 수시로 엄습하는 실망감과 좌절, 분노를 스스로 다잡아야 했다. 게다가 빌리는 이 공적인 싸움과 함께 자신의 성정체성을 찾기 위한 개인적인 싸움까지 벌여야 했다.

빌리는 스무 살이던 1965년에 래리 킹Larry King과 결혼했다. 둘은 적어도 공개석상에서 드러나는 모습으로는 행복하게 잘 지내는 듯했다. 그러나 빌리는 여성에게 끌렸는데, 처음에는 그런 자신을 스스로 받아들이지 못해 숨기고 살았다. 동성애가 극히 터부시되던 시절이었다.

1981년, 빌리는 자신의 성정체성을 세상에 알렸다. 변호사와 주변 사람들은 말렸지만, 서른여덟이 된 빌리는 이제 솔직해질 때가 되었다고 판단했다. 동성애자라는 것을 공개적으로 인정하고도 10여 년이 더 흐른 뒤에야 드디어 자신을 온전히 편하게 받아들일 수 있었지만, 빌리는 더 이상 남들을 속이며 살고 싶지 않았다.

"테니스는 인생을 어떻게 살아야 하는지 정말 많은 것을 가르쳐주었습니다." 빌리는 이렇게 밝혔다. "그중 한 가지는, 내게 어떤 공이 날아오든 결정을 해야만 한다는 것입니다. 공을 칠 때마다 그 결과에 대한 책임을 받아들여야 한다는 것도요."

자신을 인정한 후, 빌리는 LGBTQ 운동의 리더이자 멘토가 되었다. 2013년, 당시 대통령 버락 오바마는 동성애자임을 공개적으로 인정하고 활동해온 아이스하키 선수 케이틀린 커하우Caitlin Cahow와 빌리를 이듬해 러시아 소치에서 열릴 동계 올림픽의 미국 대표단으로 지명했다. 대표단에 이들이 포함된 것은, LGBTQ의 권리가 침해당하기로 유명한 개최국에게 미국은 동성애자의 권리 옹호에 힘쓰는 나라임을 보여준 상징적인 일이었다.

"챔피언은 제대로 될 때까지 꾸준히 경기에 임합니다." 빌리의 말이다.

정서적 안정성은 회복력과 비슷하다. 정서적으로 안정적인 사람들은 다양한 관점을 유지하며, 그래서 균형감을 잃지 않는다. 또한 감정을 활용하되 적정 범위를 벗어나지 않는다. 스포츠의 세계에서는 이 같은 안정성과 감정의 중대한 대립이 여실히 드러난다. 미식축구팀 댈러스 카우보이스에서 쿼터백으로 활동하다 스포츠 중계 해설자가 된 토니 로모Tony Romo가 2016년에 선수 생활에서 은퇴하며 남긴 작별 인사에서는 감정이 물씬 느껴진다.

"우리는 모두 두 가지 싸움을 벌이면서, 또는 두 가지 적과 맞서면서 살아갑니다. 첫째는 우리와 마주한 상대고 둘째는 우리 안에 있는 적이죠. 내 안의 적을 통제할 수 있게 되면, 나와 마주한 적은 별로 신경 쓰지 않게 됩니다."

인생도 그렇다. 차가 갑자기 고장 나면 엄청난 재앙처럼 느낄 수 있지만 ① 그보다 훨씬 더 나쁜 상황에 놓인 사람들도 있고 ② 세상에는 아예 차가 없는 사람들이 태반이라는 사실을 깨달으면 그런 생각은 사라진다.

삶은 순탄하지 않다. 삶이 순탄하기만을 기대하면서 살면 작은 구덩이가 나타날 때마다 절벽에라도 추락하는 것처럼 기겁하게 된다. 온갖 문제, 마음 상하는 일, 위기는 대부분 일시적이다. 차는 고치면 되고, 인생도 바로잡을 수 있게끔 최선을 다하면 된다.

감정조절이 과도한 사람

경험에 의미를 부여하는 것 외에 감정이 하는 또 다른 역할은 행동을 정하는 것이다. 예를 들어 두려움은 맞서 싸우거나, 달아나거나, 깜짝 놀라는 행동을 유발한다. 감정이 이성의 고삐에서 벗어나 멋대로 폭주하면 대체로 결과가 좋지 않다. 순간적인 분노에 못 이겨 주저 없이(고민해보지도 않고) 상대방 얼굴에 주먹을 날리거나, 불손한 말을 여과 없이 큰 소리로 뱉는 건 전혀 바람직하지 않다. 환자를 수술하는 의사들에게는 엄청난 피와 몸속 장기 앞에서 마음을 굳게 먹는 감정조절 능력이 필수다. 전장의 군인들도 마찬가지다.

시대와 지역에 상관없이 이 세상 모든 문화권에는 감정을 통제해야 하며, 행동부터 앞세우기 전에 먼저 생각해야 한다는 교훈을 전하는 속담·격언·이야기가 있다. 우리 대다수는 생각 없이 충동대로 하려는 욕구를 대부분 전전두피질이 가라앉혀주는 덕분에, 뇌의 원시적 구조인 변연계에 휘둘리지 않는다.

그런데 이 조절이 정반대 방향으로 과해질 수도 있다. 즉 감정을 지나치게 통제한 나머지, 자연스럽고 정상적이며 꼭 필요한 감정까지 억제하는 것이다. 이 경우 우울증의 나락으로 떨어질 수 있고, 사람들에게 의도치 않은 메시지나 잘못된 신호를 줄 수도 있다. 1988년에 미국 대선 후보로 나선 조지 허버트 워커 부시 George Herbert Walker Bush와 마이클 두카키스Michael Dukakis의 운명적인 토론에서 그런 일이 벌어졌다. 당시 토론의 진행을 맡은 버나드 쇼Bernard Shaw는 두카키스에게 다음과 같은 첫 질문을 던졌다. "만약 아내가 강간당한 후에 살해된다면, 그 살인자에게 사형이 확정되어야 한다고 생각하십니까?"

토론 첫머리부터 두카키스에게 아내가 강간과 살인의 희생자가 되는 상황을 내민 것은 토론을 흥미진진하고 극적으로 열겠다는 목적도 있었지만, 후보의 극히 개인적인 반응을 끌어내려는 의도도 깔려 있었다. 그러나 두카키스는 전혀 동요하지 않은 듯했다. 그는 일말의 흔들림도 없이, 아무 감정이 느껴지지 않는 어조로 빠르게 대답했다. "아니요, 버나드. 제가 사형제에 평생 반대해왔다는 사실을 진행자께서도 잘 아시리라 생각합니다. 제가 보기에 사형제가 범죄를 막는다는 증거는 없습니다. 폭력 범죄에 대처할 수 있는 더 나은 방법, 더 효과적인 방법이 있다고 생각합니다."

정책과 사실을 건조하게 전한 답변이었으며 내용에는 문제가 없었다. 그러나 두카키스의 냉정한 반응(그의 전전두피질이 얼마나 활발히 기능했을지 짐작할 수 있다)에 비난과 부정적인 여론이 쏟아졌다. 두카키스는 이 토론이 끝난 뒤 버나드 쇼와의 다른 인터뷰에서 그 질문을 다시 언급하며, 자신의 대답은 올바르고 합당했지만 그런 식으로 말하지는 말았어야 했다고 짚었다.

"키티는 아마도, 아니 확실히 저에게 가장 소중한 존재입니다. 아내와 가족 모두 제게는 세상에서 가장 소중합니다." 두카키스는 이렇게 말했다. "진행자께서 가정한 그런 일이 아내에게 일어난다면, 저는 당연히 자기 아내를 사랑하는 모든 남편과 같은 심정이 될 겁니다."

그렇지만 감정조절이 너무 지나쳐서 문제가 되는 사람은 별로 없다. 대다수는 반대로 감정을 잘 조절하지 못하는 탓에 사회적인 문제를 겪는다. 학계가 감정조절 능력을 강화할 방법을 찾는 연구에 더 주력해온 이유다.

조절의 기술

마시멜로 실험을 시작한 미셸 연구진은 그 뒤로 수십 년이 지난 2010년, 학술지 《사회적 인지·감정 신경과학Social Cognitive and Affective Neuroscience》에 발표한 논문에서 만족감을 미룰 줄 아는 능력이 인생의 더 큰 성공을 예견하는 지표라고 밝힌 관찰 연구 결과를 상세히 설명했다.

미셸 연구진은 장기적인 목표를 위해 유혹을 참을 줄 아는 아이들에게는 특유의 전략이 있다고 밝혔다. 바로 관심을 다른 데로 돌리는 것, 다른 데 집중하는 것이다. 즉 그런 아이들은 유혹하는 대상에서 시선을 돌리는 간단한 방법을 쓰거나, 마시멜로를 달콤하고 기분 좋은 간식이 아니라 먹을 수 없는 솜뭉치 또는 불특정한 모양의 구름 조각이라고 상상하는 등 그 대상을 향한 '뜨거운' 욕구를 '식히는' 방법을 쓰기도 했다. 연구진은 또한 이 아이들이 마시멜로를 먹을 때 느껴지는 특징(맛이 좋다, 달콤하다, 쫄깃한 식감) 대신, 마시멜로의 형태 등 먹는 것과 무관한 특징에 집중하는 전략도 의지력을 키우는 방법으로 활용했다고 설명했다.

우리가 인생에서 실제로 맞닥뜨리는 문제들은 마시멜로를 참는 것보다 훨씬 까다롭다. 감정 그리고 감정과 관련된 충동을 조절해야 하는 일이 매일 끊임없이 생긴다. 그럴 때 쉽게 활용할 수 있는 여러 전략이 있다. 친구와 대화하기, 운동, 일기 쓰기, 명상, 푹 자기, 쉬어야 할 때를 스스로 알아차리기, 부정적인 생각이 떠오르면 정말 합당한 생각인지 잘 따져보는 일도 포함된다.

자제력을 강화할 방법을 찾는 연구도 자제력의 신경학적 토대를 찾는 연구만큼 활발하다. 특히 중독과 같은 장애를 진단받은 사람들이 연구의 중심이 되고 있다.

그러한 연구는 광범위하고 창의적이다. 예를 들어 스페인의 한 연구진은 문제해결 능력과 계획 수립, 자제력을 유도하는 비디오게임을 활용해서 심각한 도박장애에 시달리는 사람들의 행동교정을 시도했다. 게임을 하는 참가자들의 뇌를 관찰한 결과, 자제력과 감정의 항상성 유지에 관여하는 영역에서 활성이 나타났다. 또한 이 게임을 한 사람들은 충동성과 분노 표출이 감소했다. 게임만으로 장기적인 치유 효과를 기대할 수는 없지만, 중독 치료에 유용한 도구가 될 수 있음을 알려주는 결과였다.

감정조절 훈련은 경계성 인격장애를 포함한 여러 장애와 증상을 치료하는 데 폭넓게 활용된다. 경계성 인격장애는 보통 청소년기에 처음 문제가 나타나며, 충동적 행동과 불안정한 대인관계가 특징이다. 경계성 인격장애를 겪으면 나중에 다른 심리사회적 기능과 사회성에도 이상이 생기거나 건강이 나빠지고 삶의 만족도가 낮아질 가능성이 크다.

감정조절 능력을 키우는 전략은 크게 세 가지로 나눌 수 있다.

인지적 재평가 의미를 재해석하려고 의도적으로 강력하게 노력한다. 예를 들어 시험에서 떨어졌다고 하자. 처음에는 분노, 슬픔, 절망 같은 부정적인 감정을 느낄 수 있다. 하지만 잠깐 멈추고 한 걸음 뒤로 물러나 상황을 다시 바라보면, 실패는 지금까지 해온 방식에 변화가 필요하거나 새롭게 노력할 필요가 있음을 깨닫는 좋은 계기가 될 수 있다. 떨어진 시험에서 자기가 무엇을 잘못했는지 알면 그 실수를 바로잡을 수 있다. 더 중요한 건 그런 과정이 또 다른 실패를 막는 데 도움이 된다는 것이다.

주의 돌리기 미셸의 마시멜로 실험에서 일부 아이들이 활용한 전략이다. 주의를 다른 곳으로 돌리면 고통의 강도나 감정의 동요가 줄어들고 괴로움을 완화할 수 있다는 연구 결과가 있다. 예컨대 힘들거나 불쾌한 일이 생겼을 때는 소중한 사람의 다가올 생일 파티를 떠올리며 그날 무엇을 할지 생각한다.

이름 붙이기 특정한 감정을 알아차리고 거기에 이름을 붙이면 좀 더 쉽게 통제하고 더 꼼꼼히 관리할 수 있다. 심리치료에서 자주 활용되는 이 기법은, 가정에서 뭔가 고장이 났을 때 고치는 과정과 비슷하다. 먼저 문제가 무엇인지 밝히고(파이프에 새는 부분이 있는지, 전기 연결이 잘못된 곳이 있는지 등), 그 문제를 바로잡거나 상황을 개선하려면 어떻게 해야 하는지 방법을 찾는다.

불확실한 삶을 위한 지식

"아는 사람은 예측하지 않는다. 아는 게 없는 자만이 예측하려 한다." 기원전 6세기에 활동한 중국 철학자 노자가 한 말이다. 시대를 초월한 아주 현명한 통찰이다. 덴마크 출신 물리학자이자 노벨상 수상자인 닐스 보어Niels Bohr는 노자보다 2000년쯤 뒤에 우스갯소리로 이렇게 말했다. "인생은 예측할 수 없다. 예측은 본래 아주 까다로운 일인데, 미래를 예측하는 건 더더욱 그렇다."

인생을 원만하고 현명하게 살아가려면 지식이 있어야 한다. 우선, 예측할 수 없는 삶의 온갖 우여곡절과 성공적으로 타협하는 일을 비롯해, 관공서에 볼일이 있을 때 원활하게 소통하고 협상하는 데 필요한 실용·절차 지식과 사실에 관한 지식이 필요하다. 동시에, 확실한 건 아무것도 없음을 아는 일, 한때는 사실이었고 잘 먹힌 것이 이젠 사실이 아니고 쓸데도 없음을 아는 더 큰 지식 또한 필요하다.

다음 장에서는 의사결정에 필요한 전반적인 지식과 실용적인 지식, 인생의 불확실성을 받아들이는 태도, 불확실한 상황에서도 결단을 내리는 능력까지, 서로 연결된 또 다른 지혜의 구성요소들을 살펴본다. 이러한 능력이 뇌 어디에 자리하며 어떻게 측정되는지 설명하고, 어떻게 하면 이 능력들을 키워서 더 현명해질 수 있는지도 알아본다.

이제 책장을 넘길 때다.

7
결정을 내릴 때 생기는 일

> 뭔가를 하는 건 그렇게 힘든 일이 아니지만, 뭔가를 결정하는 건 굉장히 힘든 일이다.
>
> —엘버트 허버드Elbert Hubbard
>
> 불확실성만이 유일하게 확실하며, 안심하고 사는 유일한 방법은 불확실성과 더불어 사는 법을 아는 것이다.
>
> —존 앨런 파울로스John Allen Paulos

의사는 정말 많은 판단을 내려야 하고, 때로는 힘든 선택을 해야 하는 직업이다. 내 결정은 환자의 건강과 삶에 영향을 준다. 의사로서 결정해야 하는 일들은 보통 이렇게 요약된다. '내가 내린 진단과 환자의 특성, 환자의 생애 단계를 고려할 때 어떤 치료가 최선인가?' 진단은 대부분 환자의 증상과 검사 결과를 토대로 다른 수많은 가능성을 걸러낸 결과다. 가장 좋은 치료 방법도 다양한 가능성 중에서 추려내야 한다. 딱 한 가지 완벽하고 확실한 해답이 있는 경우는 드물다. 의사는 그때그때 필요한 결정을 내리되, 나중에 결정을 바꿀 수 있는 개방적인 태도와 유연성을 유지해야 한다. 건강 관리에 필요한 지혜에서는 이런 능력이 큰 비중을 차지한다. 의사뿐 아니라 환자도 마찬가지다.

다른 분야도 비슷하다. 그러나 일과 업무에 필요한 선택이나 의사결정을 현명하게 한다고 해서 삶의 다른 영역에서도 반드시 현명한 선택을 한다고 보장할 수는 없다. 공적으로는 큰 성공과 성취를 거둔 사업가, 정치인, 예술가, 판사, 사회의 리더가 사생활에서 형편없는 선택을 하는 바람에 추락하는 사례가 얼마나 많은지 생각해보라. 그런 소식을 접하면, 과연 그런 사람을 현명한 사람이라고 할 수 있는지 의구심이 생긴다.

아리스토텔레스는 지혜를 두 가지로 나누었다. 첫 번째인 이론적 지혜(소피아sophia)는 현실과 그 속에 있는 인간의 깊은 본질을 아는 것으로, 소크라테스와 석가모니를 비롯해 몇천 년에 걸쳐 수많은 철학자가 추구해온 위대한 목표다. 아리스토텔레스가 말한 두 번째 지혜는 더 일상적이고 현실적인 실천적 지혜(프로네시스phronesis)다. 이는 생활에 필요한 결정을 잘 내리는 것, 즉 올바른 때에 올바른 이유로 올바른 일을 행한다는 뜻으로 볼 수 있으며 거의 모든 문화권에서 수 세기에 걸쳐 귀중하게 여겨온 능력이다.

성경에서 가장 널리 알려진 〈아가〉는 그 제목이 영어로 '솔로몬의 노래'라는 뜻인데, 그중에서도 솔로몬 왕이 공정한 판단을 내리는 대목은 특히 유명하다. 후기성도교회(모르몬교)에도 교회의 기대와 부합하는 현명한 행동에 관한 지침, 규칙, 제한 사항, 조언이 담긴 '지혜의 말씀'이라는 것이 있다.

전 세계에는 공동체에 갈등이 생기면 연장자들이 답을 제시하거나 조언을 해주는 곳들이 많다. 미국의 대법원은 이 방식을 확대하고 공식화한 기관이라고 할 수 있다. 첨예한 국가적 쟁점이나 문제가 생기면, 뛰어난 지성과 지혜를 갖춘 아홉 명의 대법관에게 해결을 요청한다.

우리는 지혜를 숭상하고 부모, 시민사회의 리더, 가상의 마법사에 이르기까지 지혜로운 사람을 우러른다. 무엇이 옳고 무엇이 최선인지 판단하는 능력이 남들보다 뛰어난 사람들이 분명히 있다. 그런 사람들을 보면 마치 다른 차원에 사는 특별한 존재처럼 느껴지기도 한다.

그러나 지혜롭게 결정하는 능력은 모두에게 필요하고, 그런 능력이 필요한 일은 날마다 생긴다. 어느 누구도 예외가 아니다. 회사에 꼭 마무리해야 하는 중요한 프로젝트가 있는데 감기에 걸렸다면, 동료들에게 감기를 옮길 위험이 있어도 일단 출근해야 할까? 배우자가 영 어울리지 않는 차림으로 외출하려다가 어떠냐고 물어보면, 솔직히 별로라고 말해줘야 할까? 모욕적인 농담을 들었을 때 웃어넘겨야 할까?

우리 뇌에서는 옳다/그르다, 그렇다/아니다를 결정하는 화학적 반응이 1초에 수십 번씩 일어난다. 뇌신경을 따라 전기 자극이 전달되는 속도는 초당 120미터로, 눈을 두 번 깜박이는 동안 미식축구 경기장을 가로지르는 속도와 비슷하다. 신경세포와 뇌의 다른 세포들이 엄청난 속도로 활성화해 상호작용하면서 서로 연결되고 회로를 형성할수록 생각은 점점 커진다. 우리가 의식하건 그러지 않건 마찬가지다.

까다로운 결정을 내려야 하는 일도 일상적인 결정만큼은 아닐지라도 자주 찾아온다. 성인 한 사람이 매일 의식적으로 내리는 결정은 대략 3만 5000건(아이들은 3000건 정도)인 것으로 알려진다. 과한 추정치라는 생각이 들지만, 실제로 결정하는 건수가 그 절반이라고 해도 모든 상황에서 끊임없이 엄청나게 많은 결정을 내려야 한다는 것을 알 수 있다.

딜레마 연습

더 나은 결정을 내리는 법 또는 더 현명하게 결정하는 법을 배우려면 근육이나 회복력을 키울 때처럼 연습과 자신의 한계를 시험해보는 노력이 필요하다. 나는 매주 일요일 《뉴욕타임스 매거진》에 연재되는 〈윤리학자The Ethicist〉라는 칼럼을 즐겨 읽는다. 독자들이 실생활에서 맞닥뜨린 도덕적 딜레마에 답을 제시하는 칼럼으로, 처음에는 철학과 교수와 심리치료사, 법학과 교수로 구성된 '전문가단'이 답변하다가 최근에는 뉴욕대학교의 명망 높은 철학과 교수인 콰메 앤서니 아피아Kwame Anthony Appiah 한 사람이 답하고 있다.

이 칼럼에서 소개하는 크고 작은 딜레마들은 얼핏 평범해 보이지만, 좀 더 진지하게 생각해보면 몹시 혼란스러운 일들이다.

- 남편을 병원에 데려가야 하는데, 거짓말로 속여서 데려가도 괜찮을까요?
- 여동생이 아버지가 자신을 학대한다고 주장합니다. 어떻게 해야 말릴 수 있을까요?
- 제 이력서와 자기소개서 작성을 다른 사람에게 돈을 주고 맡겨도 될까요?

'윤리학자'의 답은 사려 깊고 간결하다. 독자의 질문에 세 명이 답하던 시절에는 모두 같은 답을 줄 때도 있고 의견이 서로 엇갈릴 때도 있었다. 앞의 예시에서 남편을 병원에 데려가는 문제는 세 전문가가 모두 비슷한 조언을 했다. 질문자는 남편의 나이가 많고 치매 초기 단계가 의심된다고 했다. 세 전문가는 질문자가 모든 방법을 동원해서 설득을 시도해봤는데도 소용없었다면 필요한 일을 하는 게 중요하다는 의견을 밝혔다. 또한 알츠하이머병이 맞는다면 "사리 판단을 하는 신체 기관이 제 기능을 하지 못할 가능성이 있으므로, 거짓말을 해서라도 병원에 데려가는 게 윤리적으로 '허용'될 뿐만 아니라 어떤 면에서는 윤리적인 '의무'"라고 했다.

다른 두 질문은 더 까다로웠다. 아버지가 학대한다는 여동생의 주장과, 여동생 말고는 그런 상황을 보거나 겪은 사람이 아무도 없어서 그 주장이 사실일 리 없다는 가족들의 의견이 대립하는 문제를 놓고 칼럼의 답변자들은 확실한 판단을 내리지 못했다. 다만 이 가족이 갈등을 겪고 있으며 서로 의사소통이 제대로 안 된다는 사실은 분명하므로, 일단 모두 한자리에 모여 서로의 말을 들어봐야 한다는 의견을 제시했다.

이력서 대필에 관한 딜레마는 그리 중차대한 일이 아니었지만, 칼럼 답변자들의 의견은 어느 때보다 크게 엇갈렸다. 다른 사람의 글솜씨나 체계성이 발휘된 이력서를 제출하는 행위는 자신에게 그런 능력이 있다고 오해할 만한 소지를 스스로 제공하는 일 아닐까? 또는 반대로 남의 도움을 받을 만큼 영리한 사람임을 보여주는 행위인가? 이력서를 그럴듯하게 작성해봤자 채용자는 그 지원자가 이력서를 참 잘 쓴다고 평가할 뿐, 실제 채용 여부와는 무관하지 않을까? 확실한 답은 없었다.

우리는 칼럼의 전문가들이 제시하는 답이나 의견에 동의할 수도 있고, 그러지 않을 수도 있다. 어떤 딜레마든 의견은 극명하게 갈릴 수 있다. 앞의 예시 질문에 칼럼의 답변자들이 제시한 의견은 모두 질문자가 알려준 한정된 정보만을 토대로 했는데, 그런 사실보다 더 중요한 것은 그러한 의견들이 모두 인생을 살면서 얻은 교훈과 경험에서 나온다는 것이다.

어느 쪽을 택하든 심각한 결과가 초래되지 않는 사소한 딜레마도 있지만, 어떤 선택을 하느냐에 따라 한 사람의 인생, 심지어 세상이 바뀔 수 있는 딜레마도 있다. 다음 세 가지 딜레마를 생각해보자. 다양한 심리검사에 가끔 활용되는 유명한 난제들로, 쉽게 답할 수 없는 일들이다.

- 차 뒷좌석에 앉아 파티 장소로 가는 중이다. 운전은 친구가 하고, 조수석에는 친구의 아내가 타고 있다. 그런데 가는 길에 행인을 치고 말았다. 피해자는 목숨을 잃었다. 사고가 난 도로와 주변에는 아무도 없다. 다른 차도, 목격자도 전혀 없다. 차에서 내리자 친구 아내가 친구에게 이야기하는 소리가 들린다. 경찰이 오면, 자신이 운전했다고 말하겠다는 내용이었다. 남편이 잡혀가면 남은 아이들과 자신은 경제적으로 도움받을 곳이 없다는 이유였다. 나는 두 사람의 뜻대로 친구가 아닌 친구 아내가 운전했다고 경찰에 진술해야 할까? 내가 눈감아주면 친구 아내는 자신이 저지르지도 않은 죄를 자진해서 뒤집어쓴 채 감옥에 가게 되고, 대신 여러 사람(친구와 자녀들)의 생계는 유지될 것이다.

- 1976년에 발표된 윌리엄 스타이런William Styron의 소설 《소피의 선택Sohie's Choice》에는 나치에 붙잡혀 어린 딸, 아들과 함께 아우슈비츠 수용소로 끌려간 폴란드 여성이 등장한다 (이 소설은 배우 메릴 스트리프Meryl Streep 주연의 영화로도 제작되었

으며, 영화는 오스카상을 받았다). 수용소에 도착한 소피는 끔찍한 곤경에 빠진다. 두 아이 중 곧장 가스실로 보낼 아이를 한 명 선택해야 남은 한 명을 수용소에서 계속 데리고 살 수 있다는 것이다. 가스실로 보낼 아이를 선택하지 않으면 두 아이를 모두 죽이겠다고 한다. 마침내 소피는 한 명을 선택한다. 여러분이라면 어떻게 할 것인가?

• 다양하게 변형된 버전으로 연구에 활용되는 유명한 딜레마가 있다. 한 명을 죽이면(또는 죽게 내버려두면) 여러 사람의 목숨을 구할 수 있고, 그 한 명을 죽이지 않거나 죽게 내버려두지 않을 경우 간접적으로 여러 명을 죽이는 결과가 초래되는 상황이라면 어떤 선택을 해야 할까?

마지막에 나온 가상의 딜레마는 제2차 세계대전 때 막대한 규모로 실현되었다. 1945년, 일본과 5년째 무력 충돌 중이던 미국은 전쟁에 지칠 대로 지친 상태였다. 일본 본토를 공격해야만 승산이 있었지만, 그렇게 하면 양쪽 모두 엄청난 인명과 재산 피해를 입을 것이 자명했다. 그때 트루먼Harry S. Truman 대통령에게는 비밀 무기가 있었다. 바로 원자폭탄이었다. 이 폭탄을 쓰면 일본이 다른 조건 없이 신속하게 항복할 것이라고 판단한 트루먼 대통령은 일본 히로시마와 나가사키에 폭탄을 투하하라고 명령했다. 나가사키에 원자폭탄이 떨어지고 엿새 뒤, 일본은 항복했다. 이 작전으로 일본인 10만 명 이상이 목숨을 잃었다. 그러나 전쟁이 계속되었다면 그보다 더 많은 사망자가 발생했으리라는 게 일반적인 견해다.

지름길이 이끄는 곳

트루먼 대통령의 결정이 한 번의 끔찍한 선택이라면, 인생에서는 대부분 그만큼 중대하지 않은 일이 연이어 발생하고 우리는 그때그때 아는 것을 토대로 선택하면서 살아간다. 지혜는 다름 아닌 훌륭한 선택을 더 많이 하는 것이다.

처음부터 가능한 일은 아니다. 어린 시절에는 대체로 부모가 아이를 위하는 방향으로 아이 대신 결정을 내린다. 운전면허증을 따고 투표도 할 수 있는 나이가 되면, 또는 대학에 입학해 인생의 새로운 모험이 시작될 즈음에는 성인으로서 자신에게 필요한 결정을 스스로 하게 된다. 인생의 경로를 직접 정하며, 그에 따르는 결과도 스스로 안고 살아간다. 이 시기에 처음 스스로 내리는 결정은 어느 대학에 다닐지, 누구와 데이트할지 등 대부분 자기 인생에 관한 일이다. 그러다 시간이 흐르면 선택해야 하는 일의 범위와 중요성이 커진다. 자녀, 늙어가는 부모, 다른 가족, 친구, 동료, 심지어 모르는 사람이나 한 번도 만난 적 없는 사람들에게 영향을 주는 일을 결정해야 하는 경우가 생기기 시작한다.

앞서 소개한 지혜 연구의 선구자인 파울 발테스의 '베를린 지혜 프로젝트'에서는 참가자들에게 쉽게 결정할 수 없는 가상의 딜레마를 제시한 뒤, 각자가 생각하는 해결 방법을 말로 설명하게 했다. 지혜 평가에 필요한 훈련을 받은 전문가단이 각 참가자의 설명을 듣고 기록한 다음, 이 프로젝트에서 정의한 지혜의 기준에 따라 1~7점을 부여했다.

연구진이 제시한 여러 상황 중 하나를 예로 들면 다음과 같다. "열네 살짜리 여자아이가 당장 집을 나오고 싶어 한다. 이 상황에서 반드시 고려해야 할 점은 무엇일까?" 나올 수 있는 답은 크게 두 가지다.

① 이제 겨우 열네 살이다! 그런 결정을 하기에는 너무 어리다. 집을 나가지 못하게 해야 한다.

② 열네 살인데 그런 고민을 한다면, 아마도 가정환경에 문제가 있거나 학대가 있을 것이다. 집을 나가야만 자신을 안전하게 지키고 무사히 지낼 수 있거나, 부모가 너무 가난해서 이 아이와 형제들이 끼니도 제대로 해결하지 못하는 형편일 수도 있다. 또는 이 아이가 사는 문화권에서는 그 나이에 독립하는 게 평범한 일일 수도 있지 않을까?

첫 번째와 같은 대답은 낮은 점수를 받는다. 지혜를 정의하는 여러 기준 가운데 어느 한 가지도 충족하지 못하는 답이다. 아이가 왜 그런 상황에 놓였을지 구체적인 가능성을 생각하거나 고민해보려는 노력은 전혀 없이 그저 아이의 나이에만 초점을 맞춘 의견이다.

두 번째와 같은 답에는 높은 점수가 부여된다. 아이가 어린 건 사실이지만, 제시된 상황에는 구체적인 내용이나 배경이 없다. 사회적·문화적·경제적 상황이 아이가 집을 나가려는 것과 관련 있거나 타당한 이유가 있을지도 모른다는 점을 고려해야 두 번째와 같은 답이 나올 수 있다.

우리가 내리는 크고 작은 결정은 예전의 경험과 인지 편향, 나이, 개인차, 그 일과 관련된 개인적 신념, 지금 그 일에 얼마나 몰두하고 있는지 등 수많은 요소에 좌우된다.

과거의 경험이 주는 영향은 명확하다. 사람들은 예전에 겪어본 적이 있는 비슷한 상황에 놓이면 그때와 비슷한 결정을 내릴 확률이 높다. 또한 과거의 실수를 반복하지 않으려는 경향이 있다(적어도 그렇게 되기를 바란다). 예전에 효과가 있었던 방법은 이번에도 그러리라 믿고, 효과가 없었다면 마찬가지로 이번에도 그러리라고 믿는다.

내 친구이자 캐나다 온타리오 워털루대학교 심리학과 부교수 겸 지혜·문화 연구소의 소장인 이고르 그로스만은 일상생활에서 더 현명하게 행동하는 방법에 관한 글을 많이 썼다. 그로스만은 지혜를 그 누구도 얻을 수 없는 이상적인 목표로 여기는 태도는 아무 도움이 안 되며, 사람들이 현실에서 하는 행동을 유심히 살펴보면 모든 상황은 아니더라도 특정한 상황에서 지혜가 발휘되는 것을 볼 수 있다고 이야기한다.

그로스만은 인생에서 겪는 다양한 상황에 대처하면서 최종 결정에 도달하는 과정을 보면 지혜가 나타난다고 설명한다. 지적 겸손함, 다른 사람의 관점을 아는 것, 여러 관점 사이에서 타협점을 찾는 것 등 최종 결정에 도달한 배경과 판단의 원칙에서 지혜가 드러난다는 의미다.

이를테면 '이해관계의 충돌'이라는 개념은 우리 법률체계에도 영향을 주고, 사람 간의 관계가 어떻게 관리되어야 하는지에 관한 공식적 기대에 여러모로 영향을 준다. 예컨대 (내 부친과 같은) 판사의 의견에는 사적인 동기가 배제되어야 한다고 여겨진다. 법적 상황과 의료 상황에서는 이런 원칙을 고려하는 것이 좋다.

그렇지만 일상생활에서는 사적이고 유동적인 요소, 특정한 상황적 요소에 어쩔 수 없이 영향을 받게 된다. 친한 사람들과 흡연의 폐해에 관해 언성을 높여가며 찬반 토론을 벌이는 사람도, 길에서 기운 없는 노인이 다가와 담배에 불 좀 붙여달라고 하면 주저 없이 도와준다.

그로스만이 2014년에 발표한 연구 결과는 우리의 판단에 영향을 주는 또 다른 요소가 있음을 말해준다. 이 연구에서 그로스만은 오랫동안 사귄 연인들을 모집해, 두 가지 가상의 상황 중 한 가지를 이들에게 무작위로 제시했다. 하나는 연인이 바람을 피우는 상황이고, 다른 하나는 자기와 가장 친한 친구의 연인이 몰래 바람을 피우다 들킨 상황이었다. 그로스만 연구진은 다양한 질문을 제시하면서 참가자들에게 각 상황 속 두 사람의 관계가 앞으로 어떻게 될지 추론해보도록 했다. "타협점을 찾아보려는 노력이 얼마나 중요하다고 생각하는가?"와 같은 질문에 어떻게 답했는지에 따라, 참가자가 얼마나 지혜롭게 추론했는지 평가했다.

연구진의 예상대로, 참가자들은 같은 상황이라도 자기 일이 아닌 친구의 일이라고 가정할 때 더 현명하게 추론했다. 우리는 다른 사람이 엄청난 변화나 심한 고통을 겪으면 그 일을 (다양한 정도로) 거리를 두고 볼 줄 안다. 즉 한 걸음 뒤로 물러나 논리적으로 생각하며, 변덕스러운 감정의 강력한 영향에 덜 휘둘린다.

우리는 스스로 이성적이라고 생각하곤 하지만, 실제로는 일반적인 사고의 오류에 휘둘려 비이성적인 선택을 할 때가 많다. 인지 편향이 없는 사람은 없다. 인지 편향은 관찰과 일반화가 기억의 오류, 부정확한 판단, 잘못된 논리로 이어지는 사고 패턴이다.

인지 편향에는 여러 종류가 있다. 그중 가장 흔히 발생하는 몇 가지를 살펴보자.

- 승자와 패자가 동일한 전략을 쓴 경우에도 우리는 승자의 전략에만 주목하는 경향이 있다. 빌 게이츠Bill Gates와 마크 저커버그Mark Zuckerberg는 학교를 중퇴하고 억만장자가 된 사람들이라는 공통점이 있지만, 실제로 학교를 중퇴한 사람 중에

억만장자는 거의 없다. 수익이 생기는 쪽보다 손실을 피하는 쪽을 훨씬 선호하는 손실회피도 흔한 인지 편향 중 하나다. 그래서 뜻하지 않게 만 원이 생기면 잠깐이나마 기뻐하면서도, 만 원을 잃으면 액수에 견주어 훨씬 심하게 아까워한다. 우리는 가진 것을 지키려는 타고난 성향이 있다. 이제 더는 필요하지 않은 물건도 마찬가지다. 입지도 신지도 않고 앞으로도 그럴 일이 없을 걸 알면서도 계속 보관하는 정장이나 구두를 떠올려보라. 이는 물건을 무작정 모으는 성향으로 이어진다.

• 가장 쉽게 떠오르는 것을 가장 중요하게 여기는 것처럼, 가용성을 근거로 어림짐작하는 것도 흔한 인지 편향의 하나다. 우리는 자신이 기억하는 것을 지나치게 중시하고 과대평가하며, 자신이 잊거나 잘 모르는 것은 실제보다 가볍게 여기고 저평가한다. 이런 정신적 지름길은 우리를 엉뚱한 방향으로 이끈다.

• 확증편향은 모든 인지 편향을 통틀어 가장 오래된 사고의 오류다. 자신이 이미 믿고 있는 사실을 뒷받침하는 정보를 찾고 그런 정보를 더 선호하는 반면, 자기 생각과 어긋나는 정보는 무시하거나 평가절하하는 경향을 말한다. 자기 의견이나 관점을 재확인할 수 있는 뉴스를 선호하며, 다른 가능성을 제시하거나 자기 의견과 모순되는 내용, 정반대의 관점이 담긴 뉴스는 피

하거나 무시하고 하찮게 여긴다. 파편화된 언론과 뉴스 소비자
가 모두 이런 편향을 대규모로 증명하고 있다.

나이도 결정 방식에 영향을 준다. 인지 기능은 나이가 들면 자연히 감소하므로 의사결정 능력도 함께 감소한다. 노년기에 이르면 다 '겪어본 일'이라는 이유로 자신의 결정 능력을 과신하는 사람들이 있다. 이들은 새로운 전략을 활용하지 못하거나 틀에 박힌 사고에서 벗어나지 못할 수 있다는 사실이 여러 연구로 밝혀졌다. 그와 반대로 노년기에도 자기 경험에서 배울 점을 찾아 잘 기억한다면 의사결정 능력을 개선할 수 있다.

개인의 의사결정 능력에 영향을 주는 외적 요인도 있다. 예를 들면 사회경제적 지위도 의사결정을 제한할 수 있다. 사회경제적 지위가 낮은 사람들은 교육·자원과 더욱 동떨어져 있으며, 그런 탓에 안 좋은 일들을 경험하기 쉽다. 그런 경험은 결정에 영향을 줄 가능성이 있다.

사람들은 자신에게 개인적으로 영향을 준다고 생각하는 일일수록 선택에 적극적이다. 투표에서도 자신의 표가 집단 전체의 뜻을 반영한다고 생각할수록 투표할 확률이 높아진다. 자신이 행사할 표가 선거에서 승리할 쪽의 표라고 생각할수록 투표율이 높아지는 것이다. 선거의 당락을 수학적으로 분석해보면, 실제로는 투표율이 높을수록 한 표가 차지하는 무게는 줄어든다는 점에서 이는 아이러니한 현상이다.

또한 우리는 자기가 깊이 관여한 일일수록 중요한 일이라고 여긴다. 많은 것을 투자한 결정이나 선택일수록 더욱 중요하게 여기는 것이다. 전문가들은 지금까지 투자한 게 너무 크다는 이유로 기존의 결정을 계속 고수하는 이런 현상을 '매몰비용의 오류'라고도 한다.

감정도 결정에 뚜렷한 영향을 준다. 앞서 "화가 났을 때 운전하면 안 된다"는 조언을 소개했는데, "화가 났을 때는 결정을 내려서도 안 된다." 감정이 의사결정에 큰 영향을 준다는 사실은 많은 연구로도 밝혀졌다. 예를 들어 한 연구에서는 참가자들에게 차를 살지 말지 고민하는 상황을 제시하며, 그중 일부에게는 차를 몰 때 고려해야 할 각종 안전 문제를 언급했다. 차를 직접 운전하는 것을 부정적으로 여기게끔 만든 것이다. (사고를 염려하면서 차를 살 사람이 누가 있을까?) 그런 이야기를 들은 참가자들은 선택을 유보하거나, 지금까지 차 없이 살아왔으니 앞으로도 그렇게 살겠다고 답한 비율이 높았다.

사람들에게 '좌절감에서 비롯되는 분노'를 유발한 뒤에 여러 종류의 복권 중 한 가지를 선택하게 했더니, 위험도가 높은 대신 당첨금이 큰 복권을 선택할 가능성이 더 높아졌다는 연구 결과도 있다. 다른 연구에서는 슬픈 감정을 유도한 후 물건의 판매 가격을 매기게 했더니, 그런 감정 유도가 없을 때보다 가격을 더 낮게 책정할 확률이 높아졌다. 또한 사람들은 두려움을 느끼면 미래를 더 비관적으로 평가한다.

이 모든 사실은, 현명한 결정을 내리려면 감정에 크게 휘둘리지 않는 균형 잡힌 사고가 필수임을 말해준다.

뜨거운 선택, 차가운 선택

의사결정의 과정은 어느 한쪽으로 마음이 기울고, 그에 따라 선택하며, 선택의 결과를 평가하는 것으로 나눌 수 있다. 뇌영상 연구에 따르면 이 각각의 단계에 관여하는 뇌의 회로는 제각기 다르다.

그중 첫 단계와 마지막 단계에는 변연계와 전전두피질이 관여하고, 두 번째 실행 단계에는 선조체가 더 많이 관여하는 것으로 보인다. 뇌 깊은 곳에 자리한 선조체는 운동 계획과 실행 계획, 동기, 강화 등 인지 기능의 다양한 측면과 관련이 있다.

모든 결정은 즉각적인 보상과 장기적인 만족감·결과 사이에서 균형 잡힌 선택을 하는 것이 중요하다. 지혜의 주요 특징이기도 한 균형 잡힌 선택은, 앞에서 설명했듯 변연계와 전전두피질의 기능 사이에서 음양의 균형을 찾는 일이다. 변연계의 활성이 더 크면 즉각적인 보상을 선택할 가능성이 크고, 전전두피질의 영향이 크면 만족감을 나중으로 미룰 가능성이 크다.

결정을 내려야 하는 일마다 선택의 어려움과 복잡함은 다양하고, 뇌가 그 문제를 해결하기 위해 기능하는 방식이 달라진다.

연구에 많이 활용되는 유명한 도덕적 딜레마를 함께 살펴보자.

> 친구가 결혼식 올리는 날 아침, 친구의 예비 신랑이 다른 여성과 깊은 관계라는 명백한 증거를 발견했다. 아직 아무도 그 사실을 모르고, 친구의 예비 신랑은 친구와 결혼한 뒤에도 그 여성과 관계를 이어갈 가능성이 높아 보인다. 결혼식을 망치더라도 친구에게 그가 바람을 피운다는 사실을 알려주고 나중에 닥칠 더 큰 고통을 막아야 할까? 아니면 그저 웃으며 친구의 '생애 최고의 날'을 망치지 말아야 할까?

확실한 답도 없고, 절대적으로 옳은 답도 없는 딜레마다. 도덕적 의미를 고려하면 선택은 더더욱 복잡해진다. 도덕적으로는 무엇이 옳은 선택일까? 이런 고민을 할 때 우리 뇌에서는 복내측 전전두피질과 후측 대상피질, 배외측 전전두피질, 상측두고랑이 활성화하는 등 많은 자원이 투입된다. 이러한 결정에는 감정도 큰 영향을 주므로 편도체도 동원된다. 그러나 이렇게 여러 영역이 활성화한다고 해서 '올바른' 결정 또는 만족스러운 결정이 반드시 보장되지는 않는다.

불확실성을 인정하고 효과적으로 대처하는 능력에 관련된 뇌 활성은 많이 밝혀지지 않았다. 그러나 사회적 의사결정과 인생에 필요한 실용 지식에 관여하는 뇌 영역의 상당 부분이 불확실한 결과에 대처할 때도 활용된다.

뇌영상 연구에서 확인된 한 가지 흥미로운 사실은, 위험한 일이나 불확실한 일을 대하는 개개인의 성향에 따라 활성 영역이 다르다는 것이다. 우리가 무언가를 사실로 믿으면 그 믿음은 이후에 이어지는 생각과 행동의 바탕이 되고, 뇌에서도 그에 상응하는 활성이 늘어난다(예를 들어 식당에 지갑을 놓고 왔다는 이야기를 누구에게서 전해 들었고, 그 말이 사실이라고 생각하는 경우). 반대로 무언가를 사실이 아니라고 믿으면(예를 들어 어떤 사람이 내 가죽 지갑을 가리키며 이런 걸 들고 다니는 건 가죽을 빼앗기는 모든 동물에 대한 모욕이라고 주장했지만, 나 자신은 그렇게 생각하지 않을 때), 그에 관한 말을 들어도 아무 의미 없는 단어의 나열로 인식될 뿐 뇌 활성은 증가하지 않는다.

결정에 활용되는 뇌 영역을 밝힌 이러한 뇌영상 연구 결과는 우리 뇌의 실행 체계가 여러 갈래이며, 감정적이고 위험성이 큰 '열띤' 선택에 관여하는 쪽과 분석적이고 '차가운(냉정한)' 선택에 관여하는 쪽이 나뉜다는 견해를 뒷받침한다.

나쁜 일과 좋은 일

결정을 잘 내리는 것이 지혜라면, 어떤 결정이 잘 내린 결정일까? 마크 트웨인은 "좋은 결정은 경험에서 나오고, 경험은 나쁜 결정에서 나온다"고 했다. 아주 정확한 말이다. 도교의 한 우화에서도 세상에 좋은 일이나 나쁜 일 같은 건 없으며, 좋은 일은 나쁜 일에서 나오고 나쁜 일은 좋은 일에서 나오므로 둘을 구분하기는 어렵다고 이야기한다.

내가 정말 좋아하는 이 우화의 내용은 이렇다. 어느 농부에게 말이 한 마리 있었다. 어느 날 그 말은 달아나버리자 농부는 절망했다. 그의 가장 값진 재산이었기 때문이다. 그런데 얼마 후, 말이 집으로 돌아왔을 뿐만 아니라 열 마리가 넘는 다른 말들을 데리고 왔다. 농부는 뜻밖의 횡재에 기뻐했지만, 곧 불행이 닥쳤다. 농부의 아들이 새로 생긴 말을 길들이다가 그만 말에서 떨어져 다리가 부러진 것이다. 그러나 그 사고는 다시 행운을 가져왔다. 나라에서 징집이 시작되었는데 농부의 아들은 다리가 부러진 덕분에 집에 남을 수 있었다.

이처럼 나쁜 일은 좋은 일을 부르고, 그 일이 또 나쁜 일을 부르고, 다시 좋은 일이 일어나는 과정이 끝없이 반복된다.

현대에도 그와 같은 사례가 많다. CNN 특집기사 편집장 데이비드 앨런David Allan이 쓴 칼럼 〈지혜 프로젝트〉에도 그런 내용이 나온다. 앨런은 2005년에 허리케인 카트리나의 강타로 미국 뉴올리언스와 주변 지역이 엄청난 피해를 입은 지 10주기를 맞아, 그 사태 이후에 생긴 일들을 밝힌 여러 강연과 언론 보도를 소개했다.

악명 높은 허리케인이 찾아오기 전 뉴올리언스의 고등학교 졸업률은 54퍼센트였지만, 그 사태 이후 73퍼센트로 증가했다.

대학등록률도 허리케인 이전 37퍼센트에서 거의 60퍼센트로 증가했다. 뉴올리언스 사람들은 허리케인이 망가뜨린 것들을 이전보다 더 나은 것으로 되살리기 위해 애썼으며, 허리케인의 여파로 이 지역의 극심한 불평등과 절망적인 삶이 낱낱이 드러나면서 일부나마 바로잡게 되었다. 나쁜 일이 좋은 일을 부른 것이다. 다음에는 또 무슨 일이 일어날까?

앞서 소개한 도교의 우화에 담긴 핵심은 농부가 좋은 일이 일어났을 때 기뻐하지만도 않았고, 나쁜 일이 일어났을 때도 괴로워하기만 한 게 아니었다는 점이다(뉴올리언스 시민들도 분명 그랬을 것이다). 좋은 일과 나쁜 일은 늘 번갈아 일어나므로, 무엇이 좋은 일이고 무엇이 나쁜 일인지 정확히 판단할 수 없다. 그저 그때그때 최선의 결정을 하고 어떻게 되는지 지켜보는 것만이 우리가 유일하게 의지할 수 있는 길이다.

재앙을 막은 결정

1983년 9월 1일, 대한항공 정기 항공편 007기가 소련군 요격기에 격추되어 승객과 승무원 269명 전원이 목숨을 잃었다. 소련 지도부는 처음에 자신들은 전혀 모르는 일이라고 하다가, 나중에는 격추된 이 보잉 747기가 첩보기였으며 이는 미국의 의도적 도발이었다고 주장했다. 이 사건으로 국제 정세는 냉전

시기를 통틀어 긴장이 최고조에 이를 만큼 악화했다.

그러고 나서 3주 후, 소련 핵공격 조기경보 관제센터에서 야간 근무 중이던 소련 방공군 소속 스타니슬라프 예브그라포비치 페트로프Stanislav Yevgrafovich Petrov 중령은 미국에서 발사된 미사일 한 대가 포착되었다는 위성 보고를 확인했다. 이어 4~5대의 미사일이 추가로 발사되었을 가능성이 있다는 경보도 나왔다. 규정은 명확했다. 이런 경보가 뜨면, 처음 확인하자마자 즉시 상부에 미사일이 발사되었다고 보고한 뒤 정해진 절차에 따라 반격을 시작해야 한다.

그러나 페트로프는 잠시 멈추고 생각했다. 그동안 군에서 배운 사실을 종합할 때, 미국이 전면 공격에 돌입했다고 하기에는 발사된 미사일 수가 너무 적었다. 조기경보 시스템의 보고에도 이상한 점이 있었다. 본래 그런 경보는 중간에 여러 확인 단계를 거친 후에 뜨는데, 그 모든 과정이 너무 단시간에 일어난 것이다. 게다가 지상 레이더에서는 경보 시스템의 보고 내용과 일치하는 조짐조차 전혀 감지되지 않았다. 이 경보가 오류라고 확신할 수는 없었지만, 분명 뭔가 이상했다.

이 중차대한 순간, 페트로프는 자신이 받은 경보가 시스템 고장으로 발생했다고 판단하고 대응 공격을 개시하지 않았다. 핵전쟁을 막은 결정이었다. (나중에 이 경보는 정말로 오류였다는 사실이 밝혀졌다. 노스다코타주 상공에서 높이 형성된 구름에 해가 비쳐 이례적인 빛의 구도가 발생했고, 그것을 소련

정찰위성이 미사일로 잘못 인식해 벌어진 일이었다.)

쉽지 않은 결정이었다. 명령에 불복했다가 혹독한 대가를 치를 수도 있는 데다 고민할 시간이 너무나 짧았다. 이런 상황에 놓인 페트로프의 판단 과정에는 현명한 선택의 여러 특징이 드러난다. 그는 충동적이지 않았으며, 별생각 없이 정해진 규칙을 실행하지도 않았다. 나중에 페트로프는 군사훈련만 받은 전문 군인들은 명령을 곧이곧대로 따르는 경향이 강하지만, 자신은 민간 교육을 받은 적이 있고 그것이 올바른 결정을 하는 데 도움이 되었다고 말했다.

페트로프는 그동안 받은 훈련에 자신의 비판적인 사고 능력을 더해서 상황을 평가했다. 감정은 제쳐두었다. 두려워하거나 당황할 때가 아니었다. 그는 명령을 실행하지 않겠다는 판단을 실행에 옮겼다. 그 결정 때문에 무슨 일이 벌어질지, 또는 어떤 결과가 초래될지 알 수 없었지만 3차 대전이 시작되기에는 시기도 상황도 맞지 않다고 판단했다.

소련 당국은 페트로프의 결단에 상을 내리기는커녕 이 사건에 관한 서류 작성이 미비하다는 이유로 그를 처벌하고, 중요도가 낮은 보직으로 보냈다. 페트로프는 1984년에 군을 떠났는데, 아이러니하게도 당시 문제가 된 조기경보 시스템을 개발한 연구소에 취직했다. 주목할 점은, 페트로프의 이야기가 몇십 년 동안 거의 알려지지도 않고 전해지지도 않았다는 것이다. 그는 그 일을 10년 넘게 아내에게조차 말하지 않았다. 그저 그 순간에 자신이 해야 할 일을 했을 뿐이라 생각하고는 조용히 넘겼다.

그와 달리 현명한 결정이 일으킨 영향과 힘이 오랫동안 남은 사례도 있다. 2009년 1월 15일, 미 공군 조종사 체슬리 '설리' 설렌버거 3세Chesley 'Sully' Sullenberger III가 운행하는 1549편 여객기가 뉴욕시의 라과디아 공항에서 이륙했다. 승객 155명을 태운 이 에어버스 A320기는 이륙한 지 몇 분 만에 대규모 캐나다기러기 떼와 부딪혔고, 그 여파로 엔진이 꺼지고 말았다.

설렌버거는 라과디아 공항이나 근처의 테터보로 공항으로 안전하게 회항하는 건 불가능하다고 신속히 판단했다. 대신에 그는 비행기를 허드슨강에 착륙시켰고, 구조보트 여러 대가 출동해 탑승자 155명 전원을 구했다. 설렌버거는 비행기에서 맨 마지막에 나왔다.

설렌버거가 내린 조치에서도 지혜의 여러 핵심 요소가 드러난다. 설렌버거는 결과가 불확실한 상황에서 결단력을 발휘했다. 나중에 그는 비행기가 강에 불시착하기 직전 짧은 시간이 자신에게는 생애 최악의 순간이었으며, "속이 뒤집히고 가슴이 철렁 내려앉고 땅바닥에 내동댕이쳐지는 듯한 기분이었다"고 말했다. 그런데 겉으로는 마이클 블룸버그Michael Bloomberg 뉴욕 시장이 '캡틴 쿨Captain Cool'이라고 불렀을 만큼 차분했다. 자기 손에 생사가 달린 승객들과 승무원들을 반드시 모두 구하겠다는 결연함이 발휘된 것이다.

그 뒤 이 사태에 관한 평가와 검토가 시작되었다. 설렌버거와 승무원들의 조치는 올바르고 적절했나? 그보다 나은 선택이 있었나? 이 사건은 클린트 이스트우드Clint Eastwood 감독의 영화로도 제작되었다. 2016년에 개봉한 이 영화에는 설렌버거와 연방교통안전위원회 조사관들 사이의 대립이 잘 담겨 있다. 실제로는 영화에 묘사된 것만큼 노골적인 갈등이 빚어지지는 않았겠지만, 설렌버거는 당시 맹렬한 취재 열기와 관료주의적인 조사 속에서 자신과 제프 스카일스Jeff Skiles 부기장이 항공기 조종사로 살아온 명예를 걸고 맞설 때의 기분을 영화가 잘 포착했다고 말했다.

설렌버거와 스카일스는 연방교통안전위원회의 평가 기간 내내 침착한 모습을 보이며 서로 의지했다. 그리고 엔진이 꺼진 후 강에 불시착하기로 한 결정이 어떤 과정을 거쳐 내려졌는지 설명했다. 조사관들은 라과디아 공항으로 회항했다면 안전하게 착륙할 수도 있었다는 컴퓨터 시뮬레이션 결과를 제시했지만, 필요한 결정을 했다는 두 사람의 생각에는 변함이 없었다.

결국 연방교통안전위원회는 설렌버거와 스카일스는 과실이 없다는 결론을 내렸다. 그리고 탑승객 전원을 무사히 구한 모든 승무원을 칭찬했다.

설렌버거는 1년 뒤에 은퇴하고 저술가와 강연자로 제2의 인생을 시작했다. 주로 항공 안전과 리더십, 성실하고 정직한 삶에 관한 내용이었다.

어떤 선택이 옳았는지 또는 현명했는지 판단할 수 없는 일도 많다. 우리는 그때그때 구할 수 있는 최상의 정보를 토대로 이를 비판적으로 평가하고, 옳고 그름에 관한 자신의 기준, 공정성, 연민 등을 필터 삼아 선택지를 걸러내야 한다. 지나간 선택이 현명하지 못했다는 사실이 입증되었다면, 무엇을 어떻게 바로잡아야 또 그런 선택을 하지 않을 수 있을까?

앞을 내다보는 지혜?

철학자 대니얼 데닛Daniel Dennett은 인간의 뇌를 '예측 기계'라고 묘사했으며, 이 기계의 가장 중요한 기능은 "미래를 만드는 것"이라고 설명했다. 우리는 좋든 싫든 늘 미래를 생각하고, 무슨 일이 벌어질지 궁금해한다. 이는 다른 동물과 구분되는 인간의 특징이다. 문명을 일으키고, 과거에는 상상조차 못 하던 것들을 만들며, 인류의 생존을 보존하는 데도 도움이 된다. 앞을 내다보는 것은 대체로 유익하다. 예측은 우리가 앞일에 대비하는 방식이기도 하다. 심리학자 마틴 E. P. 셀리그먼Martin E. P. Seligman과 과학 저널리스트 존 티어니John Tierney는 "우리는 현재를 살도록 만들어지지 않았다"라는 제목의 《뉴욕타임스》 기사에서 "앞을 내다보는 능력이 인간을 현명하게 만들었다"고 썼다.

그렇지만 아직 일어나지도 않은 일을 제대로 알기는 어렵다.

아직 일어나지 않았기 때문이다. 그러나 우리는 불확실성을 좋아하지 않는다. 불확실성은 힘없이 당할 가능성을 떠올리게 하므로 그런 요소를 최대한 없애려고 노력한다. 실제로 우리는 부정적인 영향을 받거나 나쁜 일이 생겨도 자신의 예상 범위에 들어가면 잘 견딘다. 사람들에게 전기충격을 지금 바로 받거나, 나중에 그런 일을 겪을 '가능성'을 감수하고 지금은 받지 않거나 둘 중 하나를 선택하라고 하면 전자를 선호하는 경향이 있다는 연구 결과도 있다.

심리학에서는 이 현상을 '불확실성에 대한 인내력 부족'이라고 하며, 그 정도를 나누는 척도도 있다. 불확실성을 못 견디는 정도에 따라 끊임없는 걱정부터 범불안장애까지 다양한 질병으로 발전할 수 있다. 또한 일부 정서 장애에도 영향을 줄 수 있다.

나는 셀리그먼과 티어니의 말을 수정해야 한다고 생각한다. 앞을 내다보는 능력이 우리를 지혜롭게 하는 게 아니라, 모든 것을 다 알 수는 없으며 인생은 불확실한 일들로 가득하다는 사실을 알지만 그럼에도 최선을 다하기로 결심하는 것이 우리를 지혜롭게 만든다.

사전동의서에 서명하기

불확실한 상황에서도 훌륭한 결정을 내리는 능력은 실행하기 전에 먼저 생각하고 당황하지 않는 등 다른 자질이 받쳐주어야 발휘될 수 있다. 그러나 결정 능력을 탐구해온 과학자들과 의사들에 따르면 그런 타고난 특성보다는 결정을 내릴 때의 마음 상태와 지식이 더 큰 영향을 주며, 이 두 가지는 다양한 요인에 좌우된다.

누구나 결정을 잘할 때도 있고 잘못할 때도 있다. 결정해야 하는 일의 특징과 복잡성은 물론, 그날 아침밥을 먹었는지를 비롯한 수많은 요소가 결정에 영향을 준다. 태어나면서부터 늘 훌륭한 결정만 하거나 매번 형편없는 결정만 하는 사람은 없다. 그러나 비논리적 결정과 논리적 결정의 비율은 사람마다 제각각이다.

의학적인 치료와 임상 연구에서는 개인의 의사결정 능력을 정확히 평가하는 게 특히 중요하다. 실험 약물이나 실험적인 치료법의 효과를 확인하기 위한 여러 임상 연구에는 사전동의서에 서명하는 절차가 있다. 그러한 연구에 참여하는 사람이 연구의 범위와 목적을 이해하고 동의하며, 발생할 수 있는 결과를 숙지하고 있다는 사실을 인정하는지 확인하는 절차다. 마찬가지로 의학적 치료를 받아야 하는 환자들도 치료 전에 수술 등 앞으로 받게 될 치료에 관한 상세 설명, 그 치료로 얻을 수 있는 이점, 발생할 수 있는 위험성이 모두 명시된 동의서를 읽고 서명한다.

사전동의 절차는 치료와 임상 연구가 윤리적으로 실시되게 하는 주춧돌이다. 이 절차의 목적이나 이러한 절차를 거침으로써 얻는 결과를 정당하게 건너뛸 수 있는 예외는 거의 없다. 따라서 연구 참가자나 환자에게 사전동의서가 제공되고 서명받는 과정이 모두 확실하게 이루어지도록 관리하는 광범위한 법과 규정이 마련되어 있다.

그런데 이 절차에는 늘 한 가지 난제가 있다. 동의가 제대로 이루어졌는지는 어떻게 알 수 있을까? 연구 참가자나 환자가 동의서에 공개된 정보를 판단의 근거로 잘 활용해서 의사가 제안한 치료를 받을지, 또는 예정된 연구에 참여할지 결정할 수 있어야 동의가 제대로 이루어졌다고 할 수 있다. 결정 능력은 다음 네 가지로 구성된다.

- 관련 정보를 이해하는 능력
- 인식력: 자신의 상황에 그 정보를 적용하는 능력
- 이성적 판단 능력: 그 정보를 활용해서 합리적으로 판단하는 능력
- 자신의 선택을 명확하게 표현하는 능력

결정 능력은 여러 이유로 저하될 수 있다. 인지 기능 손상, 망상과 같은 중증 정신병 증상, 주어진 정보의 내용이나 정보 공개 방식이 너무 복잡한 경우와 같은 상황적 요인 등이 포함된다. 어떤 배경에서 동의 절차가 진행되는지도 중요하다. 또한 위험성이 낮은 결정보다 위험성이 높은 결정일수록 더 뛰어난 결정 능력이 필요하다.

연구나 치료 전 사전동의는 아주 중요한 절차인 만큼 지난 수십 년간 이 문제가 논의되었음에도 이 절차를 관리하는 방식과 관련해서는 합의가 이루어지지 않았다. 그래서 어느 과학자의 말처럼 여전히 "뒤죽박죽으로 시행되고 있다."

몇 년 전에 우리 연구진은 임상 연구나 치료 전 동의서를 받는 사람들의 의사결정 능력을 평가하기 위해 활용되는 도구들을 조사했다. 이러한 도구는 사람들이 동의서에 제시된 정보를 이해하고, 평가하며, 합리적으로 판단하는지 측정할 수 있어야 한다. 지금까지 그런 목적으로 많은 도구가 개발되었고, 그중에는 유효성과 신뢰도가 검증된 것도 있다. 대부분은 평가에 상당한 시간이 걸리며, 정해진 훈련을 받은 사람이 평가를 맡는다.

우리가 검토한 결과, 연구 참가자와 환자의 의사결정 능력을 평가하는 이 도구들은 대개 이해 능력에 치중하며, 인식력과 이성적 판단 능력에 관한 평가는 비중이 훨씬 작았다. 우리가 검토한 도구는 전부 여러 연구소와 병원에서 실제로 쓰이는 것들이었는데, 모두 평가에 긴 시간이 소요되는 등 단점이 있었다. 자원이 한정된 상황에서는 시간이 중대한 걸림돌이 될 수 있다. 의사결정 능력을 평가하는 적절한 표준도 없었다. 실제로 다양한 의료 절차와 치료에 앞서 환자가 밟게 되는 서면 동의 절차는 '충분한 정보를 토대로 한 결정'이라는 취지와는 거리가 멀다. 환자들은 동의서를 제대로 읽지도 않고, 자기가 무엇에 동의하는지도 잘 모르는 채로 그냥 서명한다.

나는 다른 연구진을 꾸려 의사결정 능력을 평가하는 새로운 도구를 개발했다. 검증 과정을 거친 뒤 2007년 논문을 통해 공개한 이 연구에서도, 우리는 임상 연구(또는 치료)에서 사전동의 절차를 거치는 사람들의 의사결정 능력을 평가하는 기존의 검증된 척도와 평가법을 모두 찾아 정밀하게 분석하고, 장단점을 확인했다. 그리고 이를 토대로 우리만의 새로운 평가 도구를 개발했다.

'UC 샌디에이고 동의능력 간이 평가UBACC'로 명명된 우리의 평가 도구는 단 10개의 질문으로 동의자의 이해력, 인식력, 이성적 판단력을 확인한다. 각 질문의 응답에는 0~2점이 부여된다. 0점은 응답자에게 그 문항이 평가하는 능력이 명확히 없음을 뜻하고, 2점은 그 능력을 완전히 갖추었음을 의미한다. 1점은 그 중간이다. 다음 예시처럼 UBACC의 질문 또는 문장은 모두 간단하다.

- 앞에서 설명한 연구 목적은 무엇입니까?
- 이 연구에 참여한다면, 어떤 요청을 받게 될까요?
- 연구 참가자가 겪을 수 있는 위험 또는 불편 사항을 적어보세요.
- 이 연구에 참여하는 것이 자신에게 아무 도움이 안 될 수도 있습니까?

UBACC는 5분 정도면 마칠 수 있다. 우리는 지금도 꾸준히 진행 중인 조현병 연구와 연계해서 이 도구를 개발했다. 조현병 치료에도 당연히 사전동의 절차가 중요하지만, 병의 특성상 환자의 동의를 받기가 힘든 경우가 많다. 우리는 가상의 신약 임상시험에 관한 정보가 명시된 동의서를 조현병 환자들과 건강한 사람들에게 준 뒤, UBACC의 신뢰도와 유효성을 검증했다.

논문에서 밝힌 대로 UBACC는 대규모 연구에서 수많은 참가자를 선별하는 데, 특히 참가자 중 의사결정 능력을 더 포괄적으로 평가할 필요가 있거나 다른 구제 방안이 필요한 사람을 찾아내는 데 유용하다. 의사들이 보는 《처방 참고서Physicians' Desk Reference》나 기존의 사전동의서는 여러 상황을 가정해서 무수한 위험성을 나열한다. 그러나 UBACC는 사전동의가 필요한 특정 치료나 연구에서 발생할 수 있는 가장 심각한 위험성 등 환자나 연구 참가자가 꼭 알아야 하는 가장 중요한 몇 가지를 집중적으로 다룬다. UBACC는 다양한 언어로 번역되어 지금까지 수많은 연구에 활용되었다.

상냥한 회의론자

비판적 사고 또는 지혜로운 사고 능력은 안녕감, 수명과 연관성이 있다. 비판적 사고는 목표지향적이고 합리적인 사고에 필요한 여러 인지적 기술로 구성된다. 캘리포니아 주립대학교 도밍게즈 힐 캠퍼스의 심리학과 부교수 헤더 버틀러Heather Butler는 비판적으로 사고하는 사람들을 '상냥한 회의론자'라고 칭했다. 버틀러 연구진은 비판적 사고가 무엇으로 구성되는지 연구해왔다. 이들이 찾아낸 비판적 사고의 핵심 요소에는 의사결정 능력도 포함된다.

내가 지금까지 해온 지혜 연구와 조현병 환자들을 대상으로 한 연구들에서도 비판적 사고의 영향이 여실히 드러났다. 지혜의 특성, 지혜를 평가하는 방법, 지혜를 개선하는 방법에 관해 깨달은 많은 것은 인지 기능에 이상이 있는 사람들과 접하면서 알게 된 내용이다. 그런 문제를 겪는 사람들의 현명한 사고 능력을 평가할 수 있고 개선할 수도 있다면, 그 방법을 인지 기능이 건강한 사람들에게도 적용할 수 있다.

2007년에 동료들과 나는 학술지 《신경정신의학·임상 신경과학 저널Journal of Neuropsychiatry and Clinical Neurosciences》에 조현병 환자들의 의사결정 능력과 뇌에서 나타나는 반응에 관한 뇌 영상 연구 결과를 발표했다.

중증 정신질환자들은 대체로 결정을 몹시 힘겨워한다. 결정을 한다고 해도 그 방식에 일관성이 없다. 그런데 이런 환자들의 의사결정 능력도 정신질환이 없는 사람들과 마찬가지로 개인차가 크다. 우리는 정신질환자들이 결정을 내릴 때 뇌에서 어떤 일이 일어나는지 알아보기로 했다. 활성이 늘어나거나 줄어드는 영역이 있을까?

먼저 우리는 '임상 연구용 맥아더 역량 평가'라는 도구로 조현병 환자 24명의 의사결정 능력을 확인했다. 맥아더 역량 평가는 유효성이 검증된 평가 도구로, 피험자의 이해력과 합리적인 판단 능력을 긴 시간에 걸쳐 평가한다. 이 평가를 마친 뒤에 우리는 각 환자가 서로 연관된 단어끼리 짝을 짓는 과제를 수행할 때 뇌의 반응을 fMRI로 확인했다.

예상대로, 맥아더 역량 평가에서 높은 점수를 받은 환자들은 과제를 수행할 때 해마에서 학습과 관련된 활성이 가장 크게 나타났다. 해마는 뇌에서 정보 해독과 인식에 중요한 기능을 한다고 알려진 영역이다. 그 밖에 좌우 해마곁이랑피질, 소뇌, 시상에서도 활성이 나타났다. 모두 언어 학습 과제와 관련된 영역이다.

이 결과가 말해주는 핵심은, 사전동의서 같은 복잡한 정보를 잘 이해하려면 뇌에서 언어 정보의 해독에 관여한다고 알려진 영역들이 충분히 기능해야 한다는 것이다. 이는 조현병 환자뿐 아니라 모든 사람에게 해당되는 요건이다. 정보가 언어로 전달되고 뇌가 적절히 반응하면, 그 정보는 언어 외에 다른 방식으로 전달된 정보와는 달리 더 효과적으로 활용된다.

우리가 대화를 나눌 때 뇌에서는 과학적으로는 무슨 일이 일어날까? 인류는 말하는 존재이고, 언어 능력은 인간의 다른 능력들과 나란히 함께 진화했다. 뇌의 언어 처리에는 베르니케 영역과 브로카 영역, 잘 알려지지 않은 궁상섬유라는 영역 등 넓게 분산된 여러 영역이 관여한다. 뇌영상 연구에 따르면, 사람들이 대화하고 상대방의 말을 듣고 있을 때 서로의 뇌가 하나가 되는 듯한 변화가 일어난다. 즉 대화하기 전에는 뇌의 활성 양상이 각기 다르다가, 정신적 교감이 이루어지면 활성 패턴이 동기화하는 양상이 나타났다.

따라서 결정을 잘 내리려면 모든 소통 수단을 최대한 활용해야 한다. 다른 사람들과의 소통은 물론 자기 자신과도 소통하면서 다양한 선택지의 장단점에 관해 내적 토론을 벌여야 한다.

다름에서 찾아내다

현대사회는 개인의 권리가 중시되는 만큼, 관점이 다른 사람들 사이에 갈등이 생길 수밖에 없다. 발언의 자유에는 자기와 의견이 다르고 중시하는 가치가 다른 사람들도 발언하도록 두고, 그들이 반드시 해야 하는 말을 할 때 들어줘야 하는 의무가 따른다.

그렇지만 거의 절대적인 가치도 있다. 예컨대 남을 해치거나 죽이는 행위는, 자신이나 소중한 사람을 보호하기 위한 정당방위 같은 예외가 아닌 이상 허용되지 않는다. 그와 달리 시대, 문화, 상황에 따라 바뀌는 가치도 무척이나 많다. 육식이 도덕적으로 잘못된 행위라고 생각하는 건 개인의 자유지만, 억지로 따르라고 다른 사람들에게 강요하는 건 도리에 어긋난다. 미성년자의 음주를 국가 차원에서 금지해야 한다고 생각하는 부모들도 자녀가 스무 살에 가까워지면 가족 모임 때 샴페인 몇 모금 정도는 마시게 둔다.

현실성도 고려해야 한다. 본래 음주를 허용했던 미국 사회는 금주법을 시행했지만, 사람들이 술을 아예 마시지 못하게 막는 건 비현실적이고 불가능하다는 사실이 분명하게 드러나자 다시 법을 바꿨다. 줄기세포나 유전자 편집 기술도 마찬가지다. 이런 기술을 치료에 활용하는 방안이 처음 제기되었을 때 뜨겁게 들끓던 우려와 반대 의견은, 이 기술이 꼭 필요한 환자들과 사회 전체가 얻게 될 이점이 구체화하자 잠잠해졌다.

가치체계의 이러한 다양성을 받아들이는 것이 지혜다. 자기가 아는 것과는 다른 것, 낯설게 느껴지거나 거부감이 드는 것에서도 배울 점을 찾고 이해하려는 것이 지혜다. 지혜로운 사람은 포용력과 자신이 굳게 중시하는 가치를 지키는 것 사이에서 균형점을 찾는다. 다른 사람들도 자신만큼 굳게 중시하는 가치가 있으며, 그 가치는 나와 다를 수 있음을 인정하고 심지어 반길 줄 안다.

동전 던지기부터 대차대조표까지

결정을 내리는 방법은 결정해야 하는 일만큼 무수하다. 대략적으로는 집단의 의사결정 기술과 개인의 의사결정 기술로 나눌 수 있다.

결정에 두 명 이상이 참여하면 집단 결정이다. 집단의 의사결정에 쓰이는 표준 방식으로는 투표(다수결 또는 최다 득표), 다수인 쪽에서 어떤 조치를 어떻게 취할지 정하면 소수인 쪽이 찬성 여부를 밝히고 의견을 제시하는 합의 방식(즉 승자와 패자를 나누지 않는 방식), 전문가들의 의견을 취합하는 델파이 기법(앞서 우리 연구진이 지혜를 정의할 때 활용한 방법), 단체나 기관이 의사결정 과정에 구성원들을 참여시킬 때 많이 활용하는 참여형 의사결정 등이 있다.

사람마다 자기만의 의사결정 방식이 있다. 플라톤과 벤저민 프랭클린은 일종의 대차대조표를 적극 활용했다. 각 선택의 장단점, 그것을 선택했을 때 생기는 이점과 치러야 할 대가를 전부 써 보는 것이다. 유용성(가장 이득이 되는 선택인가 또는 가장 시급한 일을 해결할 수 있는 선택인가)과 기회비용(그것을 선택하지 않을 때 발생하는 비용이나 대가)을 혼자 고민해보고 결정할 수도 있다. 그 밖에 동전 던지기, 카드 뽑기, 모든 사람의 조언과 반대로 하기, 타로점 같은 정교하지 않은 대안도 있는데, 아주 현명한 방법이라고 하기는 힘들다.

다음 장에서는 지혜의 다른 구성요소 세 가지를 살펴본다. 내면의 자아를 스스로 평가하는 인간의 고유 능력인 성찰, 호기심 또는 새로운 기회에 개방적인 태도 그리고 유머다. 웃음은 정말로 효과적인 치료제이며, 심지어 농담을 이해하지 못하더라도 그런 효과를 얻을 수 있다는 사실을 알게 될 것이다.

이 세 가지 요소도 일상생활의 현명한 결정에 영향을 준다.

8
생각은 사소하지 않다

우리가 지나온 것 그리고 우리 앞에 기다리는 것은 지금 우리 안에 있는 것에 견주면 아주 사소하다.

—헨리 S. 해스킨스Henry S. Haskins

내게 특별한 재능 같은 건 없다. 그저 탐구심이 있을 뿐이다.

—알베르트 아인슈타인

가장 현명한 사람들은 가끔 좀 말이 안 되는 걸 즐기곤 하지.

—로알드 달Roald Dahl, 《찰리와 초콜릿 공장》에서

나는 엘린 색스Elyn Saks와 1990년대 초에 처음 만났다. 정신질환을 앓는 환자들의 도덕과 의사결정 능력을 연구하던 시절이었는데, 한 동료의 권유로 그에게 연락했다. 색스는 예일대학교를 졸업하고 서던캘리포니아대학교에서 법학과 교수로 일하고 있었다. 법률과 정신건강에 관해 폭넓은 저술 활동을 해왔으며, 그중에는 정신의학 연구와 강제적 치료의 윤리성을 고찰한 내용

도 있었다. 색스는 명성이 자자하고 널리 존경받는 인물이었다. '천재상'으로도 불리는 맥아더재단의 상도 그에게 주어진 수많은 명예 중 하나였다.

내 소개와 함께 내가 하는 연구에 관해 글로 써서 보내자 곧 색스에게서 전화가 왔다. 관심사와 열망하는 목표가 일치했던 우리는 금세 좋은 동료가 되어 그 뒤로 10년 넘게 수많은 연구 논문에 공동 저자로 이름을 올렸다.

협업을 시작하고 몇 년이 지난 어느 날, 색스에게서 개인적으로 만나 할 말이 있다는 연락이 왔다. 목소리에서 긴장한 기색이 느껴졌다. 색스는 만나자마자 곧장 본론을 꺼냈다. 자신이 조현병 진단을 받았다는 이야기였다. 처음 받은 진단은 아니었다. 첫 증상은 여덟 살 때 겪었다. 열여섯 살 때는 학교에 있다가 아무 이유 없이, 아무한테도 알리지 않고 학교를 빠져나와 8킬로미터쯤 떨어진 집을 향해 걸어간 일이 있었다. 집까지 가는 동안 끔찍한 두려움을 느꼈다. 지나는 집마다 적대적이고 모욕적인 메시지를 뇌에 똑바로 쏘아대는 것 같았다. "걸어라." 주변 집들이 목소리도, 글자도 없이 이런 메시지를 보냈다. "회개하라. 넌 특별하다. 넌 아주 특별히 나쁜 아이다."

그게 처음 겪은 정신병증이었고, 그것이 끝이 아니었다. 5년 뒤, 색스는 영국 옥스퍼드대학교에서 연구원으로 일하다가 공식적인 조현병 진단기준에 완전히 부합하는 증상을 겪었다. 그런 일은 그 뒤에도 있었다.

색스는 조현병을 안고 사는 삶이 악몽 속에서 살아가는 것과 같다고 이야기한다. 정신병 증상이 나타나면 이상한 이미지가 보이고 기이한 목소리와 각종 소리가 들린다. 도저히 이해할 수 없는, 혼란스럽고 너무나 무서운 경험이다. 어디까지가 현실이고 무엇이 현실이 아닌지 구분할 수가 없다. 악몽은 보통 잠에서 깨면 끝나지만, 조현병은 그런 위안도 없다. 색스는 증상이 크게 심하지 않은 날도 머릿속에서 온갖 생각이 뒤죽박죽 엉키고, 아무 의미 없는 단어들이 흩뿌려지듯 터져나와 혼란스럽다고 말한다.

조현병에는 '양성' 증상과 '음성' 증상이 있다. 색스의 설명에 따르면 "양성 증상은 없어야 하는 게 생기는 것이고, 음성 증상은 있어야 하는 게 없는 것"이다.

망상은 양성 증상이다. 색스도 망상에 사로잡힌 적이 있다. 예를 들어, 자신이 수십만 명을 죽였다는 상상을 한 치의 의심 없이 정말이라고 확신했다. 누가 자기 머리에 핵폭탄을 심고 터뜨렸다고 믿은 적도 있다.

조현병 환자들은 감정을 조절하지 못하거나 대인관계와 일반적인 직장생활을 유지하는 데 필요한 능력이 없는 경우가 많은데, 이런 문제는 음성 증상에 해당한다.

색스는 자신이 조현병의 가장 나쁜 음성 증상을 대부분 피했다고 했다. 그리고 조현병 진단을 받고 첫 몇 년이 최악이었다고 했다. 혹독한 치료를 받아야 했던 그 기간에는 치료가 강제적으로 이루어질 때도 있었다. 수많은 날을 정신병동에서 보냈고, 아무한테도 위협적인 행동을 하지 않았는데 몸을 결박당한 채로 지낸 적도 있었다. 그리고 많은 약이 투여되었다.

나와 만나 조현병 이야기를 한 날, 색스는 다 오래된 일이라고 했다. 이제는 나아졌고, 남편과 가족과 친구들의 큰 도움 덕분에 잘 지낸다고도 했다. 색스는 삶을 어찌어찌 이어가는 게 아니라 잘 꾸려나갔다. 그리고 이제 더는 병을 숨기고 싶지 않다고 했다. 과거에 이 병과 병을 치료하는 사람들에게서 경험한 공포도 이제는 감추고 싶지 않다고 말했다. 색스는 조현병과 '광기를 지나온 여정'에 관해 솔직하게 글로 쓰고 싶다고 했다. 이 결심은 그렇게 탄생한 색스의 자서전《마음의 중심이 무너지다The Center Cannot Hold》에도 담겨 있다.

그러나 색스는 이 모든 사실을 세상에 알렸을 때 치러야 할 대가를 두려워했다. "더 이상 저와 함께 일하고 싶지 않으실 수도 있을 것 같아요." 색스는 내게 이렇게 말했다.

내 마음은 정반대였다. 나는 병을 알리기로 한 색스의 결정을 축하했고, 그런 용기를 낼 수 있다는 건 정말 대단한 일이라고 말했다. 정신질환에는 때로는 뚜렷하게, 때로는 은근하게 드러나는 크고 작은 오명이 끈질기게 따라다닌다. 자신의 상태를 세상에 알리는 건 불확실한 결과를 잔뜩 각오해야 하는 일이었으므로 정말 두려웠을 것이다. 나는 색스에게 내가 도울 수 있는 일이 있다면 뭐든 하겠다고 말했다.

우리는 지금까지 꾸준히 동료로, 친구로 지내며 협업하고 있다. 지금의 색스를 볼 때면 나는 지혜가 꼭 가장 건강한 사람들만의 것은 아님을 거듭 깨닫는다. 누구보다 현명한 사람들(나는 그 목록에 색스의 이름을 꼭 넣고 싶다) 중에는 엄청난 노력으로 지혜라는 남다른 결실을 얻은 사람도 있다.

자기 삶의 저자

색스를 현명한 사람으로 만든 수많은 특성 중 하나는 성찰하는 능력, 즉 자기 내면을 살펴보며 배울 점을 찾고 그 깨달음을 토대로 변화하는 능력이다. 색스가 쓴 책과 논문, 그의 삶이 이를 분명하게 보여준다.

그렇지만 성찰은 쉬운 일이 아니다. 자기 자신에게 솔직해야 하는데, 때로는 잔인할 정도로 그래야 한다. 자신을 속이면서 하는 성찰은 아무 의미가 없다. 어떤 일을 시도하고 잘 안 되면, 처음에는 그럴 수도 있다고 생각한다. 윈스턴 처칠은 "실패는 죽음이 아니다"라고 했다. 실제로 성공보다 실패에서 배우는 게 더 많다. 두 번째 시도에서 또 실패하면, 우리는 뭐가 문제인지 알 수 있는 패턴이나 단서를 찾기 시작한다. 세 번째 시도에서도 실패하면, 이제 다른 방법을 찾아야 한다는 것을 깨닫는다. 생각을 바꿔야 할 때다.

성찰은 인간의 고유한 특성인 듯하다. 자기인식은 인간만의 능력이 아니지만, 성찰은 자기인식보다 훨씬 더 큰 능력이다. 심리학자 고든 갤럽 주니어Gordon Gallup Jr.는 1970년대에 다른 동물에게도 자신을 다른 개체나 환경과 구분해서 인식하는 능력이 있는지 확인하기 위해 거울 검사를 개발했다.

그 뒤 여러 연구에 활용된 이 거울 검사에서는 일반적으로 동물의 몸에 아무 냄새도 나지 않는 페인트로 눈에 띄는 점을 하나 찍어두거나 몸 어디에 스티커를 붙인 다음, 거울을 보여주고 어떤 반응이 나오는지 관찰한다.

거울을 보자마자 자기 몸에 생긴 표식을 알아채면 검사에 통과한 것으로 간주되었다. 그런 동물들은 거울을 보며 외모를 다듬고, 낯선 표식을 만지거나 지우려고도 했다. 표식을 마음에 들어하거나 걱정하는 반응이 뚜렷하게 나타났다.

하지만 거울에 비친 자기 모습을 자신과 비슷하게 생긴 다른 개체로 여기는 동물들이 많다. 거울 검사에 통과한다는 건 그런 동물들보다 훨씬 복잡한 정신 기능이 발휘된다는 것을 의미한다. 거울 검사를 통과하지 못하는 동물들은 거울에 비친 자기 모습을 보면 자신과 같은 집단의 다른 개체를 본 것처럼 반응한다. 공격적인 반응이 나오기도 하고 애정을 보이기도 하지만, 어느 쪽이든 자기가 아니라고 오인한다. 몸에 몰래 표식을 해두고 거울을 보여줬을 때 거울에 비친 모습이 자신임을 아는 것, 자신이 아는 자기 모습과 거울 속 모습을 비교해 시각적으로 달라진 점이 있음을 알아채는 것은 더 깊고 태생적인 자아감각이 있음을 나타낸다. 자기 모습을 알고 있으며, 몸에 생긴 페인트 자국이나 스티커는 본래 자신에게 없었음을 아는 것이다.

인간은 생후 18개월 무렵이면 이 거울 검사를 통과한다. 인간보다 늦게 거울 검사를 통과하는 다른 동물에는 아시아코끼리, 대형 유인원류, 큰돌고래, 범고래, 유라시아까치와 함께 놀랍게도 개미가 포함된다.

세상의 수많은 동물들을 통틀어보면 자기인식은 드문 능력이다. 나아가 성찰할 줄 아는 동물은 딱 한 종, 인간뿐인 듯하다. 정신의 거울에 자신을 비춰보고 거기서 발견한 것을 숙고하는 건 인간의 고유한 능력이다.

성찰은 자기 정신과 감정의 본질, 목적, 핵심을 더 깊이 이해하기 위해 스스로 조사하고 탐구하는 일이다. 지혜에 지극히 중요한 요소이자 명백한 구성요소다. "성찰하지 않는 삶은 살 가치가 없다." 플라톤이 자신의 스승 소크라테스가 불운하게 생을 마감하기 전 재판에서 했던 연설을 회상해서 쓴《소크라테스의 변명Apologia Sokratous》에 나오는 말이다.

우리가 정신의 거울에 자신을 비춰볼 때, 뇌는 하던 일을 잠시 멈춘다. 그리고 깨어 있는 동안(아마도 잠들어 있는 긴 시간에도) 매분 매초 휘몰아친 무수한 관찰과 경험을 정리하고 분류한다. 성찰은 다양한 해석을 짚어보고 의미를 찾을 시간을 준다. 거기에서 얻는 깨달음은 미래의 생각과 행동을 형성한다.

성찰은 학습에도 매우 중요하다. 인간은 해야 할 일을 하나씩 그냥 해치우는 게 아니다. 중간에 잠시 멈추고 지금까지 무엇을 했는지, 어떤 과정을 거쳤는지, 무슨 결과를 얻었는지 검토한다. 그러면서 새로운 가치와 관련성을 찾아내고, 다음에는 더 좋은 결과를 얻게끔 개선한다. 색스는 개인적인 삶에서도 일에서도 늘 이렇게 성찰하며 살았다. 그리고 성찰로 얻은 비상한 통찰과 지식은 자신의 병을 관리하는 데 도움이 되었을 뿐만 아니라, 다른 많은 이들에게도 도움이 되고 있다.

성찰하면 자신의 감정, 인식, 행동을 더 깊이 이해할 수 있다. 철학자 대니얼 데닛은 성찰이란 자기 자신을 경험하는 능력이라고 설명하면서 "자기 삶의 저자가 되는 것"이라고 표현했다.

성찰은 우리가 다른 사람의 삶과 관점을 이해하는 방식에도 영향을 준다. "나라면 어떻게 했을까?"라는 질문을 던져보면, 다른 사람들의 생각과 그들이 그들 자신에게 던지는 질문을 통찰하게 된다.

스스로 들여다보는 뇌

뇌에서 성찰이 일어나는 곳은 이마 바로 뒤에 있는 내측 전전두피질이다. 이 영역은 뇌가 능동적으로 과제를 수행하지 않는 기본 대기상태에서도 대사활성이 높게 유지되는데, 이는 뇌가 우리 자신 또는 인생과 미래를 곰곰이 생각하고 있음을 나타낸다.

내측 전전두피질은 자전적 기억이 떠오를 때나 자신에 관한 평가가 포함된 과제를 수행할 때 활성화하며, 대상피질(전측, 후측 모두) 등 뇌의 다른 영역들과 협력한다. 뇌의 다른 영역들이 내측 전전두피질과 얼마나 함께 기능하느냐는 나이와 경험에 따라 차이가 있다. 성인은 자의식과 기억에 관련된 뇌 뒤쪽의 후측 쐐기앞소엽이 더 많이 활용되고, 아이들은 대상피질에서도 맨 뒤쪽인 후측 대상피질과 전측 쐐기앞소엽 두 곳이 모두 활성화한다.

이러한 차이는 나이에 따라 우리가 자신에 관해 생각하는 방식, 자신을 바라보는 방식이 달라진다는 것을 말해준다. 같은 어린이라도 나이가 조금 더 많은 아이들은 자기 내면을 들여다보는 빈도가 줄어들고, 더 어린아이들이나 성인보다 내측 전전두피질의 활성이 약하게 나타난다.

어린아이들은 아직 성인처럼 뇌의 세부적 능력이 다양하게 갖춰지지 않은 상태여서, 공간 과제를 수행할 때 뇌가 더 크게 활성화하는 양상이 나타난다. 과제 수행에 필요한 전문성이 향상되면 뇌에서 광범위한 공간적 지표를 다루는('이걸 어떻게 해야 할까?') 영역의 활성이 줄고, 세부적인 성과('어떻게 하면 이걸 잘할 수 있을까?')에 더 집중하게 된다.

내측 전전두피질의 중요성은 다치거나 병에 걸려 이 영역이 손상되거나 제 기능을 하지 못할 때 뚜렷이 드러난다. 전두측두엽 치매도 그중 하나로, 환자는 자기인식 능력과 자아정체감을 잃는다. 자신을 실제보다 대단하게 여기고, 다른 사람들이 자신을 바라보는 시선과는 다르게 자신을 바라보는 자기애성 인격장애도 내측 전전두피질의 손상과 관련이 있다.

생각을 피하는 사람들

인간에게 성찰 능력이 있다고 해서 모두 이 능력을 활용하거나 적극 활용하려 하는 건 아니다. 우리는 자신이 생각을 꽤 많이 하며 산다고 믿고 싶어 하지만, 실제로는 별로 그렇지 않다는 증거가 많다.

예를 들어 2014년에 버지니아대학교 연구진은 사람들을 혼자 가만히 생각하는 것 외에 다른 선택의 여지가 없는 상황에 두는 다양한 실험을 연달아 실시했다. 이 실험에서 참가자 대부분이 겨우 6~15분 만에 불쾌감을 느꼈다.

게다가 생각을 피하려고 놀라운 대안을 택하는 참가자들도 있었다. 한 실험에서는 남성 참가자의 64퍼센트, 여성 참가자의 15퍼센트가 혼자 가만히 생각하는 대신 자진해서 자기 몸에 약한 전기충격을 가하는 쪽을 택했다. 심지어 실험 전에 연구진이 이런 상황을 미리 설명했을 때, 전기충격 같은 불쾌한 경험은 돈을 내고서라도 피하고 싶다고 말했던 참가자들마저 실제 그 상황이 되자 그런 선택을 했다.

사람들의 이런 반응은 연구소에서 진행된 실험과 참가자의 집에서 진행된 실험에서 똑같이 나타났다. 다가올 휴가를 떠올려 보라고 권하는 등 연구진이 생각할 거리를 제공해도 결과는 마찬가지였다.

인간은 문제가 있으면 해결하는 존재이자 의미를 만들어내는 존재다. 이런 특성은 인류의 생존과 번영에 도움이 되지만, 부정적인 결과도 동반된다. 자기 생각을 들여다보기 시작하면 아직 해결되지 않은 문제, 힘든 관계, 돈 문제, 건강 걱정, 사적인 실패, 일에서 생긴 실패가 하나둘 떠오른다. 이는 즉각적으로 스트레스를 유발하거나 만성적인 걱정의 원천이 될 수도 있다.

이런 경향은 젊은 사람들에게 더 뚜렷이 나타난다. 나이가 들고 경험이 쌓이면 더 현명해지고, 그 결과 좋지 않은 일이나 감정은 잊어버리거나 덜 신경 쓸 수 있게 된다. 그러나 앞에서도 설명했듯이, 젊은 사람들은 정신에 벨크로라도 있는 듯 부정적인 경험과 스트레스가 착 달라붙어 잘 떨어지지 않는다. 노인들은 같은 경험을 해도 정신에 테플론 코팅을 한 듯 눌어붙지 않고 금세 떨어져 나간다.

젊은 사람들은 생각보다 행동을 더 중시한다. "다들 분주히 사는 데 중독되어 아무렇지 않게 여기는 듯하지만, 그런 삶은 매우 해롭다." 실리콘밸리에서 활동 중인 심리학자이자 《속도Speed》의 저자 스테파니 브라운Stephanie Brown의 말이다. "생각하고 느끼는 것은 우리를 느리게 만들고 길을 가로막는다는 인식이 널리 퍼져 있다. 그러나 실제로는 정반대다."

자기 확인의 이점

좋지 않은 일을 생각하는 건 힘든 일이다. 우울감과 불안감의 씨앗이 되기도 한다. 그런 생각을 즐기는 사람은 없지만, 부정적인 감정과 생각을 억지로 누르려 하면 더 좋지 않은 결과가 초래될 수 있다. 부정적인 생각은 억누르면 오히려 더 강해지고 더 깊이 침투해서, 그걸 억누르려면 훨씬 더 많은 힘이 든다.

심리학자들은 이 사고 억제의 역설적 효과를 '흰곰 효과'라고 일컫는다. 표도르 도스토옙스키Fyodor Dostoevsky가 쓴 《겨울에 기록한 여름의 인상Winter Notes on Summer Impressions》에 나오는 다음 구절에서 비롯된 용어다. "북극곰을 떠올리지 않으려고 해 보라. 그 망할 곰의 모습이 머릿속을 떠나지 않을 것이다."

무언가를 생각하지 않으려는 인지적 노력이 너무 오래 지속되면 강박장애, 불안감, 우울증, 공황발작, 각종 중독 등 수많은 심리적 문제가 생길 수 있다. 이는 습진, 과민성 대장증후군, 천식, 두통 등 스트레스를 받으면 더 나빠지는 신체 증상과도 관련된다.

부정적인 생각을 곱씹거나 안 좋은 생각을 떠올리지 않으려고 끝없이 애쓰는 것의 정반대는 자신의 가치를 확인하는 것이다. 자기 확인은 지혜는 물론 인생 전반에 긍정적인 영향을 준다. 삶의 의미와 목적을 느낄 수 있는 것을 찾고 거기에 집중하면, 스스로 자신을 바라보는 시선이 자연스레 개선된다.

나는 건강한 사람들과 조현병 환자들을 대상으로 삶의 의미나 목적을 찾는 노력이 어떤 영향을 주는지 연구한 적이 있다. 그 결과, 두 그룹 모두 인생의 목적이나 의미를 찾은 사람들이 그렇지 않은 사람들보다 신체적으로나 정신적으로 더 건강했다. 다른 과학자들의 연구에서는 삶의 의미나 목적이 개개인의 생리학적인 노화 속도를 예측하는 지표가 될 수 있다는 결과도 나왔다.

자신의 가치를 스스로 확인하는 노력은 복측 선조체, 복내측 전전두피질 등 뇌에서 보상과 관련된 영역에 활성을 일으킨다. 좋아하는 음식을 먹거나 상을 받는 등 즐거운 경험을 할 때 활성화하는 곳들이다. 자기 확인으로 이 보상회로가 활성화하면, 부정적 감정이 줄거나 약해지고 긍정적 확신이 더욱 강해진다.

우리가 자신에 관해 생각할 때 활성화하는 두 영역인 내측 전전두피질과 후측 대상피질도 자기 가치를 확인할 때 함께 활성화한다. 이는 자신에 관한 생각이 처리되는 과정이, 괴롭거나 부정적인 정보 또는 위협적인 정보의 악영향을 막는 일종의 정서적 완충제로 작용한다는 것을 시사한다.

흥미로운 사실은, 자기 가치를 스스로 확인하면서 얻는 이런 유익한 영향이 옛일보다 미래에 일어날 일을 생각할 때 더 크게 나타난다는 것이다. 과거에 일에서 성공을 거둔 경험과 미래에 얻으리라 예상되는 성취를 생각할 때, 각각 뇌에 어떤 활성이 나타나는지 확인한 여러 뇌영상 연구가 있다. 이에 따르면 자기 확인과 관련된 영역은 과거의 일보다 앞으로의 일을 전망할 때 더 크게 활성화했다.

잔인할 정도로 정직할 것

구글 통계에 따르면 매일 하루 동안 촬영되는 '셀피selfie'는 약 1억 장이다. 아마 실제로는 더 많을 것이다. 한 여론 조사에서는 18~24세 인구가 촬영하는 사진의 3분의 1은 셀피이고, 밀레니얼 세대(대략 1980년대 초부터 1990년대 중반 사이에 태어난 사람들)가 평생 찍는 셀피는 평균 2만 5000장으로 추정되었다. 셀피를 매일 한 장씩, 평생 찍어야 나올 수 있는 수치다.

심리학자이자 저술가인 테리 앱터Terri Apter는 셀피가 "자신을 정의하는 한 가지 방식"이라고 설명했다. "자기 이미지를 스스로 통제하고, 남들의 관심을 받고, 존재감을 드러내고, 문화의 일부가 되는 것은 누구나 좋아하는 일이다."

그러나 셀피에는 피상적일 뿐만 아니라 남들의 시선을 고려해 세심히 다듬고 엄선한 모습이 담긴다. 셀피를 찍는 것으로도 자신에 관해 뭔가를 깨달을 수 있을까?

성찰에는 휴대전화와 셀카봉보다 더 많은 것이 필요하다. 자신의 신념과 행동, 예전에 했던 일들, 미래의 목표에 관해 때로는 힘든 질문도 스스로 던져야 한다. 내 안에는 무엇이 있는가? 그게 왜 있을까? 지켜야 하는 것과 바꿔야 하는 것은 무엇인가?

나는 정신의학과 레지던트로 일하던 1974년에 전신 거대세포바이러스 감염증이 갑자기 발병한 앨런 그린Alan Green이라는 환자와 만났다. 거대세포바이러스는 인체에 감염되더라도 대부분 계속 잠복해 있을 뿐 몸에 문제를 일으키지 않는다. 미국 질병통제예방센터는 성인 인구의 50~80퍼센트가 40세 이전에 거대세포바이러스에 감염되며, 감염자 대부분은 특별한 문제나 증상을 겪지 않는다고 추정한다.

하지만 그린은 고열, 비장비대증, 빈혈 등 극심한 감염증에 시달렸다. 바이러스는 그의 몸을 완전히 헤집어놓았다. 그린은 5년 동안 책을 읽거나 혼자 생각하는 것 외에 다른 일은 거의 아무것도 할 수 없을 만큼 심하게 앓았다(그린은 그 시기에 "사람들에 관한 책, 특히 자기 의지와 상관없이 한 곳에 갇혀 지내는 사람들"을 다룬 책을 주로 읽었다고 했다). 병상에서 긴 시간을 보내는 동안 그린은 자신과 자신의 운명에 관해 자주 생각했다. 그리고 회복된다면 의학 연구자가 되어 열심히 연구하면서 남은 생을 보내리라고 다짐했다.

그의 다짐은 실현되었다. 현재 그린은 다트머스대학교 가이젤 의과대학의 정신의학과 과장이자 교수가 되어 목적한 바를 많이 성취했다. 또한 동료로, 친구로, 다른 사람들에게 영감을 주는 존재로 살고 있다.

좋은 자극은 어디서나 찾아야 하겠지만, 진정한 변화는 자기 내면에서부터 시작된다.

미국 건국의 아버지 벤저민 프랭클린은 인쇄업자, 외교관, 과학자, 발명가, 음악가, 여행자, 저술가, 운동선수(국제 수영 명예의 전당에까지 이름을 올렸다!) 등으로 여러 분야에서 활약했다. '자수성가'의 개념을 알리는 데 큰 몫을 한 인물이기도 하다.

프랭클린은 스무 살이던 1726년, 아마 그 시절 그에게는 가장 고매한 꿈이었을 목표를 정했다. 나중에 자서전에서 그는 그때 세운 목표를 '도덕적 완성'이라고 표현했다.

나는 도덕적 완성이라는 대담하고 도달하기 힘든 계획을 떠올렸다. 언제 어디서든 어떠한 잘못도 저지르지 않으며 살기를 바랐고, 타고난 성향과 관습, 주변 사람들이 주는 영향을 물리치고 싶었다.

나는 옳고 그름을 알고도, 또는 안다고 생각하면서도 왜 항상 옳은 일만 하며 살 수는 없는지, 왜 그른 일을 피할 수 없는지 이유를 알 수 없었다. 나는 곧 내가 세운 목표가 생각보다 어렵다는 사실을 알게 되었다. 한 가지 잘못을 피하는 데 몰두하다 보면 다른 잘못을 저질렀다는 사실을 깨닫고 놀랄 때가 많았다.

프랭클린은 오랫동안 깊이 숙고한 끝에 절제, 성실, 겸손, 결단력 등 살면서 지켜야 할 열세 가지 덕목을 정리했다. 그리고 작은 노트를 들고 다니면서 그 덕목들을 지키기 위해 스스로 어떤 노력을 했는지 기록하고 평가했다. 매일 성찰하고 기록으로 남긴 것이다. "나는 내가 어떤 사람인지 탐구하기 위해 이 계획을 실행했고, 이따금 건너뛸 때도 있었지만 꾸준히 실천했다. 내가 생각보다 훨씬 더 많은 잘못을 저질렀다는 사실에 깜짝 놀랐다. 하지만 잘못이 점점 줄어드는 것을 보며 만족감을 느꼈다."

프랭클린은 그토록 열성적으로 바란 도덕적 완성에는 "결코 도달하지 못했다"고 밝혔다. 그러나 "더 나은 사람, 더 행복한 사람이 되었으며, 그런 노력을 하지 않았다면 이렇게 될 수 없었을 것"이라고 했다. 벤저민 프랭클린 같은 사람은 극히 드물고 앞으로도 그런 사람이 나타날 가능성은 희박하지만, 스스로 노력해서 더 나은 사람이 되는 건 누구나 가능한 일이다.

어떤 면에서 성찰은, 공감이나 연민처럼 지혜의 뚜렷한 특성으로 여겨지는 요소들 못지않게 지혜에서 본질적이고 중요한 몫을 차지한다. 더욱 지혜로워지려는 노력에서는 성찰이 더 더욱 중요하다. 시인 칼 샌드버그Carl Sandburg가 남긴 글에도 그런 내용이 나온다.

> 사람은 반드시 자신을 위한 시간을 내야 한다. 우리는 시간을 쓰면서 살아가고, 유념하지 않으면 어느새 내게 주어진 시간을 남들이 쓰고 있음을 알게 된다. … 가끔은 홀로 멀리 떠나 외로움을 경험할 필요가 있다. 숲 속 바위에 앉아 자신에게 질문해야 한다. "나는 누구인가? 나는 어디에 있었고, 어디로 가고 있나?" 세심히 관심을 기울이지 않으면, 인생의 필수품인 시간이 여기저기 흩어져 줄어든다.

소크라테스가 '삶에 관한 탐구'라고 표현한 성찰은 정확하고 정직해야 하며, 때로는 잔인할 정도로 그래야 한다. 대중잡지에는 멋 부리는 센스부터 내면의 아름다움까지 자신에 관해 알아보는 온갖 종류의 테스트가 소개되곤 하는데, 다들 한 번쯤 해본 적이 있을 것이다. 재미 삼아 그런 테스트를 해보는 건 전혀 문제 될 게 없지만, 진심으로 더 나은 사람이 되고 싶다면 현재 자신의 위치, 즉 지금 자신이 어떤 사람인지를 알아야 한다. 그래야 적절한 다음 단계를 정하고, 나중에 삶을 돌아봤을 때 더욱 만족할 수 있다. 또한 더 지혜로운 사람이 될 수 있다.

나태의 쓸모

홀로 자기 생각과 마주하는 일을 피하려 하는 사람이 많다. 어쩌면 누구나 그럴 때가 있을 것이다. 생각하지 않는 게 좋을 때도 있다. 성경의 〈잠언〉 16장 27절은 나태한 손이 악마의 일을 꾀한다고 경고하지만, 특별한 생각 없이 지내는 시간은 부지런한 생활을 시작하는 좋은 자극이 될 수 있다. 혁신은 이리저리 떠돌던 생각에서 시작되는 경우가 많다는 증거도 무수하다.

그 무엇에도 집중하지 않고 생각이 정처 없이 떠돌게 내버려두는 것은 예부터 인지 기능을 낭비하는 것으로 여겨졌다. 정신의 통제력, 전반적인 정신 능력이 부족한 탓이라고 치부되기도 했다. 그러나 이제 전문가들은 이런 판단을 재고하고 있다. 새로운 생각이나 통찰은 정신이 의식적 목표 없이 떠돌 때 떠오를 확률이 높다. 몽상에 잠길 때처럼 정신을 쉬게 하면, 일어난 일들에 관한 기억과 정보가 더 잘 유지된다는 연구 결과도 있다. 정신의 적절한 휴식은 미래의 학습 능력과 실질적인 지혜를 증대한다.

정신의 정리운동도 정신을 쉬게 하는 또 다른 방법이다. 머리를 아주 많이 써야 하는 까다로운 일을 마치고 나면 잠시 쉬면서 지금까지 한 일을 검토하는 시간을 갖는 것이다. 몸을 움직일 수 있게 밖으로 나가 거닐면서 그런 시간을 보내면 더욱 좋다. 뇌영상 연구에 따르면, 새로운 것을 배운 직후에 무엇을 알게 되었는지 되짚어볼 시간이 있었던 사람들은 나중에 학습 내용을 평가하는 테스트에서 더 높은 점수를 받았다.

"휴식하면서 기억을 다시 떠올리면 기억은 더 강화하는데, 이는 그 기억의 내용뿐만 아니라 앞으로 형성될 기억에도 영향을 준다." 오스틴 텍사스대학교 심리학과와 신경과학과 교수 엘리슨 프레스턴Alison Preston의 설명이다.

호기심의 침투성

나는 인도 출신의 이민자다. 뇌 선조체의 도파민 농도가 높은 것은 왕성한 호기심, 새로운 경험에 개방적인 성향과 관련이 있는데, 자발적 이민자들의 뇌에서 이런 특징이 나타난다.

'시작하는 글'에서 이야기했듯이, 내가 미국 이민을 결심한 가장 큰 이유는 하고 싶은 연구를 하기 위해서였다. 인도에서 공부하던 시절에는 인도 정신의학의 개척자인 바히아와 둥가지에게서 임상 연구를 수행하는 법을 배웠다.

나는 연구가 이루어지는 방식에 매료되었다. 과학자는 자신의 연구에서 대충 어떤 결과가 나올지 예상하지만, 아주 뜻밖의 결과가 나올 때가 있기 때문에 의외의 결과도 받아들이는 열린 마음이 필요하다. 예상치 못한 결과가 나올 때면 정말 짜릿했다. 연구자는 어떤 데이터가 나올지 불안감과 기대감을 동시에 안고 기다린다. 어떤 결과가 나올지, 그 결과에는 어떤 의미가 담겨 있을지 노심초사한다. 곧 태어날 아기가 여자아이일지 남자아이일지, 얼마나 건강할지 아무것도 모르는 채로 출산을 기다리는 부모들의 심정과 비슷하다.

인도에서 할 수 있었던 임상 연구의 형태는 대부분 조현병, 우울증, 간질을 앓는 환자 수백 명을 조사하는 역학疫學 연구였다. 역학은 특정한 건강 상태나 건강 관련 사건의 발생분포, 그 문제에 결정적인 영향을 준 요인을 탐구하는 학문이다. 예를 들어 대기에 특정 독성물질이 얼마나 있는지, 지역사회에 특정 질병이 얼마나 만연한지, 특정 지역에서 건강 관리를 어떤 방식으로 하는지 조사한다. 그리고 이러한 조사에서 얻은 지식을 질병이나 그 외 건강 문제를 막는 데 어떻게 활용할 수 있는지 연구한다. 몇 년 동안 이런 연구를 한 뒤, 나는 방향을 바꿔 사람의 속을 들여다보는 임상 연구를 해보고 싶었다. 구체적으로는 뇌를 생물학적으로 탐구하고 싶었다. 그리고 정신의학 연구를 하기에 가장 좋은 곳은 미국 워싱턴 DC에 있는 국립보건원 산하기관인 국립정신의학연구소라는 사실을 알게 되었다.

그렇지만 내가 아는 건 그게 다였으니, 미국에 영구히 눌러 사는 건 위험 부담이 큰 결정이었다. 이민을 선택하는 것은, 태어나고 자란 나라에서 안정적으로 생활할 기회와 거의 따놓은 당상이던 좋은 직업을 다 포기한 채 모르는 것투성이인 낯설고 새로운 문화 속으로 가야 한다는 의미였다. 하지만 내심 다른 선택은 없다고 느꼈다. 개인적 호기심과 직업적 호기심을 충족할 방법은 미국행뿐이었다.

미국에 도착해 먼저 뉴저지 의과대학에서 1년, 이어 코넬대학교에서 2년을 보내며 규정대로 정신의학과 레지던트 과정을 마치고 국립보건원에 들어갔다. 내 꿈이 이루어진 것이다. 국립보건원에는 사실상 모든 과학 분야의 최고 실력자들이 모여 있고, 세계에서 가장 큰 의학도서관인 국립의학도서관이 있다. 또한 모든 최첨단 기술도 완비되어 있다. 나는 그곳에서 새로운 것을 정말 많이 배우고 수많은 연구에 참여하고 논문도 많이 냈다. 그렇게 몇 년이 지나자 내게는 독보적인 안식처였던 국립보건원을 떠나 새로운 위험을 감수할 때가 되었다고 느꼈다. 내 연구실을 꾸리고 내가 원하는 연구와 교육 프로그램을 개발하고 싶었다. 이 결정도 흥미로운 동시에 위험성이 아주 컸다.

젊은 시절에는 새로운 경험에 개방적이고, 위험을 감수해야 하는 일도 대수롭지 않게 받아들인다. 나이가 들면 이런 강렬한 열망과 안정을 바라는 욕구 사이에서 균형을 찾아야 한다. 나는 몇몇 대학을 살펴본 후 UC 샌디에이고를 택했다. 현명한 결정이었다. 그 뒤로 지금까지 나는 30년 넘게 이 학교에서 일했다. 내가 살아가는 물리적 환경으로서, 또한 우리 가족이 살아가는 환경으로서 이곳은 더없이 안정적이다. 동시에, 꺼질 줄 모르는 내 호기심을 채워줄 새로운 연구를 계속할 수 있다.

호기심은 인지 능력의 기본 요소다. 호기심은 학습의 동기가 되고 의사결정에도 영향을 준다. 또한 개인의 발전, 문화의 발전, 사회 전체의 발전 등 모든 차원에서 인간의 발전을 촉진한다.

스스로 호기심을 느낀다는 것을 거의 인식하지 못할 만큼 침투성이 강한 것도 호기심의 특징이다. 우리는 아이들이 호기심을 드러내며 어떤 지식이든 기름종이처럼 쫙 빨아들이는 모습을 보고 경탄하지만, 어른들도 다르지 않다. 정보와 새로운 것을 향한 우리의 채워지지 않는 갈망을 떠올려보라. 사람들은 길을 가다가 신문 가판대에서 잠시 스친 기사 제목이나 잡지 표지에 걸음을 멈추고 무슨 내용인지 읽어본다. 가전제품 판매장 앞을 지날 때도 전시된 TV 화면 속 뉴스를 보려고 걸음을 멈춘다. 고속도로에서 잘 달리던 차들이 갑자기 일제히 속도를 늦추면 (고속도로가 이러면 안 된다고 짜증을 내면서도) 무슨 일인지 이유를 알아내려 한다. 스마트폰을 열고 새로운 이메일이나 문자메시지, 친구가 올린 사진이나 영상, 최신 속보를 마지막으로 확인한 게 언제인가?

2015년에 컨설팅 업체 딜로이트Deloitte가 실시한 조사에 따르면, 미국인들이 하루 동안 스마트폰을 열고 사용하는 횟수를 전부 합치면 최대 80억 회에 이른다. 이를 1인당 사용 횟수로 환산하면 약 46회로, 전년도 조사 때보다 13회가 늘어났다. 물론 이 결과는 추정된 평균치이며, 젊은 사람일수록 휴대전화 화면을 들여다보는 횟수가 더 많다.

자기 내면을 바라보고 구석구석 살피는 것이 성찰이라면, 호기심은 시선을 밖으로 돌려서 질문을 던지는 인간의 복잡하고 미묘한 특성이다. 고인이 된 캐나다의 심리학자 대니얼 벌린Daniel Berlyne을 포함한 여러 학자는 호기심을 네 가지로 분류한다.

- 지각적 호기심: 새로운 것, 모호한 것, 헷갈리는 것을 향한 호기심
- 구체적 호기심: 특정한 정보를 찾는 호기심
- 다각적 호기심: 무엇이든 새로운 것에 끌리고, 새로운 장소·사람·사물을 탐구하게 만드는 호기심
- 지적 호기심: 지식을 향한 욕구

인간에게는 이 모든 호기심이 있으며, 각각의 정도는 사람마다 다양하다.

카네기멜론대학교의 경제학자이자 심리학자 조지 로웬스타인George Loewenstein은 행동경제학이라는 분야를 새로 개척한 선구자다. 그는 세상이 우리의 지식으로는 이해할 수 없는 방식으로 작동할 때, 또한 현실과 기대를 조화시키려 할 때 호기심이 생긴다는 '정보격차 이론'을 제시했다. 가령 공이 엉뚱한 방식으로 튀어오르거나 누가 전혀 예상치 못한 행동을 하면, 우리는 그런 일이 왜 일어나는지 궁금해하고 관심을 쏟는다.

호기심은 '경험에 대한 개방성'이라고도 정의된다. 인간의 성격특성을 다섯 가지로 나누어 설명하는 '5요인 이론'에서 우호성, 성실성, 외향성/내향성, 신경성과 함께 한 축을 이루는 특성이다. 이 이론에서 신경성은 기분 변화가 심하거나 불안, 두려움, 걱정, 분노, 좌절, 부러움, 질투심, 죄책감, 외로움 같은 감정을 많이 느끼는 성향을 뜻한다.

연구자들은 주로 다음과 같은 진술이나 설명을 활용한 자가평가로 개개인의 경험에 대한 개방성을 평가한다. 참가자들은 각각의 문장에 얼마나 동의하는지, 또는 자신과 얼마나 일치하는지 직접 답한다.

- 나는 시를 좋아한다.
- 나는 상상력이 풍부하다.
- 나는 철학적 토론을 피하지 않는다.

솔직하게 자신을 평가할 때 앞의 문장들이 자신과 일치하는 설명이라고 생각하면, 경험에 개방적일 가능성이 크다. 강하게 동의할수록 더 개방적이라고 할 수 있다. 반대로 자신과는 동떨어진 얘기이고 동의하지 않는다면, 경험에 대한 개방성이 낮다고 볼 수 있다. 대부분은 경험에 대한 개방성이 중간 정도이며, 양극단에 해당하는 사람들도 있다. 이러한 평가에서 점수가 낮은 사람들은 경험에 폐쇄적이고, 관습과 전통을 따르며, 익숙한 길을 선호하고, 흥미를 느끼는 범위가 좁은 경향이 나타난다. 반대로 점수가 높은 사람들은 예술적이고 창의적이며 위험을 기꺼이 감수하려 한다.

알고 싶다는 마음

2009년에 캘리포니아공과대학 연구진은 뇌에서 호기심의 반응 경로를 찾기 위한 새로운 뇌영상 연구를 계획했다. 연구진은 19명의 참가자에게 다양한 주제의 일반상식 문제 40개를 낸 뒤, 문제를 푸는 각 참가자의 뇌를 fMRI로 촬영했다. 질문지에는 매우 일반적이고 쉬운 문제와, 세부 지식이나 흥미가 있어야 답할 수 있는 문제가 섞여 있었다. 예를 들면 다음과 같은 질문이다.

- 지구가 속한 은하의 이름은 무엇입니까?

- 인간의 노랫소리와 비슷한 소리를 낼 수 있게끔 발명된

악기는 무엇입니까?

연구진은 참가자들에게 답을 모르면 추측해서 답하라고 했다. 또한 정답을 알고 싶은 호기심을 어느 정도로 느끼는지, 자신이 추측한 답을 정답이라고 얼마나 확신하는지도 직접 평가하게 했다.

뇌영상 분석 결과, 스스로 호기심이 크다고 한 사람들은 등쪽 선조체의 일부인 좌측 미상핵과 전전두피질에서 활성이 나타났다. 둘 다 보상감을 주는 자극과 관련 있는 영역이다. 이는 지식을 향한 갈증이 뇌의 보상회로를 자극하긴 하지만, 이 회로 전체가 활성화하지는 않는다는 것을 보여준다. 주어진 질문의 정답을 알고 맞힐 때는 하전두회 등 학습·기억·언어와 관련된 뇌 영역이 활성화했다. 재미있는 사실은, 참가자가 자신이 추측한 답이 오답임을 알게 되었을 때 뇌의 활성도가 더 커졌다는 점이다. 또한 답을 맞히지 못한 질문이 나중에 다시 제시되자 정답을 더 잘 기억한 것을 보면, 오답을 깨닫는 과정이 기억을 강화한 것으로 보인다.

호기심이 학습에 도움이 된다는 것은 쉽게 예상할 수 있는 일이다. 정답을 알아내려는 호기심이 큰 사람들은 학습 능력이 더 뛰어나고, 그 문제와 관련된 정보를 더 잘 기억한다. 호기심이 아주 왕성한 사람들은 서로 무관한 정보를 학습하는 능력도 더 뛰어나다는 사실이 많은 연구를 통해 밝혀졌다. 이러한 현상은 뇌

영상 연구에서도 어느 정도 확인된다. 호기심으로 촉발된 학습은 해마를 활성화해서 새로운 기억의 형성과 뇌 보상회로와의 연결이 증대된다는 연구 결과가 있다.

호기심은 그 자체가 보상이기도 하다. 새로운 발견은 기분을 향상한다. 호기심을 느끼면 체내 도파민 농도가 상승하고, 이 내적 동기가 외적 동기를 촉진한다. 새롭게 접한 작은 정보나 발견이 더 많은 정보와 혁신을 찾으려는 욕구에 불을 붙이기도 한다.

여러분도 앞의 예시 질문에 호기심이 발동했을 것이다. 지구가 속한 은하는 '우리은하', 사람의 노랫소리와 비슷한 소리를 내는 악기는 '바이올린'이다.

우승한 농담

마크 트웨인은 기발한 유머에는 지혜가 가득하다고 했다. 맞는 말이다. 그렇지만 내가 (그리고 다른 많은 이들이) 생각하는 유머의 가치는 그 이상이다. 유머는 지혜의 핵심이며, 지혜를 만드는 요소이자 지혜가 드러나는 방식이다. 웃음 없이는 그 누구도 생존할 수 없고 번성할 수도 없다. 로저 섀턱Roger Shattuck의 역사서 《향연의 시대The Banquet Years》에는 이런 내용이 나온다. "유머는 우리가 암담함과 절망에 빠지지 않고 인간의 본성과 이 세상의 실상을 생각하게 한다."

영국 하트퍼드셔대학교의 심리학자 리처드 와이즈먼Richard Wiseman은 2002년에 세상에서 가장 웃긴 농담, 즉 가장 많은 사람이 웃음을 터뜨리게 만드는 농담을 찾아 나섰다. 이를 위해 와이즈먼은 누구나 농담을 제시하고 평가할 수 있도록 '웃음 연구소LaughLab'라는 웹사이트를 개설했다. 이 웹사이트에는 4만 1000건이 넘는 농담이 등록되었다.

와이즈먼 연구진이 최종 선정한 우승작은 구글에 검색해보면 쉽게 찾을 수 있다. 사실 모든 사람이 웃음을 터뜨리게 만드는 보편적인 농담은 없다. 유머는 지리적 위치와 문화, 개개인의 성숙도, 교육수준, 지성, 맥락의 영향을 받는다. 서구인들은 유머감각을 흔하고 긍정적인 특성으로 여기며 누구나 남을 웃기는 능력이 조금은 있다고 생각하지만, 일부 문화권에서는 유머를 극소수만의 특수한 자질로 여긴다.

무엇이 우리를 웃게 만드는가

유머에는 개인의 경험과 취향이 반영된다. 포르노와도 약간 비슷하다. 보거나 들으면 그게 포르노임을 알지만, 포르노가 뭔지 말해보라고 하면 정확히 정의하기가 어렵다.

인간의 삶과 행동에는 유머라고 하지 않고서는 도저히 설명할 수 없거나, 희한하거나, 비이성적인 면이 많다. 유머의 기원과 본질은 아직 많이 밝혀지지 않았다. 그러나 웃을 거리를 찾고, 어떤 사람 또는 무언가를 보면서 웃거나 웃음거리로 삼는 것은 분명 인간의 고유한 능력이다.

유머에는 인지적 요소와 정서적 또는 감정적 요소가 있다. 인지 능력은 웃음이 터지는 지점을 알아채고 이해하게 하며, 정서적인 처리 과정은 농담을 즐기게 한다. 무엇이 우리를 웃게 만드는지를 둘러싸고는 여러 이론이 있다. 가장 유명한 것은 아리스토텔레스가 처음 제시한 부조화 이론일 것이다. 인간의 뇌는 늘 다음에 일어날 일을 예상하고 그에 맞는 자원과 반응을 준비하려 하는데, 그 예상이 빗나갈 때 웃음이 터진다는 내용이다.

우리가 다른 사람을 웃음거리로 삼는 이유를 해석하는 이론도 있다. 그래야 자기 자신을 더 좋게 느끼기 때문에, 긴장감과 두려움을 가라앉힐 수 있어서, 어색함을 이겨내려고, 자신의 억눌린 욕구를 드러내거나 혼란스러운 감정에 대처할 수 있기 때문이라는 내용이다. 모두 유머의 일부 측면에는 부합하지만 완전한 설명은 아니다. 인간은 낯선 소리에도 웃음을 터뜨리고, 자기 말고는 아무도 보거나 듣지 못하는 것에도 웃는다.

유머 실력

아동소설의 고전으로 꼽히는 《스튜어트 리틀Stuart Little》과

《샬롯의 거미줄Charlotte's Web》, 시대를 초월한 영어 지침서《영어 글쓰기의 기본The Elements of Style》을 저술하는 등 다채로운 재능을 겸비했던 엘윈 브룩스 화이트Elwyn Brooks White는 이런 말을 남겼다. "유머를 개구리 해부하듯 해부할 수도 있지만, 그 과정에서 유머는 죽는다. 철저히 과학적인 관점으로 보는 사람을 제외한 모든 이가 훤히 드러난 내부에 실망한다."

맞는 말이다. 어떤 농담이 왜 폭소를 일으키는지 설명하려면 그 농담을 이루는 요소들을 분해해야 하는데, 그렇게 쪼개진 농담은 더 이상 재미있지 않다. 하지만 농담을 들었을 때 우리 뇌에서 일어나는 일들은 아주 흥미롭다. 일부 과학자들이 생각하는 이론은 이렇다.

> 어떤 사람이 회사에 지각했다…

이런 서두를 들으면 우리 뇌에서는 농담이 시작되었음을 알아챈다. 주어질 정보를 처리할 전두엽, 웃음이 터질 때 몸의 움직임 등 운동 기능을 통제할 보조운동 영역, 폭소가 터지는 결정적인 구간에서 뇌의 보상회로를 가동할 중격의지핵 등 다양한 신경회로가 활성화하기 시작한다.

> 어떤 사람이 회사에 지각했다.
> 상사가 그에게 소리쳤다. "8시 반까지는 왔어야지!"

"왜죠?" 그가 되물었다. "8시 반에 무슨 일이 있었길래요?"

농담이 재미있는 이유는 놀라움에 있다. 즉 예상을 벗어나는 것이 우리에게 재미를 준다. 인간의 뇌, 특히 전두엽은 끊임없이 패턴을 찾고 다음에 일어날 일을 예상하려 한다. 우리가 친구의 말을 듣고 있을 때도 마찬가지다. 우리 뇌는 친구 입에서 나오는 단어를 가만히 듣기만 하는 게 아니라 다음에 무슨 단어가 나올지, 자신은 어떻게 반응할지 계속 예상한다.

앞의 농담에서 "8시 반에 무슨 일이 있었길래요?"라는 예기치 못한 핵심부는 순간적으로 모든 예상을 뒤집는다. 그 순간 뇌의 반응은 정보처리가 아닌 중격의지핵과 연결된 감정 반응으로 바뀐다. 이어서 뇌가 '지금 뭐라고 한 거야?'라고 되묻는 듯한 반응이 나타난다. 전전두피질은 농담의 핵심부를 재검토하고, 의식을 더 많이 끌어와서 주어진 정보를 새롭게 평가한다. 그 결과 농담을 '이해하면' 다시 중격의지핵의 즐거움과 보상회로가 활성화해 미소를 짓거나 웃음을 터뜨리게 된다.

몇 년 전 서던캘리포니아대학교 연구진은 뇌에서 농담이 생겨나는 위치를 찾아보기로 했다. 연구진은 즉흥코미디 공연을 하는 아마추어 코미디언과 전문 코미디언 여럿을 모집하고, 이들에게 《뉴요커》 잡지에서 가져온 말풍선이 비어 있는 만화를 제시했다. 그리고 이들이 빈 곳을 각자 웃긴 말로 채워 넣는 동안 fMRI로 뇌를 촬영했다.

아마추어 코미디언들이 말풍선을 채울 때는 내측 전전두피질과 측두 연합영역이 활성화했다. 내측 전전두피질은 아주 오래전에 형성된 장기기억을 떠올리고 통합하며, 사람들과 어울릴 때 적절히 반응하게끔 돕는다. 측두 연합영역도 기억에 관여한다. 동시에 사람의 얼굴과 말 등 복합 자극을 인식한다.

더 노련한 코미디언들이 만화를 완성할 때는 뇌에서 측두엽의 활성이 커졌고, 전전두피질의 활성 수준은 아마추어들보다 약했다. 측두엽은 의미 정보와 추상적인 정보를 처리하고 전전두피질은 하향식 의사결정에 더 집중하는, 뇌의 영역별 특징과 일치하는 결과다. 놀라움과 신선한 충격을 자연스럽게 선사하는 개그가 최고의 개그다. 전전두피질의 논리적인 판단으로는 그런 개그가 나올 수 없다.

우리가 명화를 자세히 살펴보거나 아름다운 경치를 볼 때도 그와 같은 뇌 활성이 나타난다. 특히 그림을 볼 때는 피질에서 시각정보를 처리하는 영역이 기능하는데, 이러한 영역은 뇌의 보상체계에 포함된 아편유사제(오피오이드) 수용체의 밀도가 높다. 위대한 예술작품, 훌륭한 노래, 멋진 풍경, 농담은 모두 신경학적인 즐거움을 선사한다. 단, 같은 자극이 반복되면 처음의 짜릿함은 여지없이 줄어든다(아편에 중독되면 점점 둔감해지는 것과 같다). 인간은 새로움을 갈망한다. 아무리 훌륭한 농담이라도 자꾸 들으면 유머의 힘이 사라진다.

유머는 건강과 관련이 있다. 유머감각이 뛰어난 사람은 면역 체계가 튼튼하고(주요 생체지표로 평가할 때), 통증을 더 잘 참으며, 혈압이 낮고, 지속적인 불안 같은 심리적 문제에 덜 시달린다는 사실이 여러 연구에서 밝혀졌다.

어느 영리한 연구에서는 참가자들에게 일정 시간이 지나면 약한 전기충격이 가해진다고 예고한 뒤, 기다리는 동안 참가자 절반에게는 웃긴 콘텐츠를 보여주고 나머지 절반은 그냥 기다리게 했다. 연구진은 이들의 심박수를 계속 측정하는 한편 각 참가자 스스로 불안감을 직접 평가하게 했다. 유머감각을 평가하는 테스트도 했다.

유머감각 평가에서 높은 점수를 받은 사람들은 대기 시간에 오락거리를 제공받은 그룹과 제공받지 않은 그룹 모두에서 스스로 평가한 불안감이 낮았다. 유머감각 평가에서 낮은 점수를 받은 사람들도 재미있는 콘텐츠를 보면서 대기하면 불안감이 낮아졌다. 심박수는 두 그룹의 차이가 크지 않았다. 요약하면, 유머감각이 뛰어나거나 유머에 노출되면 여유를 찾는 데 도움이 될 수 있다.

유머는 노화에도 매우 긍정적인 영향을 준다. 웃으면 더 건강해진 기분이 들고, 사회적 소통이 활발해지며, 삶에 대한 만족감이 커진다. 또한 자존감이 높아지고, 우울감과 불안은 낮아지며,

스스로 느끼는 스트레스가 줄어든다. 특정 질병을 앓는 노인이라도 유머를 활용할 줄 아는 사람은 건강과 전반적인 태도가 개선되는 것으로 나타났다.

지혜에서 호기심과 유머가 차지하는 비중은 연민이나 의사결정 능력만큼 크지 않다. 그러나 우리의 인생이라는 드라마에서 호기심과 유머는 결코 단역에 머무르지 않는다. 호기심과 유머는 우리 자신이 어떤 사람이고 얼마나 현명한지를 드러낸다. 호기심 없이는 배움을 극대화할 수 없으며, 배운 것을 남들과 공유할 수도 없다. 또한 유머 없이는 사람들과 지혜롭게 교류할 수 없다. 유머는 힘든 진실의 무게를 덜어주고, 남들과의 공통점을 발견하게 하며, 삶의 고초를 견디게 한다.

"운명에 웃음 짓지 못한다면, 농담을 이해하지 못하는 것이다." 호주 출신의 작가 그레고리 데이비드 로버츠Gregory David Roberts의 말이다. 우리는 누구나 농담을 이해하고 싶어 한다.

신의 영역

"신을 웃게 하려면 네 계획을 알려드려라."

먼 옛날부터 유대인들 사이에 전해지는 이 재담은 우디 앨런Woody Allen, 테레사 수녀Mother Teresa, 그 밖의 여러 저술가를 통해 다양한 버전으로 변형되어 알려졌다. 내용은 조금씩 달라도 그 안에 담긴 보편적인 진리는 모두 같다. 우리 인생보다, 심지어 이 세상보다 큰 누구 또는 무엇이 존재한다는 믿음이다. 종교성과 영성이 지혜의 핵심 요소인지를 두고는 아직 전문가마다 의견이 엇갈리지만, 나는 지혜를 과학적으로 탐구하면서 이 두 가지가 지혜에서 큰 비중을 차지한다는 사실을 확인했다.

현명한 사람에게는 종교성이나 영성 중 한 가지, 또는 두 가지 모두 있는 경우가 많다. 적어도 드러나는 특징은 그렇다. 이 두 가지는 더 일찍 현명해지는 것과 무슨 관련이 있을까? 영성을 신경생물학적으로 연구한 결과들을 보면, 우리 뇌에는 지혜의 다른 구성요소들과 비슷하게 영성이 자리하는 영역도 있는 것으로 나타났다. 과학자들은 뇌의 그런 영역을 '신의 영역'이라고 표현하기도 한다. 다음 장에서는 이 내용과 함께 종교성과 영성의 차이를 알아보고(동의어가 아니다), 각각 어떻게 측정하는지 설명한다. 위를 올려다보려면 우리 내면도 살펴봐야 한다.

9
더 큰 무엇에 대한 감각

> 인간의 정신에서 과학과 종교가 차지하는 영역은 명백히 다르다. 분자 수준에서 기능하는 방식에도 차이가 있다. 그러나 무지의 어둠이 우리 정신에 끼치는 영향을 가라앉힌다는 목적은 같다.
>
> —아브히지트 나스카르Abhijit Naskar

> 지식이 있다고 해서 경이로움과 신비로움을 느끼는 감각이 죽지는 않는다. 신비로운 일은 늘 많다.
>
> —아나이스 닌Anaïs Nin

나는 신앙심이 적당히 있는 가정에서 자랐다. 우리 가족은 모두 힌두교도였으며, 어린 시절에 알고 지낸 주변의 모든 가족이 그랬다. 지금은 마하라슈트라주가 된 봄베이주에서는 여러 신을 섬기는 힌두교도가 흔했다.

2011년 국가 통계에 따르면, 인도 전체 인구의 거의 80퍼센트가 힌두교도다. 나머지 중에서는 이슬람교도가 가장 많고 (14.2퍼센트), 기독교도는 최대 2.3퍼센트로 추정되며, 시크교도와 불교 신자가 그 뒤를 잇는다. 힌두교에는 신도 대다수가 믿는 여러 공통 신도 있지만, 지역별로 섬기는 다른 신도 많다.

우리 가족은 종교에 크게 심취하지 않고 다른 종교도 인정하는 편이었다. 그래도 힌두교의 대표적인 전통을 잘 지키며 살았으며, 집 안에는 신들의 모습이 담긴 그림이 붙어 있었다. 여건이 되면 사원에 나갔지만 강요하는 분위기는 아니었다.

어린 시절, 나는 종교를 좋게 느꼈다. 친구들과 이웃들을 집에 초대해서 푸자pooja라는 힌두교 예배를 함께 드리기도 했다. 푸자는 좋은 일이 일어나게 해달라고 신들에게 기도하는, 축제와 비슷한 행사였다. 아침에는 금식하고, 그날 정해진 예배 일정을 모두 마치면 특별히 준비한 맛있는 음식들로 점심을 먹은 다음 근사한 디저트도 먹었다. 푸자가 예정되면 다들 며칠 전부터 들뜨고 기대로 부풀었다. 종교적 의미 못지않게 사교적 기능도 톡톡히 하는 행사였다.

아무 의심 없이 받아들인 어린 시절의 신앙은 내게 이 세상이 돌아가는 질서가 있다는 것, 성실히 일하고 신을 모시는 등 바르게 살면 학교에서도 인생에서도 다 잘될 것이라는 마법 같은 기분을 선사했다. 공부도 하지 않고 신만 숭배하는 건 도움이 안 된다는 것은 당연히 알았지만, 신을 믿지 않고 공부만 하는 것 역시 부적절하다고 느꼈다.

내가 학창시절을 보내고 학부에 이어 의대 공부까지 마친 푸나(현재의 푸네)는 봄베이(지금의 뭄바이) 같은 세계적인 도시가 아니었다. 나와 다른 종교를 믿는 사람들은 별로 없었고, 해마다 도시 전체적으로 대규모 힌두교 행사가 열리면 그들도 함께했다.

예를 들어 1년에 한 번, 10일간 열리는 힌두교의 가네시Ganesh◆가 시작되면 푸나의 모든 시민이 참여했다. 가네시라는 힌두교의 신을 기리는 축제인데도 이슬람교도며 기독교도들까지 다 함께 축제를 즐겼다. 그 시절에 나는 내 종교와 그 토대가 된 고대의 기록을 보편적 진리로 여겼다. 정신의학 공부를 위해 봄베이로 옮기고 나서야 세상에는 나와 종교가 다른 사람들도 있음을 비로소 제대로 알았다. 나는 남들의 종교를 인정했지만, 내 인생관이 흔들리지는 않았다.

모든 게 바뀐 건, 아내와 함께 미국으로 이주하고 정신의학과 레지던트 과정을 밟으면서부터였다. 처음 몇 달 동안은 대부분 우리 같은 인도 사람들과 어울려 지냈다. 신념이 비슷한 사람들과 보내는 시간은 위안을 주긴 했지만, 나고 자란 땅에서 수천 킬로미터 떨어진 외국에서의 생활은 너무나 생경했으며 우리 부부는 계속해서 문화충격을 경험했다.

미국인 대다수의 신앙이 나와는 극명히 다르고 미국인들끼리도 그렇다는 사실을 차츰 깨달았다. 미국인들의 역사, 그들이 세상을 이해하는 방식은 내가 어릴 때 배운 것과는 판이했다. 푸나와 봄베이에서 알고 지내던 사람들만큼 우리에게 친절을 베풀

◆ '가네샤Ganesha'라고도 한다.

고 많이 도와준 새 미국인 친구들과 동료들 상당수가 내 신앙을 이국적인 종교, 심지어 낯선 종교라고 여긴다는 점도 알게 되었다. 어떻게 종교에서 여러 신을 섬길 수 있는지, 어떻게 수억 명이나 되는 사람들이 머리가 코끼리인 가네시를 신으로 숭배할 수 있는지 다들 의아해했다.

그런 의견과 태도가 나를 대하는 생각과 무관하다는 사실을 받아들이기까지 꽤 오랜 시간이 걸렸다. 그제야 나는 자신이 믿는 종교 외에 다른 종교의 신앙체계에 의문을 품는 사람들도 있다는 것을 이해하게 되었다.

더불어 어느 종교에나 있는 극단주의자를 제외하면, 전 세계 거의 모든 종교인은 다른 사람을 연민과 공감으로 대한다는 공통점이 있다는 사실도 깨달았다. 그리고 이런 태도는 자기 종교의 경전과 전통에 대한 강한 믿음과 무관하다는 것도 알게 되었다. 우리는 자신의 신앙을 굳건히 지키면서도(또는 자신은 종교가 없어도), 다른 사람들이 각자의 신앙을 가질 권리가 있음을 받아들일 수 있다.

이런 사실을 알게 되면서부터 나는 종교성보다 영성의 본질에 더 관심을 기울였다. 그러자 다양한 종교적·문화적 믿음을 드러나지 않는 방식으로 포괄하는 공통의 가치체계가 점차 눈에 들어왔다. 대다수는 자신보다 큰 존재, 즉 만물 또는 우주를 다스리는 존재가 있다고 믿는다. 그렇게 믿는 사람들은 대부분 그 존재를 신이라고 여기며, 개인적으로나 정서적으로 신과 강하게 연결되어 있다고 느낀다. 지식을 신념체계의 중심으로 두는 소수의 부류도 있다. 이들의 믿음은 인간이 우주에서 먼지 같은 존재라는 깨달음에서 비롯된다.

호모사피엔스가 정말로 우주의 고유한 생물인지는 알 수 없다. 그러나 우리는 지구가, 사방으로 무한히 펼쳐져 규모를 가늠할 수 없는 은하에서도 중간 규모의 은하 안에 있는 하나의 작은 행성일 뿐임을 안다. 이런 사실을 정서적·지적으로 이해하면 겸손해지고, 이기적인 욕구에서 벗어나 다른 사람들을 도우려는 마음이 커진다. 나는 이것이 바로 영성이라고 생각한다.

영성(종교성보다 범위가 훨씬 넓다)의 의미와 가치를 수년간 고찰하면서 나는 이 특성이 왜 이토록 보편적으로 나타나는지 궁금해졌다. 왜 대부분의 인간은 영성이 있을까? 영성에 진화적 가치가 있을까? 인류의 생존에 도움이 될까? 정말로 그렇다면, 영성에 생물학적 근원이 있을까? 이 의문들은 모두 내가 지혜를 탐구하면서 던진 질문과 겹쳤으므로, 그 둘은 자연스럽게 하나로 합쳐졌다. 영성은 지혜의 구성요소일까?

(전부는 아니지만) 나를 비롯한 많은 사람이 그렇다고 생각한다.

종교성과 영성의 차이

많은 사람이 종교성과 영성을 동의어로 사용한다. 사실 두 단어 모두 정의가 워낙 천차만별이라 헷갈릴 만도 하다. 나는 내 친구이자 듀크대학교의 노화·정신건강 전문가인 댄 블레이저가 제시한 정의를 좋아한다. 블레이저는 종교란 신성한 존재 또는 초월적 존재와 더 가까워지기 위해 고안된 믿음, 수칙, 의례, 상징의 조직적 체계라고 정의했다. 다른 한편 영성은 종교를 포괄하며, 더 나아가 삶, 의미, 신성한 존재 또는 초월적 존재와의 관계를 둘러싼 근본적인 의문의 답을 이해하는 것이라고 정의한다.

나는 종교성이 없어도 영성은 있을 수 있다고 생각한다.

오늘날에는 수십 가지 주요 종교가 있으며, 그 각각은 다시 수십, 수백, 심지어 수천 개의 하위그룹이나 교단, 종파로 나뉜다. 그 세부 종류를 다 합치면 모두 몇 가지인지, 인류 역사를 통틀어 생겨났다가 사라진 것으로 추정되는 종교까지 더하면 전부 얼마나 되는지를 둘러싸고는 의견이 분분하다. 그러니 그냥 아주 많다고 하기로 하자.

종교를 사회와 세상을 체계화하는 하나의 방식으로 보는 개념도 지금까지 수없이 분석되고 논의되었다. 예컨대 프랑스의 사회학자 에밀 뒤르켐Émile Durkheim과 루마니아의 종교학자 미르체아 엘리아데Mircea Eliade는 인간의 경험을 신성한 것과 불경한 것으로 나누는 것이 종교라고 설명했다. 지크문트 프로이트와 카를 마르크스Karl Marx는 종교를 집단적 신경증 또는 '대중의 아편'이라고 주장했다.

이 책에서 이런 견해를 일일이 논할 생각은 없다. 다른 사람에게 해가 되지 않는 한 누구나 자신만의 믿음을 지니고 신앙생활을 할 자격이 있다. 본질적으로 종교의 가장 큰 틀은 인간을 보호하는 창조자나 신이 존재한다는 생각을 지키고, 위기를 이해하게끔 도와주며, 개개인이 겪는 문제들을 모든 이가 겪는 일로 보편화함으로써 사람들에게 삶의 의미를 제시하도록 고안된 것으로 보인다.

대다수가 종교를 친숙하게 느낀다. 종교가 개인의 성장에서 한 부분을 차지하는 경우도 많다. 교회, 유대교 회당, 회교 사원, 신전, 그와 같은 비슷한 장소에 다니면 얻는 이점이 있는데, 이는 측정하고 증명할 수도 있다. 예를 들어 사람들과 어울리는 것은 인간의 기본 욕구인데, 그러한 종교시설에 다니는 사람들은 비슷한 사람들과 정기적으로 어울릴 기회를 누린다. 또한 인생에서 맞닥뜨리는 수많은(또는 모든) 딜레마와 난제에 관한 설명이나 이야기를 듣고 어떻게 대처해야 하는지 조언과 교훈을 얻는다. 이는 정서적 버팀목이자 고난을 이겨내는 힘이 되며, 낙관성과 회복력도 강화할 수 있다.

종교시설에 꼬박꼬박 나가려면 규율을 지키고 사회적으로 적절한 행동을 해야 한다. 따라서 생활 전반에 도움이 되는 유익한 습관이 형성된다. 또한 성찰하고 명상할 기회를 얻는다. 교회나 회교 사원, 신전 등은 신성한 곳으로 여겨져 그 안에서는 담배를 피우거나 술을 마시는 사람이 없으므로 건강에 좋은 외출 장소라는 것도 사소하지 않은 장점이다.

또한 사람들은 신성한 곳이 있으면 번성한다. 번성한다는 것은 무슨 의미일까? 넓은 의미에서 번성이란 건강하게 또는 왕성하게 잘 자라고 발전한다는 뜻이다. 쑥쑥 자라는 식물에도 어울리는 표현이고, 사람에게 적용하면 긍정적인 감정, 원활한 심리사회적 기능 등 훨씬 더 깊고 세밀한 의미가 더해진다.

2017년, 하버드대학교 T.H. 챈 공중보건대학의 역학 교수 타일라 밴더윌레Tyler VanderWeele는 번성의 개념을 확장하고 다음은 연구 결과를 발표했다(그 논문에는 "인간의 번성을 증진하는 방법에 관하여"라는 적절한 제목이 붙여졌다). 《국립과학원 회보Proceedings of the National Academy of Sciences》에 실린 이 논문에서 밴더윌레는 인간의 삶을 크게 다섯 영역으로 나눌 수 있으며, 번성이란 이 다섯 가지가 모두 포함되거나 원만한 삶이라고 설명했다. 그가 말한 삶의 다섯 영역은 행복과 삶에 대한 만족감, 정신과 육체의 건강, 인생의 의미와 목적, 인격과 덕목, 친밀한 사회적 관계다.

밴더윌레는 이 다섯 가지가 보편적으로 바람직하게 여겨지는 삶의 결과에 부합한다고 보았다. 하나하나 살펴보면 모두 누구나 바라는 것들인데, 나는 하나가 더 추가되어야 한다고 생각한다. 오랫동안 꾸준히 번성하려면 경제적·물질적 자원이 안정적이어야 한다. 배가 고프면 행복을 느끼기 어려우며, 일자리를 구하지 못하면 삶의 의미를 찾기 어렵다.

밴더윌레는 인간을 번성하게 하는 주요 결정 요소를 찾기 위해 기존의 논문들부터 검토했다(종단연구, 실험 연구, 준실험 연구 등). 그 결과 가족, 일, 교육, 종교 공동체가 번성에 도달하는 네 가지 공통 경로임을 발견했다. 그중 마지막 요소를 자세히 살펴보자.

2012년에 퓨 리서치센터는 전 세계 인구의 약 84퍼센트가 종교적 소속이 있을 것으로 추정된다는 조사 결과를 발표했다. 3년 뒤에 갤럽이 실시한 조사에서는 미국 국민의 89퍼센트가 신 또는 절대적 존재를 믿는다고 답했으며, 78퍼센트는 종교가 인생에서 매우 또는 상당히 중요한 부분을 차지한다고 밝혔다. 응답자의 36퍼센트는 이 설문이 진행된 시점을 기준으로 지난 일주일 동안 종교 예식에 참석한 적이 있다고 답했다.

종교 공동체의 일원이 되는 것은 인간을 번성하게 하는 여러 영역과 장기적으로 연관성이 있다는 탄탄한 근거가 많이 밝혀졌다. 또한 여러 연구에서 종교 예식에 참석하는 사람은 더 건강한 것으로 나타났다. 그중에는 방법이 허술한 연구도 많지만, 잘 설계된 몇 편의 종단연구에서도 종교 예식에 정기적으로 참석하면 수명이 길어지고, 우울증 발생률이 30퍼센트 감소하며, 자살률이 5배 낮아지고, 암 환자의 경우 생존 기간이 길어지며, 그 밖에 여러 긍정적인 결과가 따르는 것으로 나타났다.

종교 예식에 참석하는 행위가 건강을 매우 정확히 예측하는 지표라는 중요한 연구 결과도 있다. 이처럼 여러 사람이 모여 함께하는 종교 활동은 건강에 유익한 영향을 주는 것으로 보인다.

흔히 종교 생활은 선행으로 이어진다고 여겨진다. 도덕적으로 옳은 행동이 곧 선행이다. 이에 관한 연구들 또한 다소 모호하고, 연구 방식의 특성상 본질적 한계가 있는 횡단연구에 크게 의존하는 경향을 보인다. 그러나 참가자들을 각 그룹에 무작위로 배정하고 점화효과(어떤 자극이 무의식적 기억인 암묵적 기억과, 다른 자극에 대한 반응에도 영향을 주는 현상)를 활용한 몇몇 실험에서, 종교가 최소 단기적으로 친사회적 행동을 촉진한다는 사실이 확인되었다. 달리 말하면 교회나 사원, 회당에서 무의식적으로 깨달은 교훈이 행동에 유익한 영향을 주거나 행동을 좋은 방향으로 이끈다는 의미다.

종교 예식에 참석하는 사람들은 더 너그러운 경향을 띠며, 사회의 시민활동에 더 적극적으로 참여한다는 연구 결과가 있다. 또한 종교는 기도를 권장함으로써 용서, 감사하는 마음, 신뢰를 키우는 것으로도 나타났다. 종교 예식에 참석하면 사람들과의 유대가 강해지고, 새로운 친구를 사귀며, 서로 돕는 사회적 네트워크가 구축될 확률이 높아지고, 결혼할 확률과 결혼이 유지될 가능성이 커진다.

물론 조직적인 종교가 악의적으로 변질되는 경우도 많다. 전쟁으로 죽은 사람보다 종교 때문에 죽은 사람이 더 많다는 주장도 유명한데, 이는 사실이 아니다. 예나 지금이나 신학적 갈등이 많은 것은 사실이지만, 그보다는 권력이나 자원을 거머쥐기 위한 갈등이 훨씬 많다. 그러나 종교 때문에 죽은 사람이 더 많다는 그 주장에 담긴 핵심은 명료하다. 인류는 실제로 이 땅에 함께 사는 사람들을 종교의 이름으로 해치고 또 죽인다.

많은 사람이 자신은 영성은 있어도 종교는 없다고 말한다. 스스로 영성이 있다고 하는 것은 문제가 생길 수 있는 조직적 종교, 믿음이 같은 집단을 공개적으로 지지하기보다는 자기 몸과 마음, 정신의 안녕을 더 중시한다는 뜻이다.

과학적 측정

종교성과 영성을 측정하는 다양한 척도가 있다. 2010년에 스위스와 미국의 연구자들은 임상 연구에서 영성 측정에 활용되는 여러 척도를 체계적으로 검토했다. 이를 바탕으로 전반적인 영성, 영적 안녕감, 영적인 대처 능력, 영성의 필요성을 평가하는 도구를 35가지로 정리했다. 그런데 이 35가지 중 상당수가 '종교성'과 '영성'을 같은 의미로 간주하고 평가한다.

영성의 과학적 측정은 주로 연구 참가자의 자가보고에 의존한다. 즉 참가자들에게 여러 문항을 제시하고 얼마나 동의하는지 직접 답하게 하는 방식이다. 2011년에 동료 연구자들과 나는 '노년기 여성의 삶과 영성의 관련성'을 조사했다. 이때 우리는 영성을 측정하는 여러 평가 도구에서 발췌한 다섯 문항을 활용했다. 첫 번째 문항은 교회나 유대교 회당 또는 그 밖의 예배 시설에 찾아가는 빈도, 두 번째 문항은 영성과 관련 있는 사적 활동에 따로 시간을 내는 빈도에 관한 내용이었다. 이어서 다음 세 문항이 제시되었다.

- 나는 생활 속에서 신의 존재를 경험한다.
- 나의 영적 믿음은 내가 인생을 살아가는 전반적인 방식의 바탕이 된다.
- 나는 인생의 모든 일에 내 영적 믿음을 적용해서 해결한다.

자가보고 방식에는 몇 가지 명백한 한계가 있다. 우리가 자신을 직접 설명할 때는 본질적으로 편향이 생기게 마련이다. 자신에 대한 평가는 너그럽고, 솔직하게 현실적으로 평가하지 않으려 하며, 남들이 좋아하거나 받아들일 법한 방향으로 답하기도 한다. 문항을 제대로 이해하지 못하거나, 다른 사람들과 달리 엉뚱한 의미로 이해할 수 있다는 것도 자가보고 방식의 또 다른 문제점이다.

교회라든가 그 밖의 종교시설에 찾아가는 빈도처럼 구체적이고 외적인 척도로도 종교성을 어느 정도 추측할 수 있지만, 종교성이나 영성을 측정할 수 있는 객관적이고 검증된 척도가 아직은 없다. 그 대신 설문 문항을 세심히 설계하고 결과를 엄밀히 평가하는 등 자가보고 방식을 올바르게 잘 활용하면 인간의 정신을 들여다볼 수 있으며, 개개인의 종교성이나 영성도 대강은 파악할 수 있다.

자연에 대한 경험

자연과 자연계의 기능을 언급하지 않고는 영성에 관한 어떠한 논의도 완전해질 수 없다. 좋고 나쁘고를 떠나 우리가 환경과 맺는 모든 관계는 우리의 가장 일차적인 경험이 된다.

인류는 자연의 수많은 형태에서 늘 영감을 받으며 살았다. 우리는 다른 동물, 강, 산, 나무, 태양, 달을 비롯해 주변의 모든 것, 우리가 느낄 수 있는 모든 것을 경외하고 숭배하며 찬미한다. 자연의 아름다움은 우리로 하여금 숨 쉬는 것마저 잊고 바라보게 하며, 바이러스부터 우주에 이르는 자연의 규모와 복잡성은 우리가 훨씬 거대하고 상상조차 할 수 없을 만큼 광대한 세상의 일부임을 상기시킨다. 우리는 자연의 일부인 동시에 자연의 무엇과도 견줄 수 없는 정신을 보유한 존재이며, 그 덕분에 한 걸음 뒤로 물러나 자연을 더욱 온전히 인식할 수 있다.

지혜와 영성

불교, 기독교, 힌두교, 유대교에서는 종교성(또는 영성)을 현명한 사람의 특징이라고 강조한다.

앞서 2장에서 지혜의 신경과학적 특징을 설명할 때 소개했듯이, 나는 UC 샌디에이고의 트레이 믹스를 비롯해 여러 외부 협력자(모니카 아델트, 댄 블레이저, 헬레나 크래머Helena Kraemer, 조지 베일런트)와 함께 지혜를 과학적으로 어떻게 정의할 수 있는지 연구했다. 2010년에는 전 세계 지혜 연구자들에게 지성, 영성과는 다른 지혜의 특징을 정의해달라고 요청했다. 구체적으로는 개념을 서술한 53개 문장을 제시하고, 지혜·지성·영성에 공통적으로 해당하는 항목과 각각에 해당하는 항목을 선택하게 한 뒤에 결과를 분석했다.

지혜와 지성은 53가지 항목 중 49가지가 엇갈렸다. 공통점으로 꼽힌 나머지 네 가지는 회의적인 태도, 학습 또는 지식을 보유하려는 욕구, 종교 예식 참여를 중시하지 않는 것, 종교 공동체에 소속되는 것을 중시하지 않는 것이었다.

우리 조사에 참여한 지혜 전문가들은 지성보다 지혜가 영성과 공통점이 더 많다고 보았다. 제시된 53가지 항목 중 16가지가 지혜와 영성의 공통 특징으로 꼽혔다. 이 16가지는 이타주의, '타인 중심성', 다른 사람을 기꺼이 용서하는 태도, 자아 통합감, 죽음의 불가피성을 평온하게 받아들이는 태도, 겸손함, 감사하는 태도, 자기연민, 마음챙김, 자연을 경외하는 태도, 비폭력, 윤리적 행위, 차분함, 인생의 목적의식, 삶의 만족감, 전반적인 행복감이었다.

인간의 본질적 특성이라는 점도 또 다른 공통점으로 여겨졌다. 지혜와 영성이 아예 없는 사람은 없으며, 누구나 지혜와 영성이 어느 정도는 있다는 의미다.

우리가 조사한 지혜 전문가들은 지혜와 영성의 의미가 동일하다고 보지 않았다. 예를 들어 53개 항목 가운데 인생에 관한 풍부한 지식, 현실주의, 가치의 상대성, 경험을 통한 배움, 인생의 불확실성을 받아들이는 태도는 영성보다는 지혜의 특성이라고 평가했다. 또한 회복력과 성공적인 극복 전략도 영성이나 지성보다는 지혜의 구성요소라는 의견이 더 많았다. 반면 더 큰 존재가 있다는 감각, 더 넓은 세상과 연결되어 있다고 느끼는 것, 물질세계에 집착하지 않는 태도는 지혜보다 영성의 특징이라는 의견이 더 많았다.

이카르의 원칙

미국에서 가장 영향력 있는 종교 지도자로 인정받는 랍비 샤론 브루스Sharon Brous는 고대부터 지금까지 생겨난 유대교의 여러 종파를 통합하기 위해 로스앤젤레스에 이카르IKAR라는 유대교 단체를 공동 설립한 인물로 유명하다. 그는 지금도 이 단체의 랍비로 활동하고 있다.

이카르가 설립된 2004년은 전 세계가 폭력으로 얼룩진 해였다. 이라크와 아프가니스탄에서 전쟁이 벌어졌고, 세계 곳곳에서 테러가 일어났다. 당시에 갓 엄마가 된 브루스는 두려움을 느꼈다. "이런 생각을 했던 기억이 납니다. '신이시여, 제가 이 아이를 대체 어떤 세상에 데려온 걸까요?'" 브루스는 2016년 TED 강연에서 이렇게 말했다.

종교는 (옛날부터 지금까지 항상) 사람들, 문화, 이데올로기가 충돌하는 전장이었다. 종교적 극단주의는 다양한 형태로 표출되었지만, 하나같이 피비린내가 진동하고 복수심이 들끓었다. 유대감과 삶의 만족감 등 조직화한 종교가 약속한 것, 제공할 수 있는 것들은 다 사라졌다. 적어도 브루스가 보기에는 그랬다.

이에 브루스는 자신이 믿는 종교를 회복시키고 쇄신하기 위해 여러 사람과 힘을 합쳐 이카르를 설립했다. 이카르는 '일의 핵심'을 뜻한다. 브루스는 모든 종교에 폭력과 극단주의를 정당화하는 본질이 있다면, 연민·공존·친절을 정당화하는 본질도 함께 존재한다고 말했다. 이카르는 다음 네 가지를 기본 원칙으로 삼는다(다른 종교나 종파도 비슷하다).

깨어 있기 우리는 주변에서 무슨 일이 일어나는지 인식해야 하고, 필요하며 적절하다고 판단되면 행동해야 한다. 이는 어려운 일이다. 심리적으로 둔감해지는 것, 외부의 고통과 불편을 차단하고 살면서 내가 할 수 있는 일은 아무것도 없다고 자신을 설득하며 사는 편이 더 쉽다. 그러나 아무것도 하지 않으면 아무 일도 일어나지 않는다.

희망하기 희망은 순진함과 다르며 감각을 무디게 만들지도 않는다. 브루스는 희망이란 "비관적인 정치와 절망의 문화"에 맞서는 것이라고 설명하면서, 2016년 여름에 시카고 남부의 어느 흑인 교회 예배에 참석했던 일을 떠올렸다. 그 도시에서는 한 해의 절반 정도가 지난 그 무렵에 무려 3000명 이상이 총에 맞은 것으로 집계되었다. 그날 예배에서는 설교에 이어 성가대가 사랑과 요구에 관한 노래를 합창했다. "저는 이것이 종교가 해야 할 일이라는 점을 깨달았습니다. 사람들이 다시금 목적의식과 희망을 느끼게 하는 것, 너도 네 꿈도 전혀 중요치 않다고 말하는 세상에서 너와 네 꿈은 너무나 중요하다고 말해주는 것이 종교의 몫입니다."

위대함 알기 수적으로 우세할 때 생기는 힘도 있지만, 개개인의 힘도 약하지 않다. 사랑하고, 용서하고, 저항하고, 대화에 참여하고, 한계를 넘어설 수 있는 힘은 미약하더라도 어느 누구에게나 있다.

상호유대 브루스는 한 남자의 이야기를 소개했다. 2012년 알래스카의 어느 외진 해변을 걷던 남자가 파도에 쓸려온 축구공 하나를 발견했다. 공에는 일본어가 적혀 있었다. 그가 그 공을 사진으로 찍어 소셜미디어에 올렸더니, 일본에 사는 어떤 소년이 그에게 연락을 해왔다. 그 소년은 1년 전인 2011년에 일본을 무참히 휩쓸고 2만여 명의 목숨을 앗아간 악명 높은 쓰나미로 모든 걸 잃었다고 했다. 알래스카의 남성은 소년에게 공을 돌려주었다. 나중에는 또 비슷한 글자가 적힌 배구공을 발견해서 공의 주인인 다른 일본 소년에게 돌려주었다. 세상은 좁다. 우리는 생각보다 그렇게 멀리 떨어져 있지 않다.

나는 죽음이 임박한 사람들에게 인생에서 무엇을 배웠는지, 지혜의 본질은 무엇이라고 생각하는지 질문하고 그들의 말을 기록해왔다. 그런 상황에서나 나올 만한 독특한 관점이라고 할 수도 있지만, 우리는 모두 언젠가는 그들과 같은 상황을 겪게 될 것이다.

죽음을 앞두고 종교에서 위안을 얻는 사람들이 많다. 익숙한 의식과 의례를 치르며 모든 것을 포괄하는 더 크고 위대한 존재가 있다는 믿음을 다지면, 죽음을 둘러싼 많은 두려움을 밀어내는 데 도움이 된다. "저는 신과 친해요. 필요한 게 있으면 그분께 부탁드린답니다." 내게 이렇게 말한 사람도 있었다.

종교적이기보다는 형식에 덜 구애받는 영적인 방식으로 힘과 위안을 얻는 사람들도 있다. 이들은 석양을 바라보면서, 그리고 아침에 일어나 다시 새로운 하루를 맞이하는 데서 새삼스러운 기쁨을 느낀다. 자기 내면에서 힘과 위안을 발견하는 것이다.

"지혜는 태어날 때부터 우리 안에 있는 목소리입니다." 누가 나에게 한 말이다. "사람들은 더 행복해질 방법을 다른 사람, 장소, 물건 등 대부분 바깥에서 찾는 것 같아요. 하지만 제 생각에 지혜는 우리 안에서 빛나고 있습니다. 차분하게 충분히 오랫동안 들여다봐야 그 빛을 찾을 수 있습니다."

건강 전략

종교를 인생의 어려움을 극복하는 긍정적인 도구로 활용하면 건강에도 긍정적인 영향이 발생한다는 사실이 많은 연구로 확인되었다. 영성이 있는 사람은 몸과 정신의 건강이 더 우수하고, 몸과 정신이 건강한 사람은 영성이 있다. 영적 안녕감이 낮고 종교적으로 힘든 일을 겪는 것은 심한 우울증, 무력감, 자살을 떠올리는 경향과 관련이 있으며, 심지어 사망률 증가와도 관련된 것으로 밝혀졌다.

그러나 현직 의사들은 종교성과 영성이 건강에 미치는 영향에 대해 민감한 반응을 보인다. 환자의 종교나 영성, 내적 삶에 관해서는 거의 또는 아예 알지 못하며 그건 의사의 일이 아니라고도 생각한다. 그렇지만 환자의 종교성과 영성을 잘 알고 건강과의 관계를 더 깊이 통찰할수록 치료와 예후에 도움이 될 수 있다.

내 동료이자 UC 샌디에이고 보건과학대학의 부학장인 더글러스 지에도니스Douglas Ziedonis는 환자에게 세 가지 질문을 던질 것을 제안한다. 힘든 시기를 헤쳐나가는 데 도움이 되는 것은 무엇인가? 도움이 필요할 때 누가 떠오르는가? 병을 앓는 이 경험이 자신에게 어떤 의미가 있다고 생각하는가?

영성과 건강의 관계를 다루는 연구는 대부분 아픈 환자들이나, 최근에 개인적으로 상실을 경험한 사람들 같은 특수한 집단을 대상으로 이루어졌다. 안녕감을 느끼며 건강하게 나이 들어가는 사람들을 통해서는 영성이 어떤 영향을 주는지 정확히 조사하기가 어렵다.

2011년에 동료들과 나는 노년기 여성들을 대상으로 그 어려운 일에 도전했다. 우리는 참가자가 건강과 관련된 삶의 질과 우울감의 정도를 자가평가한 결과를 토대로 노화가 얼마나 성공적으로 진행되는지 파악하고, 각 참가자가 자가평가한 영성과 어떤 상관관계가 있는지 조사했다.

이 연구는 국립보건원이 지원한 '여성 건강 사업'이라는 미국 최대 규모의 여성 연구 사업 중 일부로 실시되었다. 샌디에이고 카운티에 거주하는 60~91세 여성 1942명이 참가했다. 우리는 각 참가자에게 종교적 예식 참석과 영적 믿음에 관해 질문하고, 그 결과가 자가평가한 성공적인 노화 수준과 어떤 관계가 있는지 분석했다.

40퍼센트를 조금 넘는 참가자가 일주일에 1회 이상 종교적 예식에 참석한다고 응답했으며, 56퍼센트는 인생의 모든 일에 자신의 영적 믿음을 반영해 해결한다고 했다. 55퍼센트는 "나는 생활 속에서 신의 존재를 경험한다"는 문항에 강하게 동의한다고 밝혔다.

이러한 결과는 영성이 인지적·정서적 측면에서 성공적인 노화와 관련이 있으리라는 우리의 가설과 일치했다. 영성이 강한 사람일수록 회복력과 낙관성이 높았고, 의학적 질병에서 회복되는 속도가 더 빠른 것으로 나타났다.

한 가지 놀라운 사실은 영성이 높은 사람은 교육수준과 소득수준이 낮으며, 결혼을 하거나 서로에게 헌신적인 관계가 있을 확률이 낮았다는 것이다. 그 이유는 명확하지 않지만 영성은 인생에서 겪는 부정적인 사건을 극복하고 삶의 불가피한 불확실성과 맞서는 전략이 될 수 있으며, 사회경제적으로 불리한 사람들에게는 더더욱 그런 영향을 준다고 추측할 수 있다.

어느 버스 운전사의 이야기

신앙심과 영성에 신경생물학적 기반이 있을 가능성을 제기한 과학자들이 있다. 지금은 고인이 된 영국의 신경학자이자 의학계 최고의 시인 올리버 색스Oliver Sacks는 "삶을 변화시키는 종교적 경험"이라고 칭한 여러 사례를 세밀하게 기록한 수많은 의학 논문을 남겼다. 색스의 설명에 따르면 그러한 경험은 몹시 강렬하며 초자연적인 행복감과 극도의 황홀감이 동반되는 경우가 많은데, 이는 뇌기능의 일시적 이상에서 비롯된다.

1970년에 영국의 정신의학 연구자 케네스 듀허스트Kenneth Dewhurst와 심리학자 A. W. 비어드A. W. Beard는 간질발작 후 갑작스레 종교에 귀의한 사례들을 발표했는데, 이들의 연구 결과도 널리 주목받았다.

듀허스트와 비어드가 소개한 사례 중에는 승객들한테서 요금을 받다가 느닷없이 엄청난 행복감을 느낀 버스 운전사 이야기가 있다. "그는 갑자기 축복받은 기분에 사로잡혔으며, 자신이 천국에 와 있다고 느꼈다. 그러면서도 승객이 탈 때마다 요금을 정확히 받았으며, 사람들에게 지금 천국에 와서 얼마나 기쁜지 모르겠다고 말했다." 《신경학·신경외과학·정신의학 저널Journal of Neurology, Neurosurgery, and Psychiatry》에 실린 듀허스트와 비어드의 논문에 나오는 내용이다. "버스 운전사의 행복감은 이틀 동안 지속되었는데, 그는 신과 천사의 음성을 들었다고 했다. 나중에도 이 경험을 기억했으며, 실제로 일어난 일이라고 믿었다."

3년 뒤에 이 버스 운전사는 사흘 연속으로 총 세 차례 간질발작을 겪었다. 이때 그는 또다시 큰 행복감을 느꼈는데, 이번에는 그 일로 마음이 "정화되었다"고 말했다. 연구진은 그가 천국과 지옥 또는 사후세계라든가 신의 존재를 더 이상 믿지 않았다고 전했다.

색스는 환각이 실제처럼 생생하게 느껴지는 이유는 우리가 현실에서 무언가를 지각할 때 쓰이는 뇌의 기능체계가 환각이 일어날 때도 똑같이 활용되기 때문이라고 설명했다. 예컨대 목소리가 들릴 때 반응하는 청각 경로, 얼굴이 시야에 들어오면 활성화하는 뇌의 방추상 얼굴 영역은 환각이 일어날 때도 쓰인다는 것이다.

인간의 뇌와 종교의 관계를 탐구하는 신경신학, 또는 영적 신경과학이라는 과학 분야도 있다. 앤드루 뉴버그Andrew Newberg 연구진은 수녀, 수도승, 방언하는 기독교 신자, 무신론자 등 종교가 있는 사람과 없는 사람의 뇌스캔 결과를 비교했더니 몇 가지 차이가 발견되었다고 밝혔다. 예를 들어 몇 년 동안 규칙적으로 명상이나 기도를 한 사람들의 뇌에서는 전두엽에서 집중력·보상과 관련된 영역의 활성이 높고 뇌조직의 질량도 더 컸다.

뉴버그 연구진은 다른 실험에서, 종교가 있는 사람들은 신에게 기도할 때와 이웃과 대화할 때 뇌에서 같은 영역이 활성화한다는 것을 발견했다. 뉴버그는 2012년 《사이언티픽 아메리칸》과의 인터뷰에서 "신앙이 있는 사람들의 뇌는 신을 다른 사물이나 사람처럼 실제로 존재한다고 인식한다는 것을 보여준다"라고 설명했다.

뇌 화학물질이 종교와 관련성이 있다는 연구 결과도 나왔다.

한 연구에서는 아무것도 없는 빈 화면을 사람들에게 보여주었을 때, 신을 믿는 사람들은 단어와 얼굴이 마구 엉킨 게 보인다고 답할 확률이 믿지 않는 사람들보다 훨씬 높았다. 반대로 종교가 없는 사람들은 단어와 얼굴이 정말로 뒤섞인 화면을 보고도 단어와 얼굴을 알아보지 못할 확률이 더 높았다.

그런데 종교가 없는 사람들에게 L-도파라는 호르몬을 투여하면 단어와 얼굴이 섞인 화면 속에서 글자와 얼굴을 볼 확률이 종교인들과 같아졌다. L-도파는 도파민이 작용하면 집중력·의욕이 증가하는 영역의 활성을 높인다.

7일 동안 종교 수련회에 다녀온 사람들도 뇌 화학물질에 이와 비슷한 변화가 나타났다는 연구 결과가 있다. 수련회를 마친 참가자들의 뇌스캔에서는 운반체와 결합한 도파민과 세로토닌의 비율이 감소한 것으로 나타났는데, 이는 이 두 가지 신경전달물질이 더 많아졌음을 뜻한다. 도파민과 세로토닌은 긍정적인 감정, 영적인 기분과 관련이 있다.

LSD, 페요테선인장 등 환각을 일으키는 물질은 뇌의 세로토닌 시스템에 영향을 준다. 이러한 환각제는 자신과 주변 세상을 구분하는 정신적 경계를 일시적으로 지운다. 실제로 환각제 이용자들은 자아감각이 흐릿해지거나 완전히 사라져서 인식의 범위가 확장되며, 주변 세상과의 연결이 확장되는 기분이 든다고 이야기한다.

종교성과 영성의 신경생물학적 특징은 아직 정확히 밝혀지지 않았다. 그러나 주목할 만한 사실은, 앞서 지혜의 신경생물학적 특성을 설명하면서 지혜와 관련이 있다고 소개한 뇌 영역과 신경전달물질의 일부가 종교성·영성과도 관련이 있다는 점이다. 특히 전전두피질과 도파민이 그렇다.

동시에 종교성·영성에는 측두엽, 세로토닌 등 다른 뇌 영역과 신경전달물질도 관여할 가능성이 있다. 종교성이나 영성에 따라 신경생물학적 차이가 나타난다는 것이, 종교가 있는 사람과 없는 사람 또는 영성이 있는 사람과 없는 사람의 차이가 뇌의 구조적 차이에서 기인한다는 의미는 아니다. 그보다는 명상, 기도 같은 행위와 활동이 뇌에 측정 가능한 수준의 생리학적 변화를 일으킬 가능성이 더 높다는 뜻이다.

"참호에는 무신론자가 없다"

제1차 세계대전 중, 어느 전사한 군인의 장례식이 영국 데번에서 열렸다. 장례식 사회를 맡은 사람은 전장의 군목軍牧이 익명으로 보낸 편지를 낭독했다. "조국에 있는 국민 방위군들과 군인들에게 말해주십시오. 전선에서 현실과 마주하기 전에 반드시 하나님을 알아야만 합니다. 이곳 참호에 신을 믿지 않는 사람은 아무도 없습니다. 생전에 기도 한번 해본 적 없는 병사들도 온 마음으로 기도하며, 그런 사실을 아무 거리낌 없이 이야기합니다."

"참호에 신을 믿지 않는 사람은 아무도 없다"는 군목의 말은 한 세대가 지나 제2차 세계대전이 일어났을 때 "참호에 있는 병사 중에 무신론자는 아무도 없다"라는 조금 다른 버전으로 다시 널리 퍼졌다.

최근 몇 년간 다양한 분야의 연구자들이 영성의 강화가 신체적·심리적 안녕감의 개선에 직접적으로 어떤 영향을 줄 수 있는지 연구했는데, 그러한 연구는 지금도 계속되고 있다. 탐구하는 방식도 분야도 다양하며, 아직은 걸음마 단계에 불과하지만 아주 흥미롭고 고무적인 결과가 많이 나왔다. 영성을 포함해 지혜를 구성하는 요소들을 강화하는 방법은 3부에서 자세히 설명하기로 하고, 여기서는 몇 가지만 소개한다.

2011년에 캐나다와 미국의 연구자들은 영성을 기르는 교육이 주요우울증 치료에 효과가 있는지 조사했다. 연구진은 임상시험의 표준 연구 방식에 따라 참가자를 각 그룹에 무작위로 배정했다. 먼저, 경미한 수준부터 다소 심각한 수준까지 우울증을 진단받은 환자들을 두 그룹으로 나누었다. 그런 다음 한쪽 그룹은 8주간 집에서 영성 교육을 받게 하고, 다른 그룹에는 8주간 아무 개입도 하지 않다가 9주차부터 한쪽 그룹이 받은 것과 같은 영성 교육을 받게 했다. 모든 환자는 연구 기간에 약물치료나 약초치료, 심리치료를 전혀 받지 않았다.

이 연구에서 제공한 영성 교육은 어느 정신의학자가 워크숍에서 활용하려고 개발했던 단순한 프로그램으로, 참가자들은 일주일에 한 번씩 매번 새로운 내용이 담긴 90분짜리 오디오 CD를 들은 뒤 시청각 자료를 보면서 실습했다. 이와 함께 매일 15분씩 영상을 보며 따라 하는 점진적 이완 훈련도 병행했다. 오디오 CD에는 영적인 주제·메시지가 담긴 교훈과 이야기가 담겨 있었는데, 주로 초월성, 자신과 타인·자연·신의 연결, 용서, 연민 등이 주제로 다루어졌다. 모두 특정 종교에 치우치지 않는 내용이어서, 참가자들은 저마다 자신에게 맞는 방식으로 교육을 따라갈 수 있었다.

연구진은 연구를 시작할 때와 8주 후에 각 참가자의 우울증 정도를 검사로 확인해서 결과를 비교했더니 큰 변화가 나타났다. 영성 교육을 받은 사람들의 경우, 연구를 시작할 때 20.4점이던 우울증 평가의 평균점수가 8주 후에는 11.9점으로 떨어졌다. 16주, 24주 후에 다시 검사했을 때도 평균점수는 각각 10.7점, 10.4점이었다.

대조군에 해당하는 두 번째 그룹의 우울증 평가 점수는 연구를 시작할 때 평균 20.3점이었고 8주 후에는 18.0점으로 조금 감소했다. 9주 차부터는 이들도 영성 교육을 받았고, 16주와 24주 후에 검사하자 평균점수가 각각 12.0점, 10.1점으로 떨어졌다.

이는 우울증 환자가 약물과 심리요법 치료를 받은 후에 나타나는 변화와 비슷했다. 대부분의 항우울제는 복용을 시작하고 2~3주가 지나야 효과가 나타나기 시작한다(더 오래 걸릴 수도 있다). 효과가 있다고 해도 부작용과 비싼 비용을 감수해야 한다. 또한 환자가 복용을 임의로 중단하는 문제도 따른다. 심리요법은 부작용 없는 치료법이지만 비용 문제와 시간적인 제약이 있고, 치료에 필요한 자원이 부족하다는 한계가 있다.

비합리적인 걱정을 통제하지 못하고 지나치게 걱정하는 것이 특징인 범불안장애(해마다 미국 성인 인구의 약 2퍼센트가 범불안장애를 겪는다), 편두통, 심혈관 질환, 심지어 유방암에서도 환자의 종교성·영성 강화를 치료의 보조수단으로 활용할 수 있는지를 조사한 연구 결과 또한 많은 문헌에서 찾을 수 있다.

연구 결과는 예상대로 다양하다. 범불안장애 환자들이 심호흡하면서 머릿속에 종교적 이미지를 떠올리며 집중하게 하거나, "신은 내가 감당하지 못하는 건 주시지 않는다"처럼 힘든 일을 극복하는 데 도움되는 말을 활용하게 한 연구들에서는, 환자들의 극심한 걱정이 훈련 전후에 변화를 측정할 수 있을 만큼 감소했다.

심혈관 질환이나 유방암을 앓는 환자들에게 영성 훈련과 영성을 키우는 그 밖의 방법을 적용한 연구들에서는 건강이 직접적으로 개선되지는 않았으나, 환자가 자신의 상황을 더 잘 견디고 스스로 느끼는 삶의 질이 개선된 것으로 나타났다.

예를 들어 2011년, 성인 심혈관 질환 환자들의 영성을 강화하면 환자가 느끼는 삶의 질과 우울증, 불안감에 어떤 영향이 있는지 조사한 예비 연구가 실시되었다. 연구진이 적용한 방법은 자기발견, 용서, 타인을 인정하는 태도, 주변 세상에 대한 더 깊은 인식을 촉진하는 여러 형태의 명상이었다.

이 과정에서 큰 변화를 경험한 어느 환자는 나중에 그에 관한 기록을 남겼다. "나는 25년을 한곳에 살았는데도 내 주변 환경을 제대로 본 적이 거의 없다. 얼마 전부터는 이곳에 처음 이사 왔을 때 심은 단풍나무를 살펴보기 시작했다. 그동안 얼마나 많이 자랐는지 모른다. 구부러진 곳도 있지만, 폭풍을 견디며 크고 튼튼하게 자란 그 나무를 보면서 특별한 유대감을 느낀다. 그리고 나무의 내적 강인함을 본받아야겠다는 생각이 든다."

우리도 그런 효과를 얻을 수 있다. 우리에게는 안전과 지지, 안정성이 필요하며, 무엇보다 우리 내면에 그러한 것들이 갖춰져야 한다. 많은 사람이 영성과 신앙을 통해 이 세상에 뿌리내리고 있다는 감각을 얻는다. 천상의 신비로움, 나무 꼭대기에 떨어져 넓게 번지는 금빛 햇살 같은 온기와 비전 또한 얻는다고 여기며, 그 필요성이 일부나마 충족된다고 느낀다.

3부

실용적·사회적 지혜를 강화하는 법

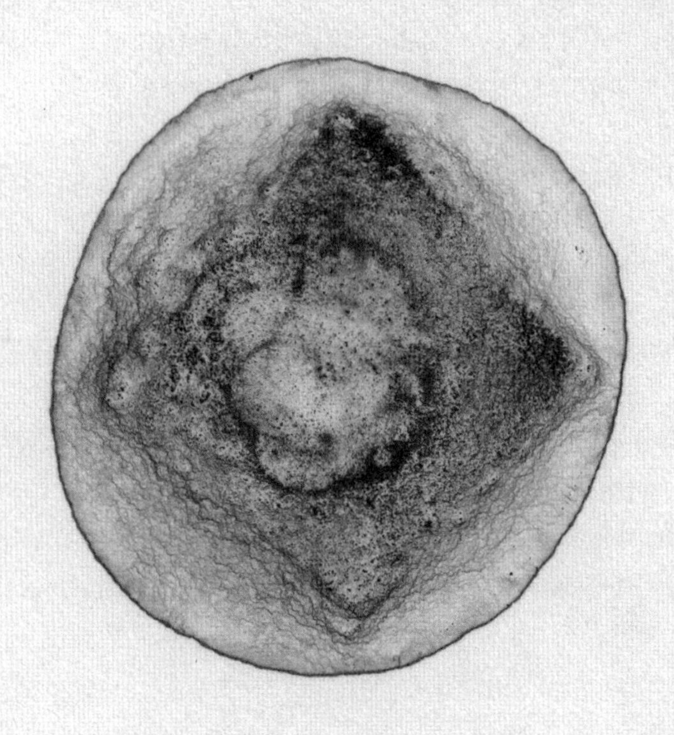

이 책의 마지막 부분은 가장 실용적인 동시에 추측의 비율이 가장 높다. 3부에서는 지혜를 실용적 지혜와 사회적 지혜 두 가지로 나누어 살펴본다. 지혜는 실용성이 있어야 하며, 이론에만 머물러서는 안 된다. 아무리 현명한 사람이라도 삶과 생활에서 지혜를 효과적으로 활용하지 못한다면 아무 의미가 없다. 10장에서는 내가 직접 수행한 연구들과 다른 학자들의 연구를 토대로, 더 일찍 현명해지려는 노력에 활용할 수 있는 팁과 그동안 관찰한 결과를 소개한다. 모두 최근에 형성된, 긍정정신의학positive psychiatry이라는 더 큰 개념의 핵심이 되는 내용이다.

이어 미래의 지혜는 어떤 모습일지 탐구한다. 구체적으로는 두뇌 게임, 우리를 똑똑하게 만들어준다는 약 등 아직은 초기 단계인 각종 기술과 치료법을 살펴보면서 지혜를 얻는 과정에 변화를 일으킬 수 있을지 따져본다. '인공지혜'의 개념, 연민과 성찰, 유머, 호기심, 의사결정 능력 같은 특성이 프로그래밍된 기계/로봇이 등장할 가능성도 생각해본다.

우리는 지혜를 개인의 특성으로 여기는 경향이 있지만, 사회 전체의 지혜도 있다. 지혜의 기본적인 생물학적 특징과 개념은 보편적이지만, 지혜의 수준과 지혜가 드러나는 방식은 사회와 시대마다 어느 정도 차이가 있다. 현대사회는 과거의 사회들보다 지혜로워졌을까, 그 반대일까? 이 대립하는 주장에는 양쪽 모두 설득력 있는 근거가 있다. 현대에 들어 전 세계는 여러 측면에서 어마어마한 발전을 이룩한 동시에, 자살·약물남용·외로움처럼 예전에는 없던 행동 문제가 번지는 상황이다. 이런 문제가 다른 곳보다 유독 더 심각한 문화권도 있다. 다른 사회보다 더 지혜로운 사회도 있을까? 만약 그렇다면, 그 사회가 더 현명한지는 어떻게 알 수 있을까? 그보다 더 중요한 의문은, 우리 사회가 더 지혜로워지려면 우리는 무엇을 할 수 있을까?

10
더 일찍 나아질 수 있을까

> 현명한 사람은 때때로 생각을 바꾸지만, 어리석은 사람은 자기 생각을 절대로 바꾸지 않는다. 생각을 바꾸는 것이야말로 생각이 있음을 보여주는 가장 좋은 증거다.
>
> —데즈먼드 포드Desmond Ford
>
> 자신이 어떤 사람인지 알고 싶은가? 묻지 말고 행동하라! 행동이 당신을 설명하고 정의할 것이다.
>
> —비톨트 곰브로비치Witold Gombrowicz

정신과 의사로 일하면서, 오래전부터 나는 정신의학을 포함한 의학계 전체가 질병과 병리학, 병의 위험요소, 증상 치료에만 주목하는 좁은 시야를 고수한다고 느꼈다. 정신의학은 전통적으로 정신질환의 연구와 치료에 중점을 두는 의학 분야로 정의된다. 그러나 이런 식의 개념화는 한계가 있을 뿐만 아니라 해가 된다고 생각한다. 정신의학을 포함한 의학 전체가 시야를 넓혀 질병만이 아니라 건강한 몸과 정신에도 관심을 기울여야 한다.

의사는 당연히 병을 치료하고 환자의 고통을 덜어주어야 한다. 그러나 회복력, 낙관성, 지혜처럼 건강을 보호하는 긍정적 요소와 안녕감 등 건강할 때 얻게 되는 결과를 연구·증진하는 것도 의사가 해야 할 일이다. 의사는 환자의 증상을 줄일 방법만 찾을 게 아니라 병을 예방할 방법도 찾아야 한다.

2012년 5월에 미국정신의학협회장이 되었을 때 내게 주어진 주요 과제 중 하나는 1952년에 처음 출판되어 "정신의학계의 바이블"이라고 (잘못) 불리는 《정신질환 진단 및 통계 편람DSM》의 (다섯 번째) 새로운 개정판을 최종 완성하는 일이었다. 미국정신의학협회는 전 세계에서 규모가 가장 큰 정신의학계 단체이자 미국의 전국 규모 의학단체 중 가장 오래된 조직이다. 미국 독립선언서에 서명한 인물 중 하나인 벤저민 러시Benjamin Rush가 1844년에 이 단체를 설립했다.

정신의학적 질병으로 정식 등재된 병의 진단과 진단기준을 업데이트한 《DSM-5》에는 여러 대륙의 정신과 의사, 심리학자, 다양한 임상 의사, 연구자 수백 명이 참여했으며 10년이라는 시간과 수백만 달러가 투입되었다. 예상대로 몇 가지 논란도 제기되었다. 내가 협회장일 때 마지막 단계인 최종 승인과 출판이 성공적으로 마무리된 것은 자랑스럽게 생각하지만, 개인적으로는 이 개정판이 다루는 범위를 넘어서고 싶었다. 그래서 내 임기에는 긍정정신의학을 정신의학협회가 다룰 핵심 주제로 정했다.

긍정'심리학'은 마틴 셀리그먼의 연구를 비롯한 여러 선구적 노력에 힘입어 이제는 대중에게도 친숙한 용어가 되었다. 그러나 나는 정신의학 분야의 문헌이나 임상 현장에서는 회복력, 낙관성, 사회적 지지와 같은 요소가 거의 다루어지지 않는다는 사실을 깨달았다. 2012년에 구글에서 '긍정심리학positive psychology'을 검색하면 결과가 수천 건이 나온 반면, '긍정정신의학positive psychiatry'을 검색하면 아무것도 나오지 않았다. 비유가 아니라 정말로 검색 결과가 0건이었다.

나는 2013년 정신의학협회장 공식 연설에서, 긍정적인 심리사회적 요소를 증진해 환자의 안녕감과 행복감을 강화할 방안을 연구하고 이행할 필요가 있음을 강조했다. 그리고 그러한 연구와 노력을 '긍정정신의학'이라고 일컬었다. 동료들과 함께 이 주제로 두 권의 책을 쓰고 논문도 몇 편 발표했다. 최근에는 국제 학회에서도 긍정정신의학을 주제로 한 세션이 많아지는 등 긍정정신의학은 정신의학의 새로운 하위 분야로 꾸준히 성장하고 있다.

긍정적인 심리사회적 요소가 유병률을 크게 줄이고 수명을 늘린다는 증거도 점점 쌓이는 추세다. 내가 연구한 조현병의 경우 환자들은 다른 질병에 걸릴 위험성이 일반 인구보다 크고 수명도 15~20년 짧은 것이 특징인데, 스스로 행복하다고 느끼는 조현병 환자들은 그렇지 않은 환자보다 회복력, 지혜, 사회적 지지, 건강이 모두 우수하게 나타났다. 암 환자와 HIV/에이즈 환자들을 조사한 우리 연구에서도 비슷한 결과가 나왔다. 지혜 같은 긍정적 특성은 정신의 건강뿐만 아니라 몸의 건강, 심지어 수명에도 영향을 준다.

과학의 개입

지혜는 유연하다. 대부분의 성격특성은 선천적으로 결정되는 부분이 35~55퍼센트에 불과하고, 나머지는 외부의 영향과 개인의 행동에 좌우된다. 지혜는 나이가 들고 좋거나 나쁜 경험이 쌓이면서 늘어날 수도 있고, 심리적 영향이나 뇌의 외상, 전두측두엽 치매 같은 질병의 영향으로 줄어들 수도 있다. 그렇다면 행동을 바꾸는 것과 같은 긍정적인 노력이 선제적으로 이루어진다면, 지혜를 원하는 방향으로 변화시키고 강화할 수 있을까?

동료들과 나는 과학적인 방법으로 지혜에 직접적인 변화를 유도한 시도가 있었는지 조사했다. 전반적인 지혜보다 공감, 감정조절, 영성 등 지혜의 구성요소 가운데 한 가지를 변화의 목표로 삼았을 가능성이 더 높으므로, 그러한 시도가 있었는지도 함께 조사했다.

수백 편의 논문이 나왔지만, 우리 기준에 맞는 자료는 겨우 57편이었다. 우리가 정한 기준은 각 실험군에 참가자를 무작위로 배정하고 다른 조건은 적절히 통제하면서 지혜나 지혜의 구성요소를 강화할 수 있는 특정 방법의 효과를 연구한 것, 연구 결과를 영어 논문으로 발표한 것, 연구 표본이 40명 이상인 것이었다. 이와 함께 지혜나 지혜의 구성요소를 평가할 때 논문으로 정식 발표된 검증된 방법을 적용했으며, 연구에서 나온 데이터는 변화의 정도를 다른 사람들도 확인할 수 있는 방식으로 제시해야 한다는 기준도 적용했다. 이 엄격한 기준에 부합한 연구가 57건이었다. 이를 세부적으로 나누면 29건은 공감 능력과 연민 등 친사회적 행동을 탐구한 연구였고, 13건은 감정조절, 15건은 영성을 조사한 연구였다. 연구 표본은 정신질환이나 신체질환이 있는 환자들과 일반 인구로 구성되었다(모두 합쳐 7096명).

이 57건의 연구 중 47퍼센트에서, 지혜나 지혜의 구성요소를 강화할 수 있는 특정 방법을 적용했을 때 유의미한 개선이 일어났다. 개선의 정도를 나타내는 전문 용어인 '효과크기'로 보면 중간 수준에서 큰 수준에 해당하는 변화였다. 정리하면, 영성이나 감정조절, 친사회적 행동을 강화하는 특정 방법을 정신질환자·신체질환자·일반인에게 적용하자, 전체의 절반쯤에서 그러한 특성이 개선되는 효과가 나타났다는 것이다.

물론 우리가 분석한 이 연구들도 몇 가지 한계가 있다. 대체로 표본의 크기가 작거나 중간 수준이었고, 연구 대상자에 관한 정보, 연구 결과, 연구에 사용된 통계 방법이 제각기 다양했다. 가장 중요한 한계는 전반적인 지혜에 어떤 변화가 생기는지 폭넓게 평가하지 않았다는 점이다.

그럼에도 친사회적 행동, 감정조절, 영성을 강화하는 방법들이 정신질환자·신체질환자·일반인의 거의 절반에게 도움이 되었다는 것은 인상적인 결과다. 지혜의 구성요소를 개선하려는 시도가 성공을 거둔 사람들이 있었다는 뜻이다. 우리가 스스로 노력해서 더 나은 사람이 될 수 있다는 점에서도 중요한 의미가 있지만, 외로움, 자살, 아편유사제 남용 같은 각종 행동 문제와 씨름 중인 사회 전체에도 매우 중요한 의미가 있는 결과다. 이러한 문제는 12장에서 자세히 다룬다.

우리가 분석한 연구 중 전반적인 지혜의 향상을 시도한 것은 베트남전에 참전했던 노인(61~70세) 9명을 대상으로 한 예비 연구 한 건이 유일했다. 이 9명은 모두 외상후스트레스장애 환자들을 대상으로 한 더 큰 규모의 집단상담 연구 참가자 중 일부였다. 이 집단상담 연구에서는 참가자들이 집단토론과 글쓰기 등의 활동을 통해 의식적으로, 목적을 갖고 자기 삶을 체계적으로 검토하게 했다. 회상과 자기 삶의 이야기를 새롭게 쓰면서 기억을 통합하는 방식은 의욕, 자존감, 삶의 만족도를 높인다는 사실이 꾸준히 입증되었다. 이러한 효과는 특히 통제력을 점점 상실한다고 느끼며 자신이 이제 더는 중요한 존재가 아니라는 생각이 깊어지는 노인들에게서 두드러진다. 외상후스트레스장애 환자들에게 집단치료에 앞서 이와 같이 자기 삶을 검토하게 하자, 우울증 증상을 줄이는 데 도움이 되는 것으로 나타났다. 우리의 관심사인 지혜와 관련된 결과도 있었다. 참가자들 스스로 얼마나 지혜롭다고 생각하는지 직접 평가하게 했더니, 자기 삶을 검토한 뒤에 스스로 더 현명해졌다고 느끼게 되었다는 결과가 나왔다. 문제는 이 연구의 규모가 너무 작고, 설계의 특성상 확실한 결론을 도출하기가 어렵다는 점이었다.

동료들과 나는 지혜에 직접적인 변화를 유도한 연구를 찾고 검토하는 자료 조사에 이어, 미국 3개 주(캘리포니아, 네바다, 일리노이)의 은퇴자·노인 생활공동체 다섯 곳에서 새로운 임상시험을 했다. 이 연구에서도 그룹별로 개선 방안을 적용하자 참가자들의 회복력과 지혜가 증가하고 주관적 스트레스가 줄었다. 우리 연구에는 노인 생활공동체 안에서 개별적으로 생활하는 60세 이상 노인 89명이 참가했다. 우리는 이들을 대상으로 삶을 음미하기, 감사하기, 가치 있는 활동에 참여하기 등이 포함된 한 달짜리 새로운 집단 개선 프로그램의 효과를 연구했다. 이 프로그램의 진행은 연구진이 아니라 해당 공동체에서 특정한 자격 없이 근무하는 직원이 우리 연구진의 교육을 받고 나서 맡았다. 우리는 결과 비교를 위해 첫 한 달은 모두 평소대로 생활하게 한 다음, 이 개선 프로그램을 한 달간 적용했다. 그 뒤 3개월간 다시 평소처럼 지낼 때 나타나는 변화를 추적 조사했다.

각 참가자의 회복력, 자각하는 스트레스, 안녕감, 지혜는 검증된 자가평가법으로 측정했다(앞서 소개한 '샌디에이고 지혜 척도'). 이 평가는 연구 0개월(기준선), 1개월(개선 노력 전), 2개월(개선 노력 후), 5개월(후속 조사)이 되는 시점에 각각 실시했다.

참가자들은 개선 프로그램을 잘 따랐으며(순응도가 높았다), 프로그램에 느끼는 만족도가 높았다. 한 달간 이 프로그램에 참여한 뒤 각각 1개월과 2개월이 지났을 때 실시한 자가평가 결과를 참여 전의 평가 결과와 비교하자, 지혜와 자각하는 스트레스가 개선된 것으로 나타났다. 회복력은 프로그램에 참여한 뒤 1개월 후부터 5개월 후까지 꾸준히 개선되었다. 변화의 정도(효과크기)는 작았는데, 참가자들의 기본적인 회복력과 지혜가 비교적 높은 편이었으므로 뜻밖의 결과는 아니었다.

이러한 결과는 노인 공동체에서 지혜를 개선하는 실용적 노력을 충분히 시도해볼 만하다는 사실을 보여준다. 그런 노력을 하기 전에도 지혜와 회복력이 비교적 우수했던 사람들 또한 개선 프로그램에 참여하자 지혜, 주관적 스트레스, 회복력이 모두 크게 개선되었다. 물론 앞으로 더 많은 연구가 이어져야 한다. 특히 개선 노력을 시작하기 전의 지혜와 회복력 평가에서 낮은 점수가 나온 사람들, 다른 사람의 보살핌이 필요한 시설에 거주하는 사람들을 대상으로 한 연구가 필요하다. 그러나 행동을 개선하는 노력으로 지혜와 회복력을 높일 수 있다는 사실은 분명 흥미롭다.

종합하면 지혜의 구성요소는 강화할 수 있고, 결과적으로 전반적인 지혜도 개선될 수 있다. 벽돌 한 장 한 장이 쌓여 건물이 되고, 한 걸음 한 걸음이 모여 긴 여정이 된다. 지혜를 키우는 것도 마찬가지다.

그렇다면 지혜를 변화시키는 특정 방법에 관한 연구들에서 우리는 어떤 단서를 얻을 수 있을까? 일상생활에서 지혜를 키우는 방법, 즉 더 일찍 현명해지는 방법은 무엇일까?

결정을 잘하는 법

앞에서도 설명했듯이 고대 그리스인들은 두 가지 지혜를 이야기했다. 하나는 이론적 지혜 또는 초월적 지혜(소피아)이고, 다른 하나는 실천적 지혜(프로네시스)다. 아리스토텔레스의《니코마코스 윤리학Ethica Nicomacheia》에서는 소피아를 "자연에서 가장 고귀한 것에 관한 직관적 이성과 학문적 지식의 결합"이라고 설명한다.

대다수의 관심이 쏠리는 쪽은 당연히 실천적 지혜다. 실생활에 적용할 수 있으며, 더 나은 삶을 만드는 데도 도움이 되기 때문이다. 이론적 지혜가 앞의 정의에서도 알 수 있듯이 깊고 심오한 숙고에서 나오는 것이라면, 실용적 지혜는 현명한 결정을 자주, 타고난 듯 자연스럽게 내리는 것, 매일 크고 작은 일을 현명하게 결정하는 것, 그것이 습관이 되는 것을 의미한다.

나는 윤리에 관한 칼럼이나 조언을 주고받는 칼럼을 즐겨 읽는데, 누가 내게 조언을 구한다면 어떤 말을 해줄지 생각해볼 수 있다는 것이 그 이유 중 하나다. 불운한 일을 실제로 겪지 않고도 나라면 어떻게 할지 고민하고 자신의 의사결정 능력을 시험해볼 수 있는 좋은 방법이다. 이런 시도는 혼자 해도 좋고, 가족이나 친구들과 함께 해볼 수도 있다. 방법은 이렇다. 독자들의 고민을 상담해주는 칼럼을 찾아서 사연만 읽고 조언은 읽지 않는다. 그리고 나라면 그 사연자에게 어떤 말을 해줄지 생각한다. 그 사람의 고민을 어떻게 하면 해결할 수 있을지 생각해보고, 내가 떠올린 방법에 관해 사람들과 이야기를 나눠본다. 그런 다음 전문가가 제시한 조언을 읽고 내 생각과 비교해본다.

유념할 점은, 전문가의 의견이라고 해서 모든 사람에게 잘 맞는 해결책은 아니라는 것이다. 다시 말해, 자기 생각이 전문가의 의견과 다르다고 해서 무조건 틀린 건 아니다. 핵심은 특정 고민에 제시된 다양한 해결 방법이 어떤 논리에서 나왔는지를 아는 것이다. 이와 같은 토론과 우호적인 논쟁에 적극 참여하면 뇌가 활발히 기능하게 되므로, 언제든 필요할 때 인지 기능이 발휘되도록 계속 명민하게 유지하는 데 도움이 된다.

결정을 잘 내리는 것은 당연히 어려운 일이다. 결정이 힘든 이유는 쉽사리 결정할 수 없는 일이나 선택이어서, 또는 명확한 해결 방법이 없어서만이 아니다. 우리가 해결해야 할 과제나 쟁점, 문제에 한참 집중하면 실행 '근육'과 같은 뇌기능이 늘어나는데, 진짜 근육과 마찬가지로 무한정 늘어나지는 않는다. 그 상태가 오래 이어지면 피로가 쌓이고, 마침내 더는 기능하지 못하게 된다. 뇌기능의 이러한 한계를 다룬 연구 결과도 많다. 예컨대 대입시험을 치른 학생들은 한동안 다른 활동에 잘 집중하지 못하는 것으로 나타났다.

수능처럼 정신적으로 막대한 부담이 되는 일을 해야만 그런 영향이 생기는 것도 아니다. 미네소타대학교 연구진은 쇼핑몰에서 여러 가지를 많이 선택해야 했던 사람들에게 쇼핑 후에 간단한 대수학 문제를 풀게 하자 정답을 맞힐 확률이 떨어졌다고 밝혔다. 대학생들을 대상으로 한 연구에서는 각자 마음에 드는 강의들로 한 학기에 필요한 학점을 다 채울 수 있게 수강계획표를 짜라고 하면, 이후 중요한 시험이 예정되어 있어도 시험공부를 미룰 가능성이 훨씬 높아지는 것으로 나타났다. 이 학생들은 시험공부 대신에 수강계획표를 짜느라 '지친' 정신을 쉴 수 있는 덜 부담스러운 활동을 택했다.

심리학자들은 너무 지쳐서 아무 생각도 하지 못하게 되는 현상을 '결정피로'라고 일컫는다. 몹시 힘든 결정을 해야 하거나 뭘 먹을지, 어떤 셔츠를 입을지, 오늘 출근길은 어떤 경로로 가는 게 최선인지, 어느 이메일부터 답장할지 등 사소한 선택을 잇달아 해야 할 때 이러한 현상이 나타날 수 있다. 너무 많은 일을 결정하다 보면 결정을 잘 내리는 능력이 점점 감소하는 것이다.

뇌는 결정피로를 느끼면 지름길을 찾으려 한다. 심리상담사 크리스틴 해먼드Christine Hammond는 정신건강 정보 사이트 사이키 센트럴Psych Central에 개설한 '녹초가 된 여자The Exhausted Woman'라는 개인 블로그에서, 결정피로를 느끼면 이전에 형편없는 결과를 가져온 익숙한 결정 경로를 그대로 다시 밟기 쉬워진다고 설명했다.

이런 점들을 잘 기억해두고, 결정할 일이 있을 때는 자기 몸과 감정과 정신이 결정을 잘 내릴 수 있는 상태인지 주의 깊게 살펴야 한다. 우리 몸은 24시간을 주기로 자고 깨어나는 일주기 리듬을 따른다. 누구나 하루 중 정신이 가장 맑은 시간대와 가장 맑지 않은 시간대가 있다. 동이 트면 자동으로 눈이 번쩍 떠지는 아침형 인간이 있는가 하면, 밤늦도록 여러 활동을 즐기는 올빼미족도 있다. 파도처럼 오가는 이 하루의 흐름 중 정신이 가장 맑지 않은 시간대에는 중요한 결정을 하지 말아야 한다.

현재에 머무르려는 노력도 중요하다. 한 발짝 물러날 줄도 알아야 한다. 한동안 어떤 일에 몰두했거나 자제력을 키우기 위해 노력하는 중일 때, 또는 여러 자잘한 결정을 많이 내린 후에는 중요한 결정을 성급히 내리지 않도록 주의해야 한다.

"지능은 정답을 아는 것이고, 지혜는 그 정답을 언제 말해야 하는지를 아는 것이다." 저술가이자 미국 최대의 보험사기 조사 업체 공동 창립자인 팀 파고Tim Fargo의 말이다. 이 말을 결정에 적용한다면, 지혜란 언제 결정하는 게 좋은지를 아는 것이다.

나를 돌아보는 시간

현명한 결정에는 지혜를 구성하는 모든 요소가 제각기 다양한 영향을 준다. 현명한 결정을 습관화하려면, 지금 자신이 지혜의 요소들을 얼마나 갖추고 있는지 현실적으로 파악하는 것이 첫 단계다. 솔직한 성찰은 지혜의 필수 요건이다. 이 첫 단계를 넘지 않고는 더 지혜로워질 수 없다.

지혜의 구성요소 가운데 자신이 확실하게 갖춘 건 무엇이고 갖추지 못한 건 무엇인지 알아야 한다. 자신을 엄중하고 진솔하게 들여다보고 강점과 약점을 꾸밈없이 진지하게 살피지 못한다면 더 나은 사람, 더 현명한 사람이 되기 위한 토대를 제대로 다질 수 없다.

성찰은 더 나은 결정을 수월하게 내릴 수 있게끔 도와준다. 다양한 편향이 우리의 선택에 영향을 주는데, 편향이 없는 사람은 없다. 다들 성급히 결론을 내리고, 나무를 보느라 숲은 보지 못한다. 손에 망치가 있다고 만사를 못 박듯이 해결하려는 '망치 든 사람 증후군'에 시달린다. 권위가 있는 사람이 하는 대로 하거나 다수가 하는 대로 뭐든 따라 하는 경향도 있다. 또는 지나친 자신감을 지닐 수도 있다.

성찰은 이런 문제를 타개하는 해독제가 될 수 있다. 성찰은 자신과 주변 환경의 좋은 상황과 나쁜 상황을 모두 고려해서 결정하게 한다. 그렇다고 지혜의 구성요소를 전부 최상으로 갖춰야만 현명해진다는 소리는 아니다. 좋은 것도 지나치면 오히려 독이 될 수 있다. 과도한 성찰은 자신 말고는 아무한테도 거의 관심을 기울이지 않게 만든다. 지나친 공감, 불확실성을 받아들이지 않는 태도 역시 무력감을 일으켜 필요한 조치를 실행에 옮겨야 할 때 가만히 절망에 빠져 있게 만든다.

대부분의 일이 그렇듯 중도와 균형을 찾는 것이 핵심이다. 제스테-토머스 지혜 지표의 모든 항목에서 5점 만점을 받을 필요도, 그것을 목표로 삼을 필요도 없다. 지혜의 다른 요소들을 함께 고려할 때나 특정한 상황에서는 4점이나 3점도 충분히 훌륭한 점수일 수 있다.

사람들은 자기 삶과 자신을 미처 돌아보지 못하는 이유로 시간 부족을 가장 많이 꼽는다. 다른 이유도 있다. 성찰하고 싶어도 방법을 모른다거나, 성찰하려면 거쳐야 하는 과정이 마음에 들지 않거나 시간 낭비라고 생각하기도 한다. 가만히 생각하기보다는 행동하는 편이 더 낫다고 여기기도 한다. 성찰에 도움이 될 만한 몇 가지 요령을 소개한다.

- 자신을 돌아볼 수 있는 중요한 질문부터 찾아라. 단, 그 질문에 곧바로 답하지는 마라.

- 여러 성찰 방법 중 자신에게 가장 잘 맞는 것을 선택하라. 생각을 글로 쓰는 것, 믿을 수 있는 친구와 대화하는 것, 혼자 오랫동안 걷는 것 등이 있다.

- 성찰할 시간을 정해라. 처음에는 매일 몇 분만 시간을 들이는 것으로 시작해도 된다. 시간을 정했으면 무조건 지켜야 한다. 미리 생각해둔 질문을 떠올리고 답을 생각한다. 그대로 집중하면서 여러 가능성과 관점을 떠올린다. 스스로 명백하다고 판단한 것 말고, 그 너머에 뭐가 더 있을 수 있는지 생각한

다. 떠올린 답이 마음에 들지 않아도 된다. 전부 동의할 필요도 없다. 자기 생각을 면밀히 잘 살펴보는 게 중요하다.

우리는 누구나 자기중심적인 편향에 휘둘린다. 자신과 관련된 일만큼 관심을 잡아끄는 것은 없으며, 이런 경향은 판단에 영향을 준다. 그래서 사적으로 몹시 힘든 문제나 딜레마에 부딪혔을 때는 자신에게서 빠져나오는 것이 좋은 해결책이 될 수 있다. 제3자의 눈으로 보거나, 주어를 '나' 외에 다른 이름으로 바꿔서 문제를 들여다보는 것이다. 가족이나 친구가 조언을 구하면, 우리는 자연히 거리를 두고 그 일을 바라보게 된다. 자기 일도 그렇게 보려고 해보라. 내가 겪는 문제이지만 다른 사람이 겪는 문제처럼 바라보면서, 만약 남의 일이라면 내가 제시할 수 있는 최선의 조언은 무엇일지 생각해본다.

훈련된 연민

재밌는 사람이 아니어도 현명해질 수 있고, 결단력이 얼마나 되든 현명해질 수 있다. 그렇지만 다른 사람과 자기 자신에게 공감하고 연민할 줄 모르는 사람은 현명해질 수 없다. 또한 타인을 향한 연민과 자기연민은 균형을 이루어야 한다.

역사가 존 미첨Jon Meacham은 프랭클린 델러노 루스벨트

Franklin Delano Roosevelt 대통령에 대해, 자아가 대단히 강한 사람이었지만 "자신을 잘 알고 다른 이들의 고통에 연민할 줄 아는 재능"이 그러한 경향을 누그러뜨렸다고 설명했다. 그 덕분에 루스벨트가 "진정으로 위대하다고 할 만한 변화를 일으킨 소수의 대통령 중 한 사람이 될 수 있었다"고 보았다.

루스벨트의 이름은 역사적으로 현명한 사람들의 목록에 자주 등장한다. 그는 (소아마비와 길랭바레증후군의 여파로 성인기 대부분을 휠체어 신세를 지고 살아야 했음에도) 대공황과 세계대전으로 몸살을 앓는 국가를 결집하고 통솔할 줄 아는 사람이었으며, 수백만 명을 이끈 지도자였다. 루스벨트의 사례는 모르는 사람에게도 친근감과 고마움을 느낄 줄 알아야 하며, 그렇지 못한 사람은 결국 홀로 남고 길을 잃게 된다는 사실을 명확히 보여준다.

전통적으로 심리사회적 변화를 일으키기 위해 제시된 방법들은 부정적 감정을 완화하는 데 초점을 맞추었지만, 최근에는 긍정적 감정과 개인의 긍정적 특성을 강화하는 방법에도 많은 관심이 쏠린다. 그러한 노력이 중요하다는 인식도 커지는 추세다. 깊은 분노에 시달리는 환자에게는 힘든 감정을 가라앉히기만 하는 것보다 분노가 차지하던 자리를 만족감, 평정심, 나아가 기쁨으로 대체하는 게 훨씬 큰 도움이 된다.

얼마 전부터는 연민도 훈련하면 키울 수 있다는 사실이 점점 분명해지고 있다. 연민은 태어날 때부터 정해지는 능력이 아니다. 우리는 연민을 키우는 법을 배울 수 있으며, 이를 통해 더 현명해질 수 있다.

2012년, 스탠퍼드대학교 연구진은 한 지역에 거주하는 성인 100명을 모집해서 9주짜리 연민 훈련 프로그램을 받을 그룹과 대조군 그룹에 무작위로 배정했다. 지극히 평범한 사람들도 훈련을 통해 연민을 키울 수 있는지 확인하는 것이 이 연구의 목표였다.

연구진은 훈련 전후에 각 참가자가 다른 사람에게 얼마나 연민을 느끼는지, 다른 사람이 자신을 얼마나 연민한다고 느끼는지, 자신을 스스로 얼마나 연민하는지를 자가평가로 확인했다.

연민 훈련 그룹은 연민의 세 가지 세부 영역을 모두 개선할 수 있게끔 고안된 명상을 안내에 따라 실천했다. 9주간 훈련을 모두 마친 사람들은 다른 사람에게 느끼는 연민과 다른 사람이 자신을 연민한다고 느끼는 정도, 자기연민이 모두 훈련 전보다 증가했다. 명상에 참여한 횟수가 많을수록 연민의 증가 폭도 컸다.

5장에서 간략히 소개한 불교의 자애명상도 자신과 다른 사람을 향한 연민과 공감을 키우는 방법으로 잘 알려져 있다. 자애명상의 목표는 마음을 열고 편안히 만들어서 삶까지 편안해지게 하는 것이다.

혼자 조용히 보낼 수 있는 시간과 장소를 찾아 머릿속의 생각과 스트레스를 비워낸 뒤, 다른 사람을 다정하게 챙기고 고마워하는 마음으로 채우는 것이 자애명상의 기본 방식이다. 떠올리는 대상은 가족이나 스승처럼 존경하고 사랑하는 사람들이 될 수도 있고, 잘 모르는 사람이나 예전의 적이 될 수도 있다. 좋은 생각에 만 온전히 집중하면서 "편안히 지내시길 바랍니다. 행복하시길 바랍니다. 고통 없이 지내시길 바랍니다" 같은 문구를 주문처럼 되뇌면 자신의 안녕감이 더욱 커지고 강화된다.

효과가 있을까? 많은 사람이 그렇다고 생각한다. 영국 카디프대학교 연구진은 2016년에 참가자들을 대조군과 실험군에 무작위로 배정한 다음 자애명상의 효과를 조사했다. 이 연구에 참여한 영국·미국의 성인 809명 가운데 절반은 동영상을 보며 자애명상을 실천했고, 설문지 작성, 온라인 일기 쓰기, 온라인 포럼 활동에도 참여했다. 나머지 절반은 가벼운 신체 운동 프로그램에 참여했다.

자애명상 그룹은 총 20일 동안 매일 10분씩 명상을 했다. 연구 기간이 끝난 후, 연구진은 두 그룹의 모든 참가자를 대상으로 삶의 만족도와 우울감, 공감에서 우러나는 걱정, 이타주의의 정도를 평가했다. 그 결과 스스로 느끼는 안녕감은 자애명상 그룹과 가벼운 운동 그룹 모두 전반적으로 비슷하게 증가했지만, 자애명상 그룹은 자기 자신과 다른 사람을 대하는 방식에서 훨씬 풍부하고 다양한 경험을 하게 되었다고 밝혔다.

"나는 달라지고 있을까?" 한 참가자가 쓴 글이다. "조금은 그런 듯하다. 엄청난 '유레카'의 순간은 없지만, 밖에 나가면 내 주변을 더 많이 살펴보고 더 많은 것을 알아차리게 되었다. 거리에서 스쳐 지나가는 사람들도 유심히 살펴보고, 그들은 어떤 삶을 살까 생각한다. 아파 보이는 사람이 있으면 속으로 그가 건강해지기를 빌고, 추워 보이면 저 사람이 따뜻해졌으면 좋겠다고 생각한다. 그래서인지 이제는 우리 지역의 일에도 더 관심을 기울이게 되었다. 내가 이곳에 속해 있다는 기분도 들기 시작했다."

자기연민도 다른 사람을 향한 연민만큼 중요하다. 누구나 실수하고 실패할 때가 있다. 실패는 대부분 성공보다 더 큰 가르침을 준다. 그렇지만 실패했을 때는 잠시 멈추고 자신에게 숨 쉴 틈을 줘야, 그 일을 더 넓게 보고 더 큰 결실을 목표로 삼을 수 있다. 자기연민도 배워서 익힐 수 있다.

2014년에 미국 오스틴의 텍사스대학교 연구진은 독일 연구진과 함께 여성 대학생 52명을 모집해, 각각 자기연민을 키울 수 있게끔 고안된 프로그램과 전반적인 시간관리 기술에 관한 프로그램에 무작위로 배정했다. 3주간 집단교육 방식으로 진행된 자기연민 훈련을 받은 학생들은 자신을 덜 비난하고 남들과 원만하게 유대를 형성하는 방법과 마음챙김 기술을 배웠다. 각 세션 사이사이에는 참가자가 배운 내용을 직접 실행할 수 있는 '숙제'도 제시되었다.

훈련이 끝난 후 다양한 기준에 따라 평가한 결과, 자기연민 훈련을 받은 그룹은 자기연민, 마음챙김, 낙관성, 자기 효능감이 대조군보다 훨씬 커졌다. 부정적인 생각을 곱씹는 경향, 우울증과 관련된 인지적 사고는 줄어든 것으로 나타났다.

최근에는 뉴질랜드 과학자들이 당뇨병 환자들을 대상으로

자기연민 훈련의 효과를 연구했다. 당뇨병은 기분 장애가 동반되는 경우가 많은데, 그렇게 되면 혈당 관리가 어려워지고 합병증도 증가한다. 이 임상시험에서 연구진은 제1형 당뇨병과 제2형 당뇨병 환자들을 모집한 뒤, 8주 동안 마음챙김 원리에 따라 자기연민을 키우는 프로그램(학습 주제는 매주 바뀌었으며, 명상과 함께 마음이 괴로울 때 스스로 진정하고 달래는 방법 등을 배웠다)을 실천할 그룹과 대조군 그룹에 무작위로 배정했다. 그리고 연구가 시작되기 전에 모든 참가자를 대상으로 자기연민과 우울증 증상, 당뇨병 환자가 특이적으로 겪는 괴로움의 정도를 평가하고, 생물학적 지표로 당뇨병 상태도 확인했다.

그 결과, 자기연민 훈련을 받은 환자들은 훈련 후 자신을 (매섭게 비판하는 대신) 더 다정하게 대할 수 있게 되었고, 우울증과 괴로움이 줄었다. 또한 혈액의 포도당과 결합하는 단백질 결합체인 당화혈색소의 농도가 통계적으로 유의미하게 감소했다. 당뇨병 환자 또는 당뇨병으로 발전할 위험이 큰 사람은 혈중 당화혈색소 농도가 높게 나타난다.

의사와 환자만큼 서로를 향한 공감과 연민이 절실한 관계도 없다. 의사가 자신이 치료하는 환자와 개인적으로 유대를 형성하고 환자에게 연민·공감하면, 환자는 물론 의사 자신에게도 도움이 된다. 환자는 치료로 더 좋은 결과를 얻고, 의사는 그만큼 솜씨 좋은 치유자가 되어 더 행복해지며 번아웃이 줄어든다.

여기서 분명히 해둘 점은, 이는 새삼스러운 사실이 아니라는 것이다. 의학 교육과 임상 실무에서 연민과 공감을 키워야 한다는 것은 오래전부터 나온 이야기인데, 매번 구체적 조치 없이 흐지부지되었다. 자랑스럽게도 내가 속한 대학은 이 변화를 시도한 곳 중 한 곳이다.

UC 샌디에이고는 2019년에 기업가이자 자선사업가인 T. 데니 샌퍼드T. Denny Sanford가 기부한 1억 달러로 'T. 데니 샌퍼드 공감·연민 연구소'를 설립한다고 공표했다. 이 연구소의 세 가지 목표는 ① 가장 혁신적인 최신 뇌영상 기술로 연민의 신경학적 기반을 밝혀내는 것, ② 그 결과를 토대로 의대생의 연민을 키울 수 있는 새로운 커리큘럼을 설계하는 것, ③ 연구 결과를 활용해 번아웃, 우울증, 자살률이 치솟는 현직 의사들과 의료계 전문가들의 안녕감을 보호하고 증진할 새로운 방법을 개발하는 것으로 정해졌다.

연구소가 설립될 때부터 합류한 연구자들은 몇 년 동안 실질적이고 중대한 성과를 내기 위해 애써왔다. UC 샌디에이고 의과대학을 비롯한 다른 여러 기관도 그와 같은 변화를 모색하는 중이다. 한 예로 UC 샌디에이고 의과대학은 미술 강의를 도입했다. 이 수업에서는 먼저 누드모델을 스케치하고, 이어서 사람의 골격구조를 그리며, 맨 마지막에는 해부용 시신을 스케치한다. 환자 한 사람 한 사람이 여러 겹 여러 차원으로 이루어진 존재이며, 저마다 수많은 이야기를 간직한 존재임을 의대생들에게 분명히 각인시키는 것이다. 학생들은 해부용 시신을 직접 그려보면서 그가 죽기 전 마지막으로 입원해 정맥주사를 맞다가 생긴 멍 자국이나 문신, 오래된 수술 흉터 같은 세세한 것을 눈여겨보게 되고, 자연스레 그 사람이 어떤 삶을 살았을지, 어떤 경험을 했을지 상상하게 된다.

노인 환자들의 삶을 체험해보는 의대 강의도 있다. 이 수업에서 의대생들은 시력과 촉각이 무뎌지는 특수 고글과 장갑을 착용한 채로 처방약이 담긴 약병의 문구를 읽고, 약병에서 약을 한 알 꺼내본다. 신발에 조약돌을 넣고 걷거나 다리에 부목을 대고 걸으며 그냥 걸어 다니는 것만으로도 큰 통증과 괴로움을 느끼는 노인들의 상황을 체험하기도 한다.

이 수업의 목표도 스무 살 남짓한 의대생들이 노인 환자들과 그들의 생활을 체험하면서 잠시나마 환자들의 고통을 느끼고 그들의 처지가 되어볼 기회를 제공함으로써, 환자들에게 더 깊은 유대를 느끼도록 만드는 것이다.

노년기의 삶을 더 정교하게 체험하는 방법도 있다. 방탄복 또는 폭발물제거반이 입는 특수복처럼 생긴 거트GERT*라는 노화 체험복도 그중 하나다. 이 체험복은 여러 부분으로 구성되는데, 다 착용하고 나면 시야가 좁아지고 흐릿해지며 고주파로 발생하는 소리는 들리지 않는다. 머리를 마음대로 움직이지 못하고, 관절은 뻣뻣해지며, 힘이 약해진다. 몸 여러 부분을 한꺼번에 움직

* 노인학적 모의실험 장치(Gerontologic simulator)의 줄임말.

이기도 힘들어진다. 이 노화 체험복은 공감 교육과, 노인들이나 몸이 불편한 사람들을 위한 더 나은 서비스와 도구 개발에 활용된다. 누구나 언젠가는 반드시 겪게 될 노년기를 일찍 경험해봄으로써, 자신보다 먼저 그 시기를 살고 있는 사람들에게 조금 더 공감할 수 있게 한다.

연민 훈련은 행동뿐 아니라 뇌에도 변화를 일으킬 수 있다. 2013년, 독일과 스위스의 과학자들은 힘들게 고생하는 사람들의 모습을 영상으로 볼 때 건강한 성인들의 뇌에 어떤 변화가 일어나고 어떤 반응이 나오는지 조사한 결과를 학술지 《대뇌피질 Cerebral Cortex》에 발표했다.

뇌영상으로 공감 반응의 변화를 확인한 결과, 일부 참가자는 초기 반응으로 전측 섬엽과 전내측 대상피질에서 부정적인 정서 변화를 의미하는 활성이 나타났다. 두 곳 모두 뇌에서 고통에 대한 공감과 관련된 주요 신경 네트워크다. 영상에 나온 사람들의 고통을 인지하자 공감을 일으키는 뇌 영역이 반응하긴 했지만 부정적인 감정만 나타난 것인데, 이는 남의 고통에 무관심하다는 뜻이다.

그런데 이런 반응이 나온 참가자들을 대상으로 연민 훈련을 실시한 뒤 다시 뇌영상을 촬영하자, 이번에는 긍정적인 정서 변화가 증가했다. 연민 훈련 이후에는 긍정적인 정서 변화와 친밀감, 즉 공감과 관련된 영역으로 알려진 내측 안와전두피질과 조가비핵, 창백핵, 복측피개 영역의 활성이 모두 증가한 것이다.

공감을 키우는 방법들은 양방향으로 변화를 일으킨다. 한 예로 캐나다 연구진은 치매 환자들이 생활하는 장기요양시설의 직원들을 조사했는데, 그 결과 직원들이 환자들에게 자신의 개인적인 삶을 이야기하고 환자들의 이야기에도 귀 기울이면 치료 효과와 간병의 질이 모두 개선되는 것으로 나타났다. 직원들은 환자들을 증상과 건강 문제로만 구분하지 않고, 그저 한 사람으로 더 깊이 알게 되었다. 환자들도 자신을 돌봐주는 직원들을 나름의 걱정과 꿈 등이 있는 개개인으로 대하게 되었다. 양쪽 모두를 변화시킨 것이다.

연습할수록 나아진다

동양의 오랜 개념인 마음챙김은 현대에 들어 서구사회에서 점차 주목받고 있다. 마음챙김은 자기 생각과 느낌, 몸의 감각, 주변 환경을 매 순간 인식하는 능력이다. 아무것도 평가하거나 확신하지 않고, 예컨대 특정 순간을 생각하거나 느끼는 '올바른' 방식과 '잘못된' 방식이 있다는 확신을 접어두고 그 순간에 주의를 기울이는 것이 마음챙김이다.

지혜에 관해 이야기하면서 마음챙김과 그러한 능력이 어떻게 드러나는지를 설명하는 이유는, 지혜를 더 깊이 이해하고 발전시킬 방법을 찾기 위한 수많은 연구와 노력에 마음챙김이 거듭 등장하기 때문이다.

마음챙김의 뿌리는 불교 명상에 있다. "과거는 이미 지나갔고, 미래는 아직 오지 않았다. 우리가 살아갈 수 있는 건 단 한 순간뿐이다." 매사추세츠대학교 의과대학 명예교수이자 불교와 선불교의 여러 스승에게 가르침을 받은 존 카밧진Jon Kabat-Zinn이 남긴 말이다. 그를 비롯한 과학자들의 연구 덕분에 마음챙김은 최근 수년간 속세에서도 주류 사상 중 하나가 되었다.

카밧진은 40여 년 전에 마음챙김 명상, 몸 살피기, 간단한 요가를 결합해 정신의 명료함과 통찰력을 강화하는 '마음챙김 기반 스트레스 완화 프로그램MBSR'을 개발했다. 몸 살피기란 바닥에 등을 대고 반듯이 누워서 몸 곳곳에 주의를 기울이는 것이다. 예를 들어 발가락부터 시작해 위로 조금씩 올라오면서 몸 전체를 살핀다.

MBSR은 현재 많은 병원, 건강 기관, 요양시설, 수련시설, 기업체를 비롯한 여러 단체에서 다양한 형태로 활용되고 있다. 우울증과 불안 감소, 면역계 기능 개선 등 신체건강과 정신건강에 모두 도움이 되는 것으로 알려졌다.

오랜 세월 마음챙김 명상을 실천하고, 수련을 통해 꾸준히 정진하며 살아온 불교 승려들의 뇌에서 실제로 물리적 변화가 발견되었다는 연구 결과도 있다. 2011년에 뉴욕대학교 연구진은 불교 승려들이 명상하는 동안 뇌에서 일어나는 혈류 변화를 fMRI로 추적한 결과, 명상을 하지 않은 사람들보다 강한 활성이 나타나는 영역이 있다는 사실을 확인했다. 뇌의 신경 연결이 자체적으로 재구성되어 뇌가 더 효율적으로 기능하는 것을 신경가소성이라고 하는데, 승려들은 신경가소성이 우수한 것으로 밝혀졌다. 구체적으로는 전전두피질을 포함한 뇌 특정 영역의 구조가 재편되어 신경세포 간, 신경회로 간 연결이 늘어나면서 명상의 영향이 더욱 증대되는 것으로 나타났다. 오랫동안 테니스를 친 프로 선수들의 손과 눈이 평균보다 더 크게 협응하는 것과 같은 효과다. 잘 알려진 말처럼, 연습하면 완벽해진다. 또는 최소한 완벽에 더 가까워진다.

온 우주를 통틀어 두개골에 둘러싸인 인간의 뇌만큼 신비로운 것은 없을 듯하다. 인간의 뇌는 1000억 개의 신경세포로 구성되며, 신경세포 간 연결 지점인 시냅스의 수는 그 1만 배에 달한다. 대뇌피질에 있는 시냅스만 125조 개로 추정된다. 우리 뇌는 활기차게 살아 있고 변화한다. 뇌에는 뇌의 상태를 자체적으로 파악·치유·개선하는 고유한 기능이 있다. 마음챙김은 이 기능이 발휘되게 하는 한 가지 방법이고, 따라서 지혜를 키우는 다양한 기술에 자주 활용된다.

나는 UC 샌디에이고 의과대학의 정신과 교수이자 미국 보훈부와 협업하는 임상 과학자 아리엘 랭Ariel Lange과 함께 관련 연구를 하고 있다. 랭의 연구진은 외상후스트레스장애를 겪는 참전 군인들을 대상으로 '자애명상'의 효과를 조사했고, 심리적 치유와 회복에 도움이 된다는 사실을 확인했다. 지금은 노년기에 발생하는 문제들로 힘들어하는 사람들에게도 이 명상이 도움이 될 수 있는지 연구하는 중이다.

어린 세대를 보살피려는 마음

친절을 베풀면 더 행복해진다는 것은 수많은 연구로 입증된 사실이다. 예를 들어 가장 유의미한 친사회적 활동이라 할 수 있는 봉사는 삶의 만족도와 밀접한 관련성이 있다. 자기 시간을 기꺼이 내주는 사람들은 대인관계가 더욱 돈독하고, 더 행복하며, 수명도 더 길다.

서던캘리포니아대학교와 볼티모어의 존스홉킨스대학교 연구진은 2015년에 '경험 봉사단Experience Corps'을 조사하고 중요한 결과를 얻었다. 10년간 시행된 이 경험 봉사 사업에서는 노인들로 구성된 봉사단이 각자 지정된 초등학교에서 아이들의 학업, 사회성 개선, 건강한 행동 발달을 도왔다.

연구진은 이 사업이 아이들은 물론 봉사에 나선 노인들에게도 도움이 되었다는 사실을 확인했다. 다른 사람을 더 세심히 보살피고 염려하는 것, 특히 어린 세대를 보살피려는 것을 '생성성generativity'이라고 하는데, 봉사에 참여한 노인들은 이 생성성이 향상한 것으로 나타났다. 또한 이 노인들은 삶에서 얻은 교훈을 아이들과 나눌 수 있었고, 자신의 과거가 아이들의 미래에 변화를 일으킬 수도 있음을 느꼈다.

이 연구는 세대를 초월한 시민참여 사업이 노년기에 자각하는 생성성에 긍정적 변화를 일으킬 수 있음을 입증한, 전례 없는 대규모 연구였다. 그러나 이보다 규모가 작은 여러 연구에서도 세대 간 교류가 유익하다는 사실이 입증되었다. 앞에서 소개한 '할머니 가설'을 기억하는가? 서로 다른 세대가 가까이 살면서 각자의 인생 교훈과 희망, 낙관성, 관용, 유머, 다정함, 그 밖에 지혜의 대표적인 특징을 주고받는 경험은 부정할 수 없을 만큼 분명한 가치가 있다.

이 경험 봉사단 연구에 선임 연구자로 참여한 서던캘리포니아대학교의 태라 그루네월드Tara Gruenewald는 "노인들이 봉사활동에 의욕적으로 참여하고, 뭐라도 더 주려고 노력하는 모습이 아주 인상적이었다"고 밝혔다. "이처럼 많은 것을 제공할 수 있는 인구가 있는데, 이 자원을 제대로 활용하지 못하는 건 매우 우려할 만한 일이다. [경험 봉사단 같은 사업은] 모든 이에게 진정으로 유익하다. 지역사회를 돕고, 노인들을 돕는 일이다."

인생은 함께할수록 덜 힘들다. 든든한 대인관계는 하루하루 겪는 일에 대한 인식을 변화시킨다. 안 좋은 일도 나쁘게만 여기지 않게 되고, 힘든 일이 생겨도 더 쉽게 맞서고 극복하게 된다. 짐을 나눌 수 있는 어깨가 많으면 그렇게 된다. 한 연구에서는 사람들에게 혼자 또는 친구와 함께 산을 오르게 하자, 혼자 등산한 사람들은 몹시 힘들어했지만 친구와 함께 등산한 사람들은 산을 실제 높이보다 덜 가파르게 느꼈다.

통증의 자각에 관한 연구에서도 소중한 사람이 곁에 있으면 통증을 유발하는 자극이 주어져도 통증을 덜 느끼는 것으로 나타났다. 연구진이 뇌영상으로 확인한 결과, 통증을 느낄 때 손을 잡아주는 사람이 있으면 뇌신경의 활성에서도 아픔을 느끼는 감각이 줄어든 것을 확인할 수 있었다. 인간은 사회적 동물이며, 혼자 고립된 상태로는 잘 지내지 못한다.

몇 년 전 잭 켈름Zak Kelm, 제임스 우머James Womer, 제니퍼 월터Jennifer Walter, 크리스 퓨트너Chris Feudtner는 필라델피아 아동병원과 공동으로, 의사들의 공감 능력을 키우는 방법에 대한 연구 사례들을 찾아 체계적으로 검토했다. 그 결과, 이러한 방법들로 치료의 우수성, 환자와의 관계, 여러 측면에서 평가한 치료의 결과가 개선될 수 있음을 명확히 확인했다고 밝혔다. 이들이 찾은 1415편의 논문 중 효과를 정량적으로 평가할 수 있고 의사의 공감 능력을 키울 수 있어야 한다는 요건에 부합하는 연구는 64건이었다.

공감 능력을 개선할 방안을 찾는 연구는 그 특성상 설계와 실행 모두 상당히 까다로울 수밖에 없다. 그러나 퓨트너는 자신들이 분석한 연구들이 10건 중 8건의 비율로 설계가 매우 정밀했으며, 집단토론, 역할극, 일대일 코칭 등 표적화한 방법으로 의사들의 공감 능력을 키우는 효과를 얻었다고 설명했다.

웨일 코넬의과대학의 정신의학과 임상 강사이자 보조 주치의 서맨사 보드먼Samantha Boardman과 듀크대학교 의과대학의 정신의학과 및 행동과학과 교수 P. 무랄리 도래스와미P. Murali Doraiswamy가 집필한 책(내가 공동 편집자로 참여했다) 《긍정정신의학Positive Psychiatry》에는 다음과 같은 임상 사례가 나온다.

> 사서로 일하다 은퇴한 로런스는 72세이며 건강이 양호하다. 아내는 10년 전 암으로 세상을 떠났다. 자녀들과 손주들은 여러 지역에 흩어져 살고 있다. 로런스는 우울증과 경미한 불안증 병력이 있는데, 한동안 우울증 증상이 이어져 6개월 전에 정신의학과를 찾았다. 당시 그는 불면증과 식욕 감소를 겪으며 몸에 기운이 없었고, 인생에 아무 흥미가 없었다. 비관적인 자살 생각, 기분 저조, 집중력 저하 증상도 겪었다. 병원에서는 로런스에게 선택적 세로토닌 재흡수 억제제를 처방했다. 로런스는 치료 후 꽤 좋아졌다고 느꼈지만, "내가 나 같지 않은" 기분이 가시지 않았다. 그러자 담당 의사는 몇 가지 긍정적인 개선 방안을 권했다. ① 아침마다 차 없이 30분을 걸어서 신문을 사 오고, ② 지역 노인센터에서 운영하는 독서 클럽에 가입하고, ③ 고등학교 2~3학년생의 대학 입시용 자기소개서 작성을 도와주는 봉사활동에 참여하라는 내용이었다.
>
> 로런스는 약물치료를 받고 나서 분명 전보다 나아졌다고 느꼈지만, 말끔히 해결되지 않는 증상들이 남아 있었다. 의사가 권한 긍정적인 개선 방법을 시도한 뒤에 로런스는 지역사회에

더 깊은 유대감을 느끼기 시작했고 새로운 친구들도 사귀었다. 오랜 친구들과의 관계도 더 좋아졌다. 특히 고등학생들을 도와주는 봉사에서 큰 보람을 느꼈으며 활기가 생겼다.

보복운전을 하고 싶을 때

"감정은 생각의 노예이고, 우리는 감정의 노예다." (2010년에 영화로도 제작된) 인기 소설《먹고 기도하고 사랑하라Eat Pray Love》의 저자 엘리자베스 길버트Elizabeth Gilbert가 한 말이다. 맞는 말이지만, 감정은 기정사실이 아니며 유연하다. 감정의 힘은 감정을 해석하는 방식 그리고 감정에 힘을 불어넣는 상황에 따라 바뀐다.

운전 중에 갑자기 다른 차가 바짝 붙어 앞으로 끼어들 때처럼, 다른 사람의 행동에 격분한 경험은 누구나 있을 것이다. 그다음에 일어날 일은 우리 각자에게 달려 있다. 다른 운전자의 거슬리는 운전 방식에 느낀 분노를 보복운전이라는 폭력적인 방식으로 표출하는 사례는 드물지 않다. 2016년 미국자동차협회의 조사에서는 "지난해에 운전 도중 극도로 화내거나 공격적으로 운전한 적이 최소 한 번 있다"는 항목에 응답자의 약 80퍼센트가 그렇다고 답했다. 보복운전으로 인한 교통사고만 연간 수천 건에 이르며 사망자도 발생한다는 사실이 여러 연구로 밝혀졌다.

보복운전은 아무 가치가 없지만, 화를 표출하고 싶은 충동을 가라앉히는 것은 분명한 가치가 있다. 그러려면 정말로 중요한 게 무엇인지를 알아야 한다. 6장에서 소개한 세 가지 감정조절 전략을 다시 살펴보자. 평정심을 유지해야 하는 순간에 신속히 효과를 얻을 수 있는 전략이다.

인지적 재평가 화가 나는 일의 의미를 다르게 해석해본다. 제멋대로 운전하는 차량 뒷좌석에 아픈 아이가 타고 있어서 운전자가 절박한 심정으로 병원에 달려가는 중인지도 모른다. 정말로 그렇다면 얼마든지 이해해줄 수 있는 일이다. 운전자가 왜 그런 식으로 운전했는지 정확한 이유를 밝혀야 한다는 말이 아니다. 그 차가 자신을 공격한다고 느꼈겠지만 실제로는 아닐 수도 있다는 뜻이다. 저 사람이 나를 공격했다는 생각은 흘려보내라. 안전하게 운전하는 게 더 중요하다.

주의 돌리기 관심과 생각을 딴 데로 돌린다. 라디오를 켜거나 큰 소리로 노래를 불러보자. 동승자에게 날씨가 정말 좋지 않으냐고 말을 건네보자. 마음에 짜증이 고이지 않게, 다른 곳으로 흘러가게 만들자.

이름 붙이기 화가 났을 때는 지금 자신이 화가 났다는 것과 그 이유를 말해본다(동승자가 있다면 그에게도 말한다). 현재 느끼는 감정을 인정하고 어떤 감정인지 명확히 정의하는 것만으로 감정을 통제할 수 있는 경우가 많다.

살다 보면 누구나 화가 날 만한 일을 겪는다는 것을 잊지 말자. 화가 나는 건 이상한 게 아니다. 분노는 인간의 기본적인 감정이며 유용할 때도 있다. 분노가 유용한 상황을 잘 구분하고, 그게 아닐 때는 화를 접는 요령이 필요하다.

앞의 방법들은 운전하다 화가 났을 때뿐 아니라 화가 치솟는 무수한 상황에 모두 적용할 수 있다. 그 밖에도 감정의 항상성과 안녕감, 회복력을 키워 더욱 지혜로워지는 여러 방법이 있다.

낙관성 발휘하기 난감한 일과 괴로운 상황을 덮어놓고 외면하라는 게 아니다. 나쁘게만 보던 것을 좋게 볼 방법도 찾아보라는 의미다. "한쪽 문이 닫히면 다른 쪽 문이 열린다. 그러나 우리는 이미 닫힌 문을 한참 바라보며 후회하느라 열려 있는 문을 보지 못하는 경우가 너무나 많다." 알렉산더 그레이엄 벨Alexander Graham Bell이 한 말이다. 벨은 실용적인 전화기를 최초로 발명한 인물로 꾸준한 명성을 얻었지만, 그러기 전까지 엄청난 고난과 실패를 겪었다. 벨의 형과 동생은 모두 결핵으로 세상을 떠났고, 두 아들은 어릴 때 목숨을 잃었다. 전신회사 웨스턴유니언Western Union에 새 발명품의 특허를 팔려다가 사기꾼 취급을 당하기도 했다. 한쪽 문이 닫히면 다른 문이 열린다.

이야기 고쳐 쓰기 우리 마음속에서는 자신에 관한 이야기가 계속 흘러나온다. 그 이야기가 통제할 수 없이 나쁜 쪽으로 곤두박질치려 할 때는 현 상황과 자신이 좀 더 정확히 반영되게끔 이야기를 다듬자. 예를 들어 업무에 갑자기 차질이 생겼다면, 다른 방법을 모색하거나 더 좋은 방법을 찾아보라는 징후로 해석할 수도 있다. 하버드대학교 연구진은《뉴욕타임스》에 다음과 같은 연구 결과를 공개했다. "스트레스를 성과의 연료로 여기는 사람들은 스트레스를 무시하라고 배운 사람들보다 검사 결과가 우수했으며, 생리학적 스트레스를 관리하는 능력도 더 뛰어났다."

만사를 자기 문제로만 받아들이지 말 것 일이 잘 풀리지 않을 때 우리는 보통 자책하면서 지난 일을 곱씹는다. 다르게 했어야 한다고, 또는 더 잘했어야 한다고 자신을 질타한다. 문제나 위기가 닥치면 그 일이 결코 끝나지 않을 것처럼 느껴질 때가 많지만, 모든 일은 반드시 끝이 있다. 실수는 일어난다. 그럴 수 있다. 그러므로 다음에는 무엇을 해야 하는지, 어떻게 하면 해결할 수 있는지로 생각의 초점을 돌려야 한다.

처음이 아님을 기억할 것 힘들 때 자신과 같은 일을 겪었거나 더 심각한 상황에 놓였던 다른 사람들을 떠올리는 것도 힘이 될 수 있다. 자기가 예전에 이미 극복했던 힘든 일들을 떠올리면 회복력을 훨씬 더 크게 강화할 수 있다.

도움을 구하고, 도움을 줄 것 가족, 친구 등 서로에게 힘이 되는 관계망이 탄탄히 구축되면 위기를 더 순탄하게 극복할 수 있다는 사실은 수많은 증거로 입증되었다. 여기까지는 충분히 예상할 수 있는 일이지만, 놀랍게도 다른 사람을 도와주는 행위로도 회복력을 키울 수 있다. "어떤 식으로든 타인에게 손을 내밀어 도움을 주면 자기 자신에게서 벗어나게 됩니다. 이는 자신의 힘을 강화하는 중요한 방법입니다." 예일대학교 정신의학과 교수 스티븐 사우스윅Steven Southwick이 《뉴욕타임스》와의 인터뷰에서 한 말이다. "자신에게 의미 있는 일에 참여하면, 어떠한 역경이든 이겨낼 수 있는 힘을 얻게 됩니다."

회복력 키우기 회복력을 만드는 핵심 역량은 자기인식과 자기조절, 정신적 민첩성, 자기 성격의 강점을 아는 능력, 유대감이다. 하나하나가 중요한 능력이다. 자기인식은 자기 생각·감정·행동·패턴 중 무익한 부분을 구별하는 것이고, 자기조절은 목표 달성에 방해가 되는 충동·감정·행동·생각을 가라앉히는 능력이다. 정신적 민첩성은 유연한 사고와 다양한 관점을 유지하고, 새로운 전략도 기꺼이 시도하려는 태도다. 자기성격의 강점을 알면 힘든 일을 이겨내고 목표를 달성하는 데 더 적극적으로 활용할 수 있다. 유대감은 서로 긍정적·효과적으로 소통하는 끈끈한 대인관계를 만든다. 모든 것을 혼자서 다 할 수 있는 사람은 없다. 누구나 다른 사람의 도움이 필요할 때가 있다. 마찬가지로 우리 모두 다른 사람에게 도움이 되려고 해야 한다.

조지 베일런트의 연구를 비롯한 여러 연구에서 부정적 경험은 우리를 더 강하게 만드는 것으로 나타났다. 물론 극심한 스트레스는 외상후스트레스장애 등 진지하게 대응해야 하는 심각한 문제를 일으킬 수 있지만, 스트레스가 더 큰 발전을 가져올 수도 있다.

동료들과 나는 회복력과 지혜를 키우고 스트레스를 덜 느끼며 사는 것이 가능하다는 연구 결과를 발표한 적이 있다. 노인 주거공동체에서 지내는 노인들에 관한 연구를 지원해온 일리노이주 매더연구소Mather Institute와 공동으로 진행한 이 연구에는 미국 3개 주(애리조나, 캘리포니아, 일리노이)의 노인 주거공동체 5곳에 사는 60세 이상 노인 89명이 참여했다.

우리는 먼저 '샌디에이고 지혜 척도' 등 다양한 방법으로 각 참가자를 평가했는데, 결과 비교를 위해 첫 한 달은 아무것도 하지 않고 평소처럼 지내게 했다. 그리고 우울한 기분을 가라앉히는 법, 대인관계와 힘든 일을 더 수월하게 관리하는 법, 노년기에 흔히 겪는 여러 문제에 대처하는 법 등을 가르쳐주는 '회복력 높이기'라는 개선 프로그램을 진행했다. 이 프로그램은 매주 단체 수업으로 진행되었으며, 각 참가자는 자신이 겪는 문제와 해결 방안에 관해 이야기하고 목표를 세웠다. 참가자들은 매주 그룹 상담에도 참석했다. 참가자들에 대한 평가는 각각 연구가 시작되었을 때, 개선 프로그램이 끝났을 때, 그 뒤로 3개월이 지났을 때 똑같은 방법으로 실시했다.

그 결과, 개선 프로그램에 참여하고 나서 참가자들의 지혜, 회복력, 스스로 느끼는 스트레스가 크게 나아진 것으로 나타났다. 지혜, 회복력과 같은 특성도 바뀔 수 있음을 보여준 결과였다.

무심코 놓친 순간들

고인이 된 성직자 제임스 E. 파우스트James E. Faust는 감사하는 마음에서 위대함이 시작된다고 말했다. 감사하는 마음은 겸손의 표현이자 신뢰, 용기, 만족, 행복 그리고 안녕과 같은 미덕의 바탕이다. 자신이 이미 받은 축복과 재능을 알아보는 현명함이 없다면, 더 현명해질 수가 없다.

감사하는 마음을 키우는 가장 일반적이고 효과적인 방법은 고마운 사람·장소·물건에 관해 글로 쓰는 것이다. 누구에게나 잘 맞는 방법은 아니며(조금 뒤에 자세히 설명한다), 글로 써야만 인생에서 누리는 축복에 더 깊이 감사할 수 있는 것도 아니다. 그러나 글쓰기는 고마운 마음에 집중하고 내가 받은 축복을 더 깊이 인식할 수 있는 비교적 수월한 방법이며, 고마운 마음을 무럭무럭 키우는 가장 빠르고 확실한 방법이다. 고마운 마음을 글로 쓰는 네 가지 방법을 소개한다.

날마다 고마운 일 세 가지 쓰기 매일 밤, 그날 있었던 일 중에 좋았던 일 세 가지를 일기로 쓴다. 큰일이든 사소한 일이든 상관없지만, 반드시 구체적으로 써야 한다. "내게는 정말 좋은 친구들이 있다"처럼 광범위한 고마움을 너무 자주 반복해서 떠올리면 시시하게 느껴지고, 고마운 마음이 주는 효력이 약해진다는 사실이 여러 연구와 임상 관찰로 확인되었다. 따라서 일반적인 좋은 일보다는 "오늘 가장 친한 친구 둘과 끝내주는 저녁을 먹었다. 서로의 생각을 나누고 많이 웃었다"와 같이 쓰는 것이 좋다.

고마운 일을 글로 쓰면 행복감이 커진다고 밝혀졌지만, 그런 효과는 꾸준히 실천해야 얻을 수 있다. 그렇다고 반드시 매일 써야 하는 건 아니며, 분량을 정해놓고 무조건 채울 필요도 없다. 가벼운 마음으로 천천히 시작하되 꾸준히 쓰자. 임상 연구에서는 고마운 일 세 가지를 글로 쓰면 대부분 시간이 지날수록 더 능숙하게 쓰는 것으로 나타났다. 또한 글로 쓸 만한 고마운 일을 더 적극적으로 찾게 되어 자신에게 생긴 좋은 일을 더 많이 발견하게 된다는 사실 역시 여러 연구에서 확인되었다.

감사 편지 쓰기 고마운 마음을 표현하면 포용력과 카타르시스, 새로운 깨달음이 증대할 수 있다. 고마운 마음이 있지만 제대로 표현해본 적 없는 사람에게 편지를 쓰는 것도 많이 활용되는 효과적인 방법이다. 다 쓴 편지는 직접 전달하고, 가능하면 그 사람 앞에서 또는 전화로 편지를 읽어주자. 그러면 더 큰 효과를 얻을 수 있다.

사람들에게 이 방법을 제안하면 대부분 너무 민망하고 어색할 것 같다고 말한다. 그러나 연구에서 또는 실제로 그렇게 해본 사람들은 압도적인 비율로, 좋은 의미에서 매우 강렬한 경험이었다는 소감을 밝혔다. 감사 편지를 쓰는 것은 더 간단한 다른 방법보다 훨씬 더 큰 효과를 즉각적으로 얻는 방법이라는 연구 결과도 있다.

내 부고장 작성하기 무슨 우울한 소리냐고 할 수도 있지만, 전기작가의 관점과 목소리로 자기 삶과 유산을 한두 쪽 분량으로 써보면 새로운 깨달음을 얻게 된다. 꼭 죽음을 앞두고 있지 않아도 내 장례식이 열린다면 어떤 추도문이나 부고가 나올지 예상해볼 수 있다. 사람들은 나의 어떤 특징과 성취, 행동을 언급하고 기억할지 예상해보자. 그리고 이제부터 하루하루를 어떻게 보내고 싶은지, 부고장에 적힐 내용을 고려할 때 나의 우선순위와 중시하는 가치가 현재 삶에 얼마나 반영되어 있는지 살펴보자. 더 간단하게는 무덤 비석에 새겨질 문장, 내가 어떤 사람이었는지를 나타낼 한 문장이 어떤 내용일지 생각해보는 방법도 있다.

사람들은 대부분 자신의 열망과는 다른 삶을 살아간다. 그런 현실이 우울하고 불안하게 느껴질 수도 있지만, 좋게 바라볼 수도 있다. 내가 진정으로 살다 가고 싶은 인생을 그려보고, 당장 오늘부터 그것을 인생의 지도로 삼자. 벤저민 프랭클린의 말처럼

"다른 건 미룰 수 있을지 몰라도 시간은 미룰 수 없다."

살아 있음을 만끽하기 앞서 3장에서 호스피스 시설의 환자들을 인터뷰한 2018년 연구를 소개했다. 그 연구에서 우리는 살날이 몇 개월밖에 남지 않은 사람들에게 지혜를 어떻게 정의하는지, 말기 질환을 앓으면서 지혜를 바라보는 생각이 바뀌었는지 물어보았다.

결과는 강렬하고 감동적이었다. 죽음이 눈앞에 다가온 사람들은 불필요한 걱정, 덧없는 염려에서 벗어나 변치 않는 근본적인 진실에 집중했다. 병을 앓고 죽음이 임박해지자 관점이 달라졌으며, 자신의 상황을 받아들이려 애쓰는 동시에 "이 갑작스러운 자극을 성장의 계기로 삼으려고" 노력했다. 그 과정에서 지혜를 발견하고 더 발전시켰다.

그렇게 될 수 있었던 단순하고 확실한 한 가지 변화는, 예전 같으면 놓쳤을 순간과 작은 일을 음미하는 법을 터득한 것이다.

"아쉽게도 이제 제 몸은 마음을 따라가지 못합니다." 호스피스 시설에서 지내던 한 참가자의 말이다. "좋아하는 일도 하고 싶은 일도 있지만, 할 수 있는 건 제한적이에요. 그래도 적응해야 합니다. 저는 테니스광이었고, 등산은 제 삶의 일부였어요. 이제 '그런 시절은 다 지나갔어'라고 스스로 말해야만 하죠. 하지만 우리 딸과 아내가 저를 여기저기 데려가주고 석양과 갈매기를 보게 해주니, 전 정말 운이 좋은 사람입니다."

지나가는 순간, 보고 들리는 것, 느껴지는 것을 음미하는 것은 어려운 일이 아니다. 임상 현장에서 환자들에게 권하는 다양한 변화의 방법 중에 환자들이 비교적 수월하게 시작하는 일이기도 하다. 그러나 하루 두 번, 한 번에 3분씩 규칙적으로 실천하라고 하면 대부분 생각보다 익숙해지기가 힘들다는 사실을 깨닫는다. 그런 노력을 해본 사람들은 지혜를 쉽게 얻을 수 있다는 말을 절대 하지 않는다.

"내 손으로 한순간을 쥐었다." 시인 헤이즐 리Hazel Lee가 남긴 글이다. "별처럼 빛나고, 꽃처럼 연약하며, 한 시간과 비교하면 찰나와 같던 그 작은 순간을, 나는 무심코 놓치고 말았다. 아! 내가 쥔 것이 기회였음을, 나는 알지 못했다."

날마다 하는 샤워, 날마다 먹는 똑같은 아침식사 같은 오랜 습관은 새삼스레 음미하기가 더욱 어렵다. 그럴 때는 변화를 시도하자. 샤워 대신 목욕을 해보고, 가끔은 오트밀 대신 에그베네딕트로 아침상을 차려보자. 그리고 그 새로움을 음미하자.

감사하는 마음을 기록하기만 하면 무조건 이로울까? 그렇지 않다. 꾸준히 쓰고 생각하면서 써야 이로운 효과를 얻을 수 있다. 흥미를 잃지 않고 의미가 퇴색되지 않게 하려면, 가끔이라도 자기가 쓴 내용을 꼼꼼히 살펴볼 필요가 있다. 좋은 친구들이나 멋진 석양에 고마워한다는 일상적인 생각으로 일기장을 채우면 금세 지루하고 시시해진다. 기계적으로 해치우는 허드렛일처럼 되고 만다. 자신에게 특별한 의미가 있는 일을 돌이켜보고 되새겨야 한다. 글감을 고마운 일로만 한정하지 말고 뿌듯한 일, 행복한 일, 언짢은 일 등 정기적으로 바꿔보자. 어떤 이의 행동이 기억에 남는다면 그게 왜 좋았는지, 또는 왜 거슬렸는지 글로 써 본다. 그런 회상의 순간들은 뜻밖의 놀라운 깨달음을 줄 수 있다.

고령의 창의성 거장들

호기심을 좀 부린다고 해서 큰일 나지 않는다. 호기심은 짜릿함을 안겨준다. 호기심을 키우는 다섯 가지 방법을 소개한다.

1. 내 마음을 사로잡는 것을 찾아보자. 그물은 넓게 던져라. 그러면 마음속에서 뭐라도 건질 수 있을 것이다.

2. 어떻게 하는지 잘 모르는 일을 골라서 일단 해보자.

3. 물어봐라. 멍청한 질문 같은 건 없다.

4. 궁금한 점은 구글에 검색하지 말고 사람들에게 물어보라.

5. 지루함이 일상이 되도록 내버려두면 안 된다. 어떤 상황에

서도 할 수 있는 일이 있고 배울 게 있다.

임상이 아닌 연구에 주력해온 일부 심리학자들은 오래전부터 지혜와 창의성(독창적인 생각과 아이디어를 추구하는 성향)은 잘 어울리지 않는다고 주장했다. 고인이 된 심리학자 하비 레만Harvey Lehman은 1953년에 출간한 《나이와 성취Age and Achievement》에서 "나이가 들면 지혜로워지고 박식해지지만" 대신 지적 유연성이 사라지는 탓에 사물을 다르게, 또는 새로운 눈으로 보지 못하게 된다고 했다. UC 데이비스의 저명한 심리학 교수 딘 사이먼턴Dean Simonton도 1990년에 쓴 글에서 창의력과 지혜는 나이와 역상관관계라고 했다. 창의력은 젊음의 특권이고, 지혜는 노년기의 특권이라는 의미였다. 수십 년간 노화와 지성을 활발히 연구하고 심리학계에 큰 영향을 준 로버트 스턴버그 Robert Sternberg 역시 지혜와 창의성에 필요한 사고방식은 각기 다르다고 하면서 이렇게 말했다. "창의적인 생각은 무모한 경우가 많지만, 현명한 생각은 균형 잡혀 있다."

그러한 생각이 어느 정도는 사실일 수 있지만, 나는 '절대적' 진실은 아니라고 본다. 지혜는 창의성의 원천이 될 수 있다. 개념적 창의성은 개인의 감정·경험·통찰에서 생겨나는 고유한 능력이므로, 무모함의 위험성을 아직 잘 내다보지 못하고 실패하더라도 회복할 시간이 충분한 젊은 시절에 가장 만개할 수 있다. 알베르트 아인슈타인, 파블로 피카소Pablo Picasso, 배우 오슨 웰스

Orson Welles, 밥 딜런Bob Dylan은 모두 젊은 시절에 이런 개념적 창의성을 꽃피운 대표적인 인물들이다.

그런데 다른 창의성도 있다. 바로 오랜 시간에 걸쳐 교훈과 지혜가 쌓여야 형성되고 발휘되는 실험적(경험적) 창의성이다. 찰스 다윈Charles Darwin, 폴 세잔Paul Cézanne, 앨프리드 히치콕Alfred Hitchcock, 건축가 프랭크 게리Frank Gehry는 모두 창의적인 (고령의) 거장들이다. 이들이 거둔 위대한 성취는 생애의 절반이 지난 후에 찾아왔다.

저명한 프랑스계 미국인 조각가 루이즈 부르주아Louise Bourgeois의 작품 중 가장 위대하다고 꼽히는 일부 작품은 작가가 80~90대일 때 탄생했다. 부르주아는 84세에 한 인터뷰에서, 매번 다른 걸 해보고 싶은 의욕을 느끼는지 묻자 이렇게 답했다.

"아뇨, 다른 걸 해보고 싶은 게 아니에요. 더 잘하고 싶죠!"

그게 가능하냐는 질문이 이어지자 이렇게 답했다.

"점점 잘하게 됩니다. 그건… 노인들은 아는 지혜죠."

창의성은 영감에서 생겨나고, 영감은 어디에서나 얻을 수 있다. 우리는 각자의 상상력, 욕망, 욕구에 얽매여 산다. 최고로 훌륭한 소설을 쓰겠다거나, 박물관에 전시될 만한 걸작을 그리고야 말겠다는 목표를 세울 필요는 없다. 자신을 표현할 새로운 방법을 찾고, 그 표현을 통해 새로운 무엇을 발견하면 된다. 춤, 연극, 표현하는 글쓰기 같은 예술 활동에 참여하는 것, 또는 친구들과 여러 아이디어를 놓고 적극적으로 의견을 나누는 것만으로도 노화의 부정적 영향을 줄이고 자아감과 안녕감을 높일 수 있다.

혼자 있는 시간

자신만의 시간을 따로 내야 한다. 혼자 보내는 시간은 외로움이나 단절과 무관하다. 자신이 무슨 생각을 하면서 살고 있는지 제대로 알기 위해서는 혼자 있는 시간이 반드시 필요하다.

미국인들은 자기 내면에서 흘러나오는 소리에 귀 기울이기보다, 휴대폰이나 엑스(트위터) 피드 등 주의를 흩뜨리는 외적 자극에 더 긴 시간 몰두한다(다른 나라들도 대부분 점점 비슷해지는 추세다). 2017년에 시장조사 소프트웨어업체 디스카우트dscout가 실시한 조사에 따르면, 미국인이 하루에 스마트폰을 터치하는(화면을 누르고, 글자를 쓰고, 클릭하고, 화면을 넘기는 모든 동작) 횟수는 평균 2617회로 추정되었다. 스마트폰 이용량이 많은 사람은 이 횟수가 하루에 5400회를 넘는다. 휴대폰 화면을 응시하는 시간으로 환산하면 이는 약 3시간에 해당한다는 분석도 있다.

자신에게 주어진 시간과 뇌의 기능을 그보다 잘 활용할 방법이 분명히 있을 것이다.

영성과 종교성은 다르다. 종교적인 믿음이 없어도 영성은 있을 수 있다. 디팩 초프라Deepak Chopra는 종교란 "다른 사람의 경험을 믿는 것"이고 영성은 "자기 경험을 믿는 것"이라고 했다.

종교는 한 인간과 그가 믿는 신의 관계이므로 지극히 개인적이다. 종교가 다루는 전반적 주제에는 다수가 공감할 수 있지만, 믿음 자체는 그 종교를 믿는 개개인의 것이다. 영성은 종교보다 더 개인적이며, 사람마다 특성이 전부 다르다.

따라서 영성을 키워 더 현명해지는 방법도 제각기 다르다. 어느 누구도 길을 알려줄 수 없고, 혼자 자신만의 길을 찾아야 한다. 그렇지만 과학이 그 길을 찾는 데 도움이 될 수 있다.

2019년에 동료들과 나는 영성을 키우는 방법을 탐구한 15건의 연구를 분석했다. 상당수가 의학적 질환이 있는 사람들, 그중에서도 암 같은 중증 질환자와 말기 질환자를 대상으로 한 연구였다. 우리가 분석한 15건 중 약 절반은 영성을 키우는 특정한 방법으로 유의미한 결과를 얻었다고 밝혔다. 한 연구에서는 약물중독 회복 프로그램에 참여한 사람들을 대상으로 마음챙김과 불교 명상법을 배우게 했다. 목표는 HIV 감염을 줄이는 행동이 늘어나게 하는 것이었는데 효과가 있는 것으로 나타났다.

다른 연구에서는 8주간 암 환자 211명을 대상으로 마음챙김 기반 스트레스 완화 기술을 배우게 했다. 매주 상담, 요가, 명상,

그룹 토론을 했고, 참가자들은 배운 것을 각자 집에서도 실천했다. 연구 기간이 끝나고 평가한 결과, 이 참가자들은 마음챙김과 영성이 향상한 것으로 나타났다. 또한 일상적인 내적·외적 경험에 전보다 더 관심을 기울이게 되었다.

그러나 이런 연구 결과를 몰라도 영성을 키울 수 있다.

종교가 있는 사람은 교회, 유대교 회당, 신전, 사원 등 자신이 믿는 종교의 예배에 자주 참석하라. 또는 자신이 믿는 종교가 아닌 다른 종교의 예식이나 성스러운 장소를 방문해서 눈을 크게 뜨고, 마음을 열고, 새로운 사람들과 새로운 생각을 경험하는 것도 좋은 방법이다.

종교가 없는 사람은 정신적으로 교감할 수 있는 사람들과 자주 만나서 함께 시간을 보내라. 모임의 성격이 영성과 무관해도 좋지만, 서로의 생각을 나눌 수 있어야 한다. 독서 클럽, 요가 강좌, 대학에서 운영하는 평생교육원 같은 활동도 좋다. 함께 간식을 먹고 마시며 마음을 터놓고 나눌 수 있는 유쾌한 모임도 좋다. 다른 사람들과 나란히, 더 멀리 함께 내다볼 때 내면의 힘을 발견하는 경우가 많다.

만병통치약은 없다

우리는 모두 '사용 기한'이 있는 존재다. 모든 사람, 모든 '몸'

은 시간이 지나면 닳는다. 인지 기능은 나이가 들면 불가피하게 손상되며, 65세를 넘어서면 특히 그렇다. 하지만 그 과정은 사람마다 변화무쌍하고, 어느 정도는 통제할 수 있다. 정신도 몸처럼 운동이 필요하다. 정신건강에 좋은 만병통치약 따위는 없다. 십자말풀이도 괜찮지만, 그것 하나만으로 정신을 명민하게 유지하려 한다면 기껏해야 십자말풀이를 아주 잘하는 사람이 될 뿐이다.

뇌의 기능을 전부 활용하자 새로운 사람을 만나고, 친구들과 만나 저녁식사를 함께하라. 얘기를 나누고 농담도 던져보자. 다시 학교에 다니며 컴퓨터 코드건 뜨개질이건 뭐든 배워보자. 선불교 수련을 해보거나 차 정비 기술을 배워보는 것도 좋다.

어휘력을 키우자 훌륭한 와인 평론가는 동의어에 능통해서 와인의 맛을 다채롭게 묘사하고, 때로는 대범한 창의력도 발휘한다. 진하고 산미가 약한 와인은 '버터 같다'고 표현하고 산도가 높은 와인은 '쨍하다'고 한다. 산미가 전혀 없는 와인은 '축 처진다'고 한다. 우스꽝스럽게 들릴 수도 있지만, 개성 있고 유용하다. 모르는 와인의 맛을 글로 읽으며 상상해야 하는 독자들에게 맛을 한층 생생하게 전달하는 방법이다.

어휘력이 풍부하고 정교하면 인생에 두루 도움이 된다. 상황, 문제, 사람, 사물에 딱 걸맞은 표현을 쓰면 맥락과 관점이 크게 향상한다. 누구를 그저 '멍청하다' 또는 '이상하다'라고만 하면 그 사람을 무시하거나 괜스레 탓하는 말처럼 들리기 쉽다. 왜 그 사람이 멍청하거나 이상하다고 느끼는가? 정확히 뭐가 멍청하다는 것인가? 멍청한 면이 어떻게 드러나는가? 스스로 이런 질문을 던지면서 더 정확하고 특색 있게 표현할 말을 찾다 보면 새로운 사실을 깨달을 수도 있다. 실제로 그 사람은 멍청한 게 아니라 자신과 다른 사람일 뿐임을 알게 되고, 그때부터 그 사람과 자신의 공통점이나 작은 접점이 보일 수 있다.

소설을 읽자 리버풀대학교 연구진은 셰익스피어, 워즈워스William Wordsworth 등 위대한 작가의 작품을 읽는 것이 정신에 매우 이롭다는 연구 결과를 발표했다. 성찰에 관여하는 뇌 회로는 일반적인 글쓰기로는 활성화하지 않지만, 그런 작품을 읽을 때는 활성화하는 것으로 나타났다.

영화를 보자 질적으로 우수한 영화일수록 도움이 된다. 나는 〈웨스트사이드 스토리〉라든가 〈문스트럭〉, 〈미세스 다웃파이어〉 같은 고전을 즐겨 본다. 이런 영화들이 고전인 데는 다 이유가 있다. 언뜻 보기에는 잠깐 즐길 수 있는 단순한 이야기 같아도, 나하고는 너무 다른 사람들의 마음과 생각과 삶을 들여다보게 해준다. 영화는 의자에 편안히 앉아 그런 경험을 할 수 있게 한다. 깨달음은 이해를 낳으며, 이해하면 연민하게 된다. 물론 모든 영화가 그런 경험을 선사하진 않지만, 어떤 영화든 어떤 이에게는 의미가 있다. 자신에게 의미 있는 영화를 꾸준히 찾는 노력도 필요하다.

운동, 음식, 잠

뇌가 건강해야 정신 기능도 최상으로 발휘된다. 따라서 지혜가 생겨나는 기관의 건강을 개선하는 데 중점을 둔 몇몇 방법이 지혜를 키우는 효과가 가장 뛰어난 것도 당연한 결과다. 인간의 뇌 무게는 평균 1.4킬로그램 정도다. 체중이 68킬로그램이라면 몸무게의 2퍼센트에 불과한 무게인데, 뇌가 소비하는 에너지는 몸 전체 에너지의 최대 20퍼센트에 이른다. 뇌의 에너지 대부분은 신경세포 간에 오가는 전기 신호를 일으키는 연료로 쓰이고, 뇌기능과 건강을 유지하는 데도 쓰인다.

뇌가 건강하려면 몸 전체가 건강해야 한다. 그래야 뇌에 필요한 에너지와 영양소가 원활히 공급되고 기분도 좋아진다. 운동은 기분에 즉각적으로 좋은 영향을 준다. 주요우울증 환자가 러닝머신에서 딱 한 번, 30분만 걸어도 기분이 좋아진다는 연구 결과도 있다. 운동의 효과가 치료와 비등하고, 더 오래 지속되는 경우도 있다.

걷기, 달리기, 수영, 역기 들기, 요가, 도서관에 갈 때 자전거 타기 등 신체건강을 지키는 방법은 수없이 많다. 자신에게 잘 맞고 꾸준히 규칙적으로 실천할 수 있는 것을 선택하자. 또한 몸에 의문스러운 변화가 나타나거나 이상이 생기면 반드시 의사에게 진료를 받아야 한다.

잠도 중요하다. 우리가 자는 동안 뇌에서는 신경독소가 제거되고, 하루 동안 얻은 교훈과 기억이 통합된다. 의사들은 수면 문제를 건강에 다른 이상이 생겼을 때 나타나는 증상으로 여기는 경향이 있지만, 반대로 수면 문제가 정신건강에 문제를 일으킬 수도 있다. 수면에 영향을 주는 생리학적 원인은 수면무호흡증(자다가 일시적으로 호흡이 중단되는 것)을 비롯해 매우 다양하다. 그러므로 수면 문제가 있다면 반드시 의사의 진료를 받고 해결해야 한다.

수면 문제는 대부분 수면위생을 잘 지키는 것만으로도 약 없이 해결된다. 밤잠의 질을 개선하기 위한 생활방식과 행동의 작은 변화로도 충분하다. 알코올·흡연·카페인을 줄이고 운동량을 늘리며, 침실은 어둡게 유지하고 머리맡에 휴대폰을 두지 않는 등 잠에 방해가 되는 요소를 없애는 것, 자기 전에 우유 한 잔 마시기, 침대는 잠자는 용도로만 활용하기(섹스는 당연히 예외다!) 등이 그러한 변화에 포함된다. 막상 해보면 생각보다 쉽지 않지만, 자제력을 발휘하면 얼마든지 실천할 수 있다.

우리가 먹는 음식이 곧 우리 자신이라는 말도 있지만, 꼭 그렇지는 않다. 하지만 음식이 중요한 건 사실이다. 충분한 영양 공급과 건강한 식생활은 뇌와 정신에 양분이 된다. 정크푸드·정제

설탕·가공육류는 건강을 망치고 우울증 같은 정신질환의 위험성을 높인다. 과도한 포화지방 섭취는 ADHD의 원인이 될 수 있을 뿐 아니라 뇌기능을 손상시킨다는 연구 결과도 있다.

UC 샌디에이고의 과학자들은 로마 사피엔차대학교 연구진과 함께 이탈리아 치렌토 연안의 아치아롤리Acciaroli 마을 주민들을 대상으로 연구를 하고 있다. 그곳 주민들은 상당수가 90세 이상이고 100세를 넘긴 사람들도 있는데, 로즈메리를 비롯한 채식 중심의 지중해 식단과 매일 오랫동안 걷는 생활이 이들의 장수 비결로 여겨진다. 적어도 그 지역 주민들은 그렇게 믿는다.

그렇지만 식생활과 몸을 움직이는 활동이 전부는 아니다. 인생을 살아가는 태도도 중요하다. 이 합동 연구에서 아치아롤리에 사는 고령의 노인들은 몇십 년 더 젊은 가족들보다 정신건강이 더 우수하다는 사실이 밝혀졌다. 또한 투지·긍정성·직업의식이 강하며, 고집이 세고, 가족과 종교와 자신이 살고 있는 땅에 매우 강한 유대감을 느끼는 것으로 나타났다. 이러한 특징들은 생존을 넘어 이들이 번성하며 잘 살아오는 데 도움이 된 것으로 보인다.

"한 달 전에 사랑하는 아내를 잃었어요. 그래서 너무나 슬픕니다." 이 연구에 참여한 어느 노인의 말이다. "우리는 70년을 부부로 살았습니다. 저는 아내가 병을 앓는 내내 곁에 있었어요. 아내의 빈자리가 정말 크게 느껴집니다. 그렇지만 우리 아들들 덕분에 슬픔을 이겨내는 중입니다. 기분도 훨씬 나아졌고요. 저는 자식이 넷이고 손주가 열 명입니다. 증손주는 아홉 명이에요. 전 평생을 싸우며 살아왔어요. 그리고 언제나 변화할 준비가 되어 있습니다. 저는 변화가 생명을 불어넣고 성장할 기회를 준다고 생각해요." 바로 이런 게 지혜다.

11
지혜를 키우는 최신 기술

기계 한 대가 평범한 사람 50명분의 일을 할 수는 있다. 그러나
어떤 기계도 비범한 사람 한 명을 대신하지 못한다.

—엘버트 허버드Elbert Hubbard

기술은 생겨난다. 그것은 좋은 일도 나쁜 일도 아니다.
강철이 생긴 것이 좋은 일인가 나쁜 일인가?

—앤드루 그로브Andrew Grove

지금까지 우리는 새롭게 속속 밝혀지는 지혜에 대한 과학적 사실들을 살펴보았다. 지혜의 보편적인 주요 특성, 그러한 특성이 생겨나는 신경생물학적 바탕, 지혜를 측정하는 방법을 차례로 알아보았다. 그리고 이 책의 가장 중요한 주제로 들어가서, 점점 확장되는 이 지식을 토대로 더 일찍 현명해지는 방법은 무엇인지도 짚어보았다.

이번 장에서는 약리학(약물)과 기술(전자기기, 인공지능)의 형태로 제공되는 외적 도움으로도 지혜를 강화할 수 있는지 알아본다.

정신약리학은 수년간 내가 주력한 연구 분야로, 나는 조현병 치료에 쓰이는 항정신병제(정신병 치료제)를 연구했다. 1950년대 초에 발견된 항정신병제는 중증 정신질환 치료에 획기적 변화를 일으켰다. 그전까지 정신질환이 심각한 환자들은 몇십 년을 시설에서 지내며 전기경련요법을 받거나 인슐린으로 혼수상태가 유도되거나 심지어 뇌수술까지 받았지만, 치료 효과는 미미했다. 항정신병제의 등장으로 환자들은 망상과 환각 증상이 크게 줄었으며 병원을 떠나 공동체 안에서 살 수 있게 되었다.

그러나 안타깝게도, 항정신병제를 오래 쓰면 몸의 비정상적 움직임이 심각한 수준에 이르고 되돌릴 수조차 없는 등 부작용이 따른다는 사실이 밝혀졌고, 문제는 갈수록 커졌다. 1990년대에 새로운 항정신병제가 개발되어 또다시 큰 기대를 모았지만, 몇 년 후 당뇨병과 비만 같은 위험한 부작용이 드러났다. 약물치료 연구에 대한 내 흥미는 점차 사그라졌다.

나는 '신약의 법칙'이라고 이름 붙인 이론을 발표한 적이 있다. 신약이 등장하면 엄청난 인기를 누리며 온갖 질병을 다 해결하는 만병통치약처럼 여겨진다. 그러다 약의 부작용이 조금씩 드러나면 우려하는 목소리가 커지고, 결국 몇 년 후에는 치료에 별 도움이 안 되는 해로운 약으로 치부된다. 만병통치약이라더니 정반대가 되고 마는 것이다.

최근 들어 우리 건강과 생활을 발전시키고 개선하려는 시도가 거대한 산업으로 떠올랐다. 뇌기능을 깜짝 놀랄 방식으로 증대한다는 식이보충제, 약물, 기기, 게임까지 등장했다. 과연 이런 제품들이 정말로 효과가 있는지, 현실에서 우리의 다양한 활동과 해결해야 하는 과제 그리고 삶 전반에 도움이 되는지 당연히 의문이 생긴다.

똑똑해지는 약

사람들은 '누트로픽nootropics'으로도 불리는 이른바 머리 좋아지는 약, 또는 두뇌기능을 강화하는 약물에 엄청난 관심을 기울인다. 현재 수십억 달러 규모의 산업으로 발전한 이런 약은 신경생물학적 원리를 기반으로 한다. 이런 약으로 정말 더 지혜로워질 수 있을까?

아스피린을 포함한 진통제는 뇌의 통증 신호를 차단한다. 면역계가 정상적으로 기능하는지 감시하는 뇌기능을 방해하는 것이다. 프로작, 졸로프트 같은 세로토닌 재흡수 억제제는 뇌의 세로토닌 재흡수를 막아 우울증 증상을 가라앉힌다. 세로토닌은 우리 몸에서 수많은 기능을 담당하는 중요한 신경전달물질로, 기분과 사회적 기능을 개선하는 것도 그 여러 기능 중 하나다. 세로토닌 재흡수 억제제를 써서 세로토닌의 재흡수가 차단되면, 인체가 사용할 수 있는 세로토닌이 증가한다.

세로토닌 재흡수 억제제로 우울증 증상이 나아질 수 있다면,

뇌의 다른 기능도 화학물질로 강화할 수 있지 않을까? 지능도 그런 식으로 높일 수 있지 않을까? 이런 생각은 새삼스러운 게 아니다. 고대 자료에도 은행나무*Ginkgo biloba* 잎부터 약용버섯인 노루궁뎅이버섯*Hericium erinaceus*까지 뇌기능을 향상한다는 온갖 먹거리에 관한 기록이 있다. 현대인이 머리 좋아지는 약으로 여기는 제품들은 1970년대 초에 처음 등장했는데, 초기에는 대부분 카페인이나 비타민 B6, B12가 주요 성분이었다.

그 뒤에 새롭게 등장한 '머리 좋아지는' 약들은 성분이 그보다 복잡하지만 대부분 효과가 검증되지 않았다. 가장 많이 연구된 약물 중 하나인 모다피닐Modafinil은 본래 미국식품의약품청이 기면증 같은 수면 질환 치료제로 승인했다. 이 약이 집중력과 학습 능력 등 인지 기능을 높인다는 연구 결과가 간간이 나오긴 하지만, 데이터가 한정적이고 결과가 일정하지 않다. 또한 인지 기능을 높이는 용도로 모다피닐을 사용할 때 장기적 효과나 안전성이 어떤지도 밝혀지지 않았다.

몇 년 전부터는 대학생들이 시험 기간에 성적을 높일 목적으로 자극성 약물을 처방받는 경우가 많아졌다. 예를 들면 ADHD 치료제로 개발된 애더럴Adderall과 리탈린Ritalin 등이 집중력·주의력·체력을 키워준다는 이야기가 돌면서, 미국에서는 이러한 ADHD 치료용 자극성 약물을 이용하거나 오용하는 대학생이 최대 3분의 1에 이르는 것으로 추정된다.

이는 우려스러운 일이다. 단기적으로는 도움이 될 수도 있겠지만, 위험을 감수하는 행동과 관련된 뇌 화학물질에 변화가 생기며 수면 문제와 중독 같은 부작용이 따른다는 증거가 점점 늘고 있다. 윤리적으로도 문제다. 두뇌기능을 강화하는 약을 써서 성적을 높이는 게 과연 괜찮은 일인가? 기만적인 일 아닐까? 반대로 사회가 그런 시도를 막는다면, 그 정당성을 입증할 수 있는가? 학생들은(아마 이들뿐만 아니라 대다수가) 정신 기능을 높이려고(정말로 그런 효과가 있건 없건 간에) 커피나 카페인 음료를 다량 들이킨다. 카페인은 뇌혈류에 변화를 일으키며, 아데노신이라는 분자가 뇌수용체와 결합하지 못하게 막는다. 세포 기능으로 발생하는 부산물 중 하나인 아데노신이 쌓이면 우리는 피곤함을 느끼게 되는데, 커피로 그 반응을 차단해서 '정신의 활기'를 유지하는 것도 두뇌기능을 강화하는 약을 쓰는 것과 똑같이 비윤리적이라고 봐야 할까?

머리 좋아지는 약으로 판매되는 제품 또는 특정 치료제를 승인되지 않은 용도로 쓰는 것이 정말로 인지 기능을 높이는지, 장기적으로 안전한지, 그런 약이 있다면 쓰는 게 마땅한지 또는 필요한 일인지는 아직 정확히 판단할 수 없다.

인간의 정신은 뇌의 산물이며, 따라서 생물의 특성이다. 그리고 생물은 유연하다. 즉 뇌는 생물의 것이고 생물은 변화할 수 있으므로, 거기에서 나오는 산물도 변화할 수 있다. 2011년에 개봉한 영화 〈리미트리스Limitless〉에는 뇌기능을 '100퍼센트' 활용하게 해준다는 누트로픽 'NZT-48'이 나온다. 그러나 뇌의 기능을 우리가 몇 퍼센트나 활용할 수 있는지는 중요하지 않다. 중요한 건 우리가 그 기능을 어떻게 활용하느냐다. 내가 아는 한, '똑똑해지는 약'이라고 확실하게 주장할 만한 성공적인 약이 조만간 개발될 가능성은 없다. 〈리미트리스〉에서 묘사된 것과 같은 일들은 아직 공상과학의 영역이라는 뜻이다. 그러나 언젠가는 어떤 형태로든 과학적 사실이 될 가능성이 있다.

현시점에서 인지 기능을 높이는 가장 확실한 방법은 규칙적인 운동과 숙면, 균형 잡힌 식생활, 건강한 체중, 사람들과 어울리는 삶, 금연이다. 대부분 아주 평범한 이 방법들은 지능을 직접적으로 높이진 않지만, 지능 향상의 필수 조건인 건강한 뇌를 만드는 데는 도움이 된다.

머리 좋아지는 약이 아직은 현실이 아닌 소설의 영역에 머물러 있다면, 지능보다 더 까다로운 지혜를 강화하는 약은 어떨까? 미래에는 현명해지는 약이 등장할까? 누가 그런 일에 관심이 있겠느냐고(또는 전혀 설득력 없는 일이라고) 생각할 수도 있지만, 그렇지 않다. 앞에서 설명했듯이 전두측두엽 치매, 그중에서도 행동변이가 발생하는 유형을 앓는 환자는 지혜와 관련된 특성을 잃을 수 있다. 내 친구이자 동료인 UC 샌프란시스코의 신경학과 교수 브루스 밀러를 비롯한 수많은 연구자가 현재 전두측두엽 치매의 위험성을 높이는 유전자를 연구하고 있다. 예컨대 치매의 유형 중 하나는 9번 염색체의 짧은 부분(단완)에 있는 한 유전자의 돌연변이와 관련성이 있다(루게릭병으로 잘 알려진 근위축성 측색경

화증의 원인 유전자도 9번 염색체에 있다). 전문가들은 전두측두엽 치매 환자의 최소 10퍼센트는 상염색체 우성 돌연변이가 있을 것으로 추정한다. 연구자들은 이런 특이적인 돌연변이를 바로잡는 방법을 찾는다면(그 방법은 약물이 될 수도 있다) 치료는 물론 예방도 가능해지리라는 희망으로 연구를 이어간다.

그렇다면 언젠가는 전두측두엽 치매뿐 아니라 다른 질병으로 지혜의 구성요소가 망가지는 문제를 해결함으로써 병 때문에 잃어버린 지혜를 되찾게 해줄 약이 등장할 수도 있을까? 그런 약이 언젠가 개발된다면, 누구든 이용해서 더 현명해질 수 있게 해야 할까? 과연 우리는 이런 사안에 현명한 판단을 내릴 수 있을까? 우리 사회는 앞으로 계속해서 이런 질문을 던지고 논의해야 한다.

뇌기능을 향상하는 기술

몇 년 전, 영국의 한 연구진은 지능과 기억력을 키워준다는 전자게임이 정신 기능을 측정 가능한 수준으로 개선하는지 테스트한 대규모 연구 결과를 발표했다.

연구 기간은 6주였으며, 1만 2000명 정도가 참여해 세 그룹 중 한 곳에 배정되었다. 첫 번째 그룹은 네 개의 물체 중 다른 것 하나를 찾아내는 일처럼 기초적인 추론·계획·문제해결 능력 평가에 활용되는 활동을 했다. 두 번째 그룹은 유명한 두뇌 게임으로 기억력, 집중력, 수학 능력, 시공간 정보처리 능력 등을 키우는 더 복잡한 훈련을 받았다. 세 번째 그룹은 동일한 시간에 일반상식 문제를 풀고 온라인에서 답을 찾아보게 했다.

연구진은 연구 전후에 다양한 인지 기능 검사로 모든 참가자의 정신 기능을 확인했다. 연구 결과, 세 그룹 모두 연구 전보다 인지 기능이 조금 개선되었고 증가 폭은 동일했다.

연구진의 가설과 일치하는 결과였다. 머리를 써야 해결할 수 있는 과제는 연습할수록 점점 잘하게 되지만 전반적인 인지 기능이 개선되지는 않는다. 예를 들어 스도쿠 퍼즐을 자주 풀면 숫자들의 논리적인 관계를 더 빨리 파악하게 되어, 빈칸에 들어갈 숫자를 찾는 데 걸리는 시간이 점점 줄어든다. 하지만 그렇다고 해서 여러 사물 중에 다른 것을 찾아내거나 연속 숫자를 암기하는 것과 같은 다른 정신 능력까지 개선되지는 않는다.

그럼에도 사람들은 신체적·정신적·사회적 기술을 스스로 향상하는 방법에 열띤 관심을 보인다. 뇌기능을 향상하는 방법에 대한 관심도 뜨거워서, 과거의 해묵은 두뇌 학습법과 달리 훨씬 단시간에 인지 기능을 크게 키워준다는 온갖 게임·기기·음료·약물·식품이 쏟아져나오는 추세다.

이런 제품들은 효과가 있을까? 내가 보기에는 대부분 그렇지 않다. 적어도 광고에서 약속하는 수준이나 소비자의 열띤 기대에 견주면, 효과의 정도와 세부적인 특징이 모두 실망스럽다. 뇌기능을 강화한다고 주장하며 오프라인과 온라인에서 판매되는 제품은 거의 다 그런 주장을 뒷받침하는 실증적 증거가 허술하거나 아예 없다.

미국의학연구소(현재 명칭은 '국립의학원'으로, 정책에 필요한 독립적·객관적 분석과 자문을 제공하는 전미과학·공학·의학한림원의 산하기관)의 2015년 보고서에도 그와 같은 결론이 나와 있다. 이 보고서의 권고에 따르면 인지 기능을 훈련할 수 있다는 여러 제품 중에는 다른 제품보다 효과가 우수한 것도 있지만, 효과를 뒷받침하는 설득력 있는 근거가 부족하므로 소비자는 판매자의 주장을 주의 깊게 검토·평가해야 한다. 한마디로 지능이나 지혜를 향상하는 효과가 검증된 기술은 아직 없다는 소리다.

지난 30년간 발표된 연구 결과들을 종합하면 인간의 뇌는 꾸준히 진화하며, 신체·인지 기능을 적극 활용하고 사회적 활동이 활발하면 노년기에도 뇌가 계속 발전한다는 것을 명확히 알 수 있다. 뇌, 정신, 몸이 모두 건강하고 기능이 원활한 사람은 2세, 5세뿐만 아니라 20세가 지나도 신경세포와 시냅스의 성장이 멈추지 않는다. 그러므로 특별한 기술과 상관없이, 우리가 노력하면 뇌기능을 더 우수하게 만들 수 있다.

인공지능과 인공지혜

우리 일상생활에는 과거 300년간의 변화를 전부 합친 것보다 더 큰 변화가 최근 30년 동안에 일어났다. 이제는 이메일이나 페이스북, 스마트폰이 없던 시절을 떠올리기가 힘들 정도인데, 이 모든 변화는 불과 20여 년밖에 되지 않았다. 기계, 전기, 인터넷 시대에 이은 4차산업 시대의 새로운 특징은 다양한 기술의 융합 그리고 인공지능으로 대표되는 디지털 혁명이다.

'인공지능의 아버지'라고 불리는 앨런 튜링Alan Turing은 1950년에 발표한 논문 〈계산 기계와 지능〉에서 기계가 지능을 갖추기 위한 요건을 설명했다. 영어로 인공지능을 뜻하는 'artificial intelligence'는 컴퓨터과학자 존 매카시John McCarthy가 만든 표현이다. 그는 지능이 있는 기계를 만드는 과학·공학 기술을 인공지능 기술이라고 정의했다. 먼 옛날부터 인간의 특성으로 여겨진 지능에 '인공'을 덧붙인 단어 '인공지능'에는 인간이 아닌 기계, 즉 컴퓨터의 지능이라는 의미가 담겨 있다.

인공지능은 이미 우리 일상생활의 한 부분이 되었다. 우리가 구글에서 정보를 검색할 때, 페이스북으로 사회적 관계를 확장할 때, 다양한 옵션이 딸린 가정보안 시스템을 이용할 때 모두 인공지능이 쓰인다.

나는 기술에 능통하지도 않으며 최신 노트북이나 스마트폰이 출시되자마자 구매하는 사람도 아니다. 그런 내가 뜻밖에도

2017년에 UC 샌디에이고가 (IBM과 공동으로) 새로 설립한 '건강한 생활을 위한 인공지능 연구센터'의 공동 센터장을 맡게 되었다. 이 센터의 연구 분야는 크게 건강한 노화 연구와 인체 미생물군 연구로 나뉜다. 내 동료이자 미생물군 분야의 저명한 전문가인 롭 나이트Rob Knight가 나와 함께 공동 센터장을 맡아 그 부문을 이끌고, 나는 건강한 노화 연구 부문을 지휘하고 있다. IBM은 인공지능 기술 개발을 선도하는 기업이다.

현재 우리는 샌디에이고 카운티의 한 노인 주거공동체에서 독립적으로 생활하는 60세 이상의 주민을 100명 넘게 연구하고 있다. 참가자들의 평균연령은 84세이며 최고령자는 98세다. 우리는 영상 촬영, 음성 녹음, 다양한 생체지표(체내미생물군 지표도 포함), 참가자의 몸과 생활환경에 설치한 센서 등을 통해 이들의 신체 기능, 인지 기능, 심리사회적 기능을 포괄적으로 평가한다. 인지 기능의 저하를 나타내는 최초 징후를 인공지능 기술로 포착하는 것이 이 연구의 목표다. 당연히 이 연구 한 건으로 확실한 결론을 내릴 수는 없으므로, 이 1차 연구에서 나온 결과를 토대로 더 확실한 결과를 얻을 수 있는 더 큰 규모의 연구를 추진할 계획이다. 노년기의 인지 기능 저하를 알아챌 수 있는 지표가 생긴다면, 문제가 더 심각해지기 전에 적절한 해결 방안을 시도할 수 있다.

인공지능 기술 중 사람들의 관심과 흥미가 가장 뜨거운 것은 로봇이다. 2017년에는 지보Jibo라는 자그마한 로봇이 그해 최고의 발명품 25가지 중 하나로 선정되어 《타임》의 표지를 장식했다. 지보는 새로운 유형의 로봇이었다. 지보를 개발한 매사추세츠 공과대학MIT의 신시아 브리질Cynthia Breazeal 교수는 지난 몇 달 동안 나와 공동 연구를 해왔는데, 브리질 교수의 말을 그대로 옮기자면 지보는 "세계 최초의 소셜 로봇"이다.

지보는 둥근 눈덩이 두 개를 쌓은 눈사람과 비슷한 형태에 5인치짜리 스크린이 달려 있고, 친근한 남자아이의 음성으로 이용자와 소통한다. 시리Siri나 알렉사Alexa 같은 인공지능 개인 비서가 일상화한 요즘은, 스포츠 경기의 결과나 일기예보 같은 단순한 질문에 답하는 것 정도는 평범한 기능으로 여겨진다. 지보는 이런 수준을 넘어 이용자에게 먼저 다가가서 친해지게끔 설계되었다. 농담도 하고, 이용자의 이름을 알며, 생일이 되면 축하해주기도 한다. 집 안에서 이용자가 돌아다니면 지보의 귀여운 둥근 머리도 그 움직임에 따라 위아래와 양옆으로 움직이고, 언제든 반응할 준비가 되어 있다. 질문했을 때 답을 모르면 "모르겠어요"라고 하면서 미안한 기색을 보이거나 이용자의 지적에 당황하는 반응도 보인다.

이 로봇을 사랑스럽고 흥미로워하며 좋아하는 사람들도 있다. 그리고 '연민'의 기능을 갖춘다면 더 확실한 치료 효과를 기대할 수 있으리라고 생각하는 사람들도 있다. 이들이 기대하는 기능은 지보가 이미 할 줄 아는 기능과 크게 다르지 않다. 호감이 가고, 쉽게 친해질 수 있으며, 한집에 살아도 전혀 불편하지 않은 로봇이 있다면 어떨까. 이용자의 표정에서 나타나는 특징이나 목소리에 담긴 감정을 읽는 연민의 기능을 갖춘 로봇이 등장한다면, 외로움이나 우울증으로 힘들어하는 1인 가구의 문제에 선제적으로 대응하는 데 활용할 수 있을 것이다. 가령 로봇이 이용자의 표정이나 음성에서 슬픔을 감지하면 이용자가 평소 즐겨 하는 활동을 권하거나, 친구와 통화하라고 제안하거나, 같이 게임을 하자고 할 수 있다. 이용자의 의료 기록을 검토해서 꼬박꼬박 복용해야 하는 약이 있으면 잘 챙겨 먹었는지 물어볼 수도 있다.

시간이 흘러 기계의 상호작용 기술과 기계학습이 더 발달하면, 개개인의 성격·필요·욕구에 더 꼭 맞는 로봇이 등장해 솔선해서 이용자를 도우려 할 수도 있다. 사실 그런 기기는 벌써 다양한 형태로 존재한다. 지보는 하나의 예일 뿐이다. 소피아Sophia라는 휴머노이드 로봇은 얼굴을 움직여 62가지 표정을 짓고 사람들을 알아보며 농담도 할 줄 안다. 질문하면 대답도 한다(TV 토크쇼에도 출연했다). 주변에서 일어나는 일을 다 이해하는 듯이 보이는 이 로봇은 2017년에 사우디아라비아 시민 자격까지 얻었다. 한 나라의 시민권을 얻은 로봇은 소피아가 최초다.

지보와 소피아처럼 단연 눈에 띄는 사례 말고도 다양한 수준의 인공지능 기술이 우리 일상에 급속히 늘고 있다. 오래 앉아 있으면 잠시 일어나 한숨 돌리라고 알려주는 스마트워치도 있다. 신체건강이나 인지 기능에 이상이 있는 사람들이 집 안의 조명과 온도를 편리하게 조절하도록 도와주고, 약 먹을 때와 병원을 예약해야 할 때를 알려주는 가정용 시스템도 있다.

기술은 분명 더 발전할 것이므로 이러한 시스템·장치·로봇은 인간과 점점 더 비슷해지고, 인간이 이런 기술에 느끼는 친밀감도 더욱 커질 것이다. 그러나 인간과 똑같은 연민을 지닌 로봇은 상상하기 힘들다. 로봇이 그런 기능을 갖추려면 일단 감정과 비슷한 것이 있어야 하며, 자신에게 감정이 있다는 것이 무슨 의미인지도 스스로 생각할 수 있어야 한다. 또한 인간의 기본 특성으로만 여겨지던 인간과 다른 인간의 지적·정서적·도덕적 공생 관계가 인간과 로봇의 관계로도 확장되어야 한다.

이는 결코 쉬운 일이 아니다. 그러나 인공지능이 엄청난 속도로 놀랍게 발전하는 중이라는 사실을 고려할 때, 연민 기능을 갖춘 로봇이 개발될 가능성을 무조건 배제하는 것은 경솔한 결론일지 모른다. 이제는 학습이 가능한 기계와 인공 '신경망'까지 개발되었고, 이러한 기술에 더욱 방대한 정보 저장량과 저장된 정보를 눈 깜짝할 사이에 찾아내 처리하는 기능이 합쳐지면, 이전까지 인간의 조건으로 여겨지던 거의 모든 것에 변화가 일어나리라 예상된다. 머리 좋아지는 약에 이어 지혜로워지는 약이 나올지 궁금해지는 것처럼, 인공지능의 발전이 언젠가 인공지혜의 발명으로 이어질지도 자연히 궁금해진다.

알다시피 지능은 지혜와 다르다. 언젠가 지능을 인위적으로 강화하고 키울 수 있게 되더라도, 지능이 지혜라는 더 큰 그림의 일부라는 사실은 변함없을 것이다. 뒤에 나오지만, 급속히 변화하는 자율주행자동차 기술에서도 지능과 지혜의 큰 차이를 실감할 수 있다. 벌써 현장시험 중인 자율주행차도 있으며, 2030년이 되면 이 새로운 차가 도로를 달리는 자동차의 4분의 1을 차지하게 되리라고도 예측된다.

너무 보수적인 전망일 수도 있다. 새로운 기술이 채택되는 주기는 갈수록 짧아지는 추세이며, 옛날과 비교하면 수십 년이 앞당겨졌다. 전화가 처음 발명되고 미국 인구의 40퍼센트가 전화를 이용할 때까지 약 40년이 걸렸다. 전화 이용자가 75퍼센트로 증가하는 데는 다시 15년이 걸렸다. 전기가 보편화한 속도도 그리 빠르지 않았다. 그러나 휴대폰은 단 10년 만에, 스마트폰은 그 절반 만에 보편화했다. (2025년이 되면 스마트폰도 구식이 되어 새 기술로 대체되리라고 예측하는 사람들도 있다.)

이러한 기술이 우리가 생각하고 행동하는 방식에 변화를 일으킨 것은 분명한 사실이다. 부유한 나라들뿐 아니라 전 세계 대부분이 마찬가지다. 아프리카 사바나에서도 미국 지하철에서만큼 휴대폰을 쉽게 볼 수 있다. 기술은 늘 우리가 예상하고 대비하는 것보다 훨씬 앞서간다.

미래에 반드시 맞닥뜨리게 될 한 가지 상황을 상상해보자. 자율주행차를 몰고 가던 중에 브레이크가 고장 났다. 저 앞에 인파로 북적대는 건널목이 보인다. 왼쪽에는 노인 여럿이 있고, 오른쪽에는 유아차를 끌고 오는 여성이 한 명 있다. 이런 상황에서 차는 어느 방향으로 향해야 할까?

사람들의 의사결정 방식을 탐구하는 연구자들이 흔히 제시하는 고전적인 도덕적 딜레마와 비슷한 내용이다. 그런 연구에는 보통 쉽고 간단하게 답할 수 없는, 도덕적으로 난감한 선택을 해야 하는 상황들이 제시된다. 기계는 이런 상황에서 어떤 선택을 할까? 기계가 현명하게 결정하기 위한 시도라도 할 수 있으려면 도덕 원칙을 알아야 하는데, 이를 어떻게 학습시켜야 할까?

인공지능과 기계학습은 어지러울 정도로 빠르게 확대되고 있지만, 인공지혜는 그와 다른 영역이다. 이 책에서 여러 번 언급했듯이, 지혜는 이성적 활동만으로 이루어지지 않는다. 지혜는 감정과도 관련이 있다. 의사들의 진단을 보조하는 기계가 점점 더 많이 활용되는 추세인데, 이를 예로 들어보자. 환자의 나이, 유전적 특징, 환경, 사회경제적 지위와 같은 요소를 고려해 특정 암을 진단하거나 시도 가능한 치료법, 예상되는 결과를 도출하는 것은 기계가 할 수 있는 일이다. 그러나 의사가 진단할 때 느끼고 진단의 바탕이 되는 감정, 그러한 감정이 낳는 결과, 감정으로 결과가 달라지는 방식은 기계가 아직 이해하지 못하는 영역이다.

인간의 지혜에는 비판적 사고력, 가능한 모든 선택 사항을 따져보는 능력, 어느 정도 확신이 들면 그때그때 최선을 선택하는 능력이 모두 포함된다. '선택한다'고 한 이유는, 까다로운 상황에서는 유일무이한 최선책이 없는 경우가 대부분이기 때문이다. 기계가 할 수 있는 일은 데이터를 분석해 선택 사항을 도출한 뒤, 인간의 확신에 해당하는 각 선택 사항의 성공 확률을 제시하는 것이다.

암 진단을 받거나 치료 방법을 정할 때, 나아가 자신의 운명을 결정할 때 기계의 판단에만 의존할 사람은 아마 거의 없으리라고 생각한다. 우리는 그런 상황에서 감정 정보에도 의존한다. 숙련된 의사든 가족이나 친구든 다른 사람이 함께 판단해주기를 바란다.

태어날 때부터 현명한 사람은 아무도 없다. 그리고 감정은 태어난 후에 배워서 익히는 비중이 놀라울 정도로 크다. 두려움·분노·즐거움은 인간 정신의 기본 특성이지만 그런 감정과 더불어 사는 법, 관리하는 방법은 긴 시간에 걸쳐 배워야 알게 된다.

인간이 감정을 경험·표현·통제하는 법을 배울 수 있다면, 기계도 가능하지 않을까? 나아가 기계가 인공지혜라고 이름 붙일 만한 기능을 갖추는 날도 오지 않을까? 불가능한 일은 아니다. 철학자이자 물리학자인 로버트 보일Robert Boyle은 17세기에 인체 장기 이식의 가능성을 예견했다. 그 뒤로 약 2세기가 지난 1954년에 신장 이식이 최초로 성공하면서 그 예상은 실현되었다. 소설가 쥘 베른Jules Verne은 1865년에 인간의 달 착륙을 예견했는데, 그로부터 104년 뒤에 아폴로 11호가 달에 착륙했다. 니콜라 테슬라Nikola Tesla가 "머지않아 전 세계가 무선 메시지를 전송할 수 있게 될 것이고, 그 일은 개개인이 기계를 갖고 다니면서 할 수 있을 만큼 간단해질 것"이라고 한 때는 1909년이었다. 내 말이 맞는지는 각자 스마트폰으로 검색해보면 알 것이다.

인공지혜가 절대 이루어질 수 없는 목표는 아니겠지만, 정말로 실현될지는 두고 볼 일이다. 개발된다고 해도 어떻게 활용될지는 인간의 지혜에 크게 달려 있다. 지혜는 인간만이 완전하게 누릴 수 있는 고유한 특성으로, 결코 로봇에게서 완벽하게 재현할 수는 없을 것이다.

그러나 인류는 현명하기에, 인간을 돕는 것을 주된 기능으로 하는 현명한 로봇을 개발할 수도 있다. 나는 언젠가 그렇게 되리라고 믿는다.

12

더 현명하면 덜 외롭다

> 혼자서 할 수 있는 일은 너무나 적지만, 함께라면 정말 많은 일을 할 수 있다.
>
> —헬렌 켈러Helen Keller

> 우리 중에 모든 이를 합친 것만큼 똑똑한 사람은 아무도 없다.
>
> —켄 블랜차드Ken Blanchard

이 책에서 살펴보고 논하는 지혜는 대부분 개인의 지혜다. 실제로 우리는 지혜라고 하면 간디나 링컨, 테레사 수녀 같은 역사적 인물이나 자신의 조부모 등 동시대인 중에서 현명한 사람을 가장 많이 떠올린다.

또한 집단의 정보를 모아서, 혼자일 때보다 더 나은 결정을 내리는 군중의 지혜도 있다. 여러 책과 토론에서 많이 다루어지는 주제이자 논제다.

사회적 지혜는 이 두 가지보다 훨씬 덜 다루어지며, 특히 과학계 문헌에서는 더더욱 찾기가 힘든 개념이다. 그러나 현재 또는 과거부터 줄곧 다른 사회보다 더 현명한 사회와 문화가 분명히 있다. 지혜가 개선되면 개개인뿐만 아니라 사회 전체에 도움이 되는 것 역시 분명한 사실로 보인다.

문화는 지혜에 큰 영향을 준다. 지혜는 신경생물학적 기반이 있는 성격특성이며, 수천 년 동안 전 세계인의 지혜는 기본적으로 비슷했다. 그러나 지혜를 구성하는 세부 요소 중에 상대적으로 무엇을 더 중시하는지는 문화마다 다르다. 일본 사회는 대인관계에서 조화를 이루고 갈등을 피하는 데 큰 가치를 두는 반면, 미국 사회에서는 그런 것을 크게 중시하지 않는다. 몇 년 전 한 연구진은 미국 중서부와 일본 도쿄도 지역에서 무작위로 선정한 미국인들과 일본인들에게 개인 간 갈등과 집단 갈등에 관한 여러 이야기를 제시하고 참가자들이 보이는 반응을 평가했다.

연구진은 각 참가자의 반응에 관점의 다양성, 개인이 쌓은 지식의 한계, 타협의 중요성이 얼마나 나타나는지를 토대로 지혜를 평가했다. 그 결과, 미국인들은 나이가 많을수록 지혜로운 양상이 나타났지만 일본인들은 그렇지 않았다. (물론 이 같은 횡단연구로는 시간의 흐름에 따른 변화를 제대로 입증할 수 없다.) 그러나 청년기와 중년기에 해당하는 참가자들만 보면 일본인들이 미국인들보다 지혜로운 추론 전략을 더 많이 활용했는데, 이는 마땅히 그래야 한다는 사회 규범과 기대에서 비롯된 것으로 밝혀졌다. 이러한 문화적 격차는 미국인들이 나이가 더 들고 노년기에 이르러 일본인들이 벌써 오래전에 배운 것들을 뒤늦게 깨달으면서 줄어들었다. 이는 소규모 연구 한 건에서 나온 결과이므로 당연히 일반화할 수는 없을 것이다.

감정의 복잡성도 나라마다 다양하다. 연구자들은 기본적으로 감정의 복합성을 두 가지로 정의한다. 즉 긍정적 감정과 부정적 감정을 동시에 느끼는 '변증법적 정서', 자신이 느끼는 다양한 감정을 스스로 구분하고 설명하는 '정서 변별'이다.

캐나다 워털루대학교의 이고르 그로스만과 앨릭스 후인Alex Huynh, 미국 미시간대학교의 피비 엘즈워스Phoebe Ellsworth는 국가별로 감정의 복잡성을 공동 연구했다. 이들은 먼저 10개국에서 영어로 작성된 웹페이지 130만 개를 무작위로 선정하고, 각 페이지에서 부정적 감정을 나타내는 단어 2개당 긍정적 감정을 나타내는 단어가 나오는 빈도를 조사했다. 그 결과, 웹페이지상 텍스트를 기준으로 평가한 감정의 복합성은 말레이시아·필리핀·싱가포르가 미국·캐나다·호주·영국·아일랜드·뉴질랜드보다 유의미한 수준으로 더 높았고, 남아프리카공화국은 그 중간이었다.

연구진은 이어 미국, 일본, 인도, 러시아, 독일, 영국의 대학생들을 대상으로 친구와 좋은 시간을 보내거나 뭐를 하다가 다치는 등 다양한 경험에서 느낀 감정을 글로 설명하게 하고, 같은 방식으로 감정의 복잡성을 분석했다. 그러자 일본, 인도, 러시아의 학생들은 다른 나라 학생들보다 변증법적 정서와 정서 변별의 수준이 모두 더 높은 것으로 나타났다.

그로스만 연구진은 이런 차이가 대체로 상호의존에 더 높은 가치를 부여하는 일본, 인도, 러시아 사람들의 경향에서 비롯되었다고 해석했다. 이 세 나라의 사람들은 자기와 같은 집단에 속한 사람들의 소망·걱정·감정·욕구를 더 잘 인식하며, 자신의 감정이 다른 사람들과의 상호작용에서 생겨났다고 여긴다. 이와 달리 미국, 캐나다 같은 서구 국가 사람들은 자신의 감정이 내면에서 생겨난다고 생각하는 경향이 있다.

그렇다면 어느 쪽이 더 현명할까? 쉽게 답할 수 없다. 사회적 지혜를 측정하는 정식 기준은 아직 없지만, 자국이 다른 나라보다 우월하다는 것을 증명하려는 개별 국가들의 시도는 자주 나타난다. 이때 활용되는 평가 방식을 보면, 그 시점에 전 세계에서 자국이 차지하는 지위에 가장 핵심이 되는 요소를 평가하는 데 주력한다는 점을 알 수 있다.

지혜 월드컵이 열린다면

현대의 인간 사회는 개별 국가의 단위로 가장 많이 인식된다. 미국이라는 나라에 형성된 미국 사회는 영국이라는 나라에 형성된 영국 사회와 구분된다. 마찬가지로 중국 사회는 일본 사회와 다르고, 이집트 사회는 남아프리카공화국 사회와 다르다. 역사상 각 사회와 국가를 비교하는 여러 비공식적 방법이 등장했고, 최근 들어 공식적인 방법도 생겨났다. 그중 몇 가지를 살펴보자.

| 지나간 황금기 |

서로 다른 인간 사회를 비교하는 방법으로 맨 처음 등장한 가장 오랜 방법은, 다양한 종교적 신화에 묘사된 각 문화의 '황금기'를 기준으로 삼는 것이다. 황금기와 관련한 이야기는 대개 상대적으로 평화롭고 정의로우며, 조화롭고 안정적으로 번영했던 시절을 회상하는 내용이다. 먹을 게 넘치고 싸울 일이 없던 시절, 예술과 과학이 꽃피고 사람들이 오래오래 행복하게 살았다고 전해지는 이러한 신화가 그 시절의 현실을 얼마나 정확히 반영하는지는 알 수 없다(그러니 신화라고 불리는 것이다). 이런 이야기들은 공통적으로 그것이 다 옛날 일이며, 빛나던 황금빛은 은빛이나 황동색, 회색으로 점점 퇴색되었다고 전한다.

"사람들이 행복하게 살기가 너무 힘들다고 느끼는 이유는, 과거는 늘 실제보다 좋게 떠올리고, 현재는 항상 실제보다 나쁘게 여기며, 미래도 별로 나아지지 않으리라 생각하기 때문이다." 프랑스의 소설가이자 극작가 마르셀 파뇰Marcel Pagnol의 말이다. 한 나라의 행복을 보는 시각도 그와 다르지 않다.

| 군사력 |

인류 역사에서 한 사회(보통 개별 국가로 구분되는)를 자체 평가하거나 다른 사회와 비교할 때, 가장 많이 쓰인 기준은 병력과 군사력이다. 실제로 역사를 보면 주로 강력한 육·해군을 갖춘 국가와 통치자는 상대적으로 더 작고 힘이 약한 나라를 정복하거나 지배했다.

알렉산드로스가 대왕이 될 수 있었던 이유는 고대에 가장 거대한 제국을 세웠기 때문이다. 절정기에는 제국의 범위가 그리스부터 인도 북서부까지 무려 4800킬로미터 이상이었다. 13세기에 중동, 중국, 러시아를 지배한 칭기즈 칸의 몽골군은 병력이 거의 100만 명에 육박했다. 대영제국이 무적의 육·해군을 갖추고 세력이 최고조에 이르렀을 때는 점령한 땅과 식민지·주둔지가 하도 방대해서, 제국의 땅 어딘가에는 언제나 해가 떠 있다고 뽐낼 정도였다.

그러나 20세기로 접어들어 독립을 향한 사람들의 열망이 끓어오르면서 과거에 침략과 식민 통치를 일삼던 국가들은 점진적으로 또는 갑작스레 힘을 잃었으며, 전 세계의 국경선은 침략과 식민 지배 전으로 돌아갔다. 각 사회의 힘을 비교하는 기준도 병력과 군사력에서 경제력으로 바뀌었다.

| 경제지표 |

미국달러 단위로 환산한 GNP(국민총생산)와 GDP(국내총생산)는 제2차 세계대전 이후부터 사용되어, 지금까지 꽤 오랫동안 각국 경제력을 평가하는 지표로 널리 쓰여왔다. GNP는 자국과 해외에서 발생한 국민 전체 노동생산물의 가치이며, GDP는 국내에서 나온 생산물을 나타낸다. 둘 다 경제성장과 번영의 핵심 지표로 크게 인정받은 기준이다.

그러나 몇십 년 전부터 GDP가 과연 국민 전체의 안녕과 관련이 있는지 의문이 제기되었다. GDP는 경제성장으로 발생하는 이익이 '위에서 아래로', 즉 사회 전반과 다양한 인구군에 흘러 들어간다고 전제하지만, 실제로는 그렇지 않은 것으로 밝혀졌기 때문이다. 경제성장은 평등하지 않으며, 부는 한곳에 대거 집중될 수 있다. 미국에서 가장 부유한 인구 1퍼센트의 재산이 하위 90퍼센트의 재산을 전부 합친 것보다 많다는 추정도 여러 건 나왔다.

그러한 추정은 GDP가 사회 전체의 안녕을 가늠하는 지표로 부족하며, 빈곤층의 상황을 나타내는 지표로는 특히 형편없다는 것을 보여준다. GDP가 단기적인 경제적 변동을 나타내는 지표로서는 가치가 있어도, 지속적인 경제성장은 GDP로 평가할 수 없다. 유명한 표현을 조금 변형해서 쓰자면, 한 나라의 돈으로 그 나라 국민의 행복을 살 수는 없다. 한 나라의 돈을 소유한 사람이 국민 대다수가 아니라면 더더욱 그렇다.

| 행복지수 |

GDP에는 건강, 교육, 자유 등 진정한 안녕감에 더 밀접한 영향을 주는 요소들이 반영되지 않는다는 것은 부정할 수 없는 사실이다. 그래서 그런 요소를 평가하는 새로운 기준들이 개발되었다. 땅덩이의 크기나 세력 모두 훨씬 막강한 중국과 인도 사이, 히말라야산맥에 자리한 부탄왕국은 2008년에 세계 최초로(또한 지금까지 세계에서 유일하게) GNH(국민총행복지수)를 안녕감의 지표로 활용하기 시작했다.

나라 전체의 행복도는 어떻게 평가할 수 있을까? 부탄 정부는 국민이 느끼는 삶의 만족도를 조사한 결과와 사회경제적 발전, 환경 보존, 문화 증진, 국정 관리의 우수성을 나타내는 다른 지표들의 상관관계를 분석해 국민 전체의 행복도를 평가한다. 이는 복잡하고 까다로운 일인데, 현재까지 부탄의 GNH는 총 두 번 조사되었다. 가장 최근인 2015년 조사에서는 부탄 국민의 91.2퍼센트가 '비교적' 행복하다, '상당히' 행복하다, 또는 '매우' 행복하다고 답했다. 총행복도는 2010년의 첫 조사 때보다 1.8퍼센트 높아졌다.

부탄이 GNH를 도입하고 2년 뒤에는 OECD(경제협력개발기구)가 유엔 회의에서 〈세계행복보고서〉를 최초로 발표했다. OECD는 전 세계 35개국이 경제와 사회적 안녕을 개선하기 위한 정책을 추진하는 국제단체다.◆ OECD의 〈세계행복보고서〉는 소득, 건강수명, 힘들 때 의지할 사람이 있는지(사회적 지원), 관대함, 자유, 신뢰도 등 여섯 가지 기준에 따라 각국의 행복도를 평가한다. 신뢰도 평가에서는 산업계와 정부가 부패와 얼마나 거리를 두고 있는지를 본다.

◆ 이 책의 설명과 달리 OECD 회원은 38개국이며, 이 기구에서 발표하는 각종 통계 결과는 국가별 통계 자료가 있는 35개국이 기준인 경우가 많다.

가장 최신 보고서인 2019년 보고서는 사회적 기반이 행복에 중요하다고 강조하며, 행복도 순위에서 최상위권에 오른 나라들과 최하위 5개국을 비교하면 그러한 사실이 드러난다고 설명했다.◆

행복도가 가장 높은 국가들

1위 핀란드

2위 덴마크

3위 노르웨이

4위 아이슬란드

5위 네덜란드

(미국은 19위)

행복도가 가장 낮은 국가들

152위 르완다

153위 탄자니아

◆ 이 책의 초판이 나온 2020년 이후 2024년도 보고서가 새로 발표되었다. 총 143개 국가를 평가한 결과, 최상위는 1위부터 순서대로 핀란드, 덴마크, 아이슬란드, 스웨덴, 이스라엘이 차지했다. 최하위는 139위부터 차례로 콩고, 시에라리온, 레소토, 레바논, 아프가니스탄이었다. 우리나라는 전체 순위에서 52위, OECD에 가입한 38개국 중에서는 33위로 평가되었다.

154위 아프가니스탄

155위 중앙아프리카공화국

156위 남수단

행복도 순위에서 최상위권과 최하위권 국가들의 차이는 대부분 이 보고서가 평가하는 여섯 기준으로 설명할 수 있다. 그러나 범위를 전 세계 모든 국가로 넓히면, 각국의 행복도가 다른 이유의 80퍼센트는 국가 간 차이가 아니라 각국 내에서 발생하는 격차에 있다. 예를 들어 미국과 같은 부유한 나라는 국민의 행복도에서 나타나는 격차가 주로 낮은 소득수준이나 불평등 때문이라고 할 수 없다. 미국의 1인당 소득은 1960년부터 지금까지 3배쯤 늘었고, 1인당 국내총생산은 여전히 증가하는 추세다. 미국 국민이 느끼는 행복도의 차이는 신체건강, 대인관계, 정신건강의 차이에서 기인하며, 그중 가장 큰 비중을 차지하는 단일 원인은 정신질환이다.

그렇다면 전 세계가 정신건강 문제에 어떻게 대처하고 있는지 살펴보자. 먼저, 정신질환이 있어도 정식으로 진단받은 적이 한 번도 없는 사람들을 고려해야 한다. 내 동료인 UC 샌디에이고 의과대학의 와엘 알델라이미Wael Al-Delaimy는, 전 세계에서 인구 대비 난민 비율이 가장 높은 나라인 요르단 사람들의 정신건강 관리를 지원하는 국제사회의 노력에 동참하고 있다. 분쟁의 희생양이 되어 비좁고 자원도 부족한 난민 캠프에서 불확실한 삶을 살아가는 난민들은 정신건강 문제에 매우 취약하다. 그러나 이 문제는 거의 조사되지 않았고, 문제가 있어도 치료가 이루어지는 경우는 더더욱 드물다. 인구 10만 명당 정신과 의사의 수를 비교하면 요르단은 0.51명, 미국은 12.4명이다.

치료를 받지 못하는 전 세계의 빈곤인구를 돌보고 지원하는 것은, 그들을 있는 그대로 받아들이는 가족과 그들을 돕는 비공식적 관계망이다. 더 발전된 정신의학적 도움과 의약품의 지원이 빠진 자리를 이런 관계망이 대신 채운다. 그러한 사회적 유대, 가족 구조, 도움의 손길이 발휘하는 힘은 더 오래가고 효과도 더 크다. 1970년대에 이런 사실을 밝혀낸 유명한 연구가 있다. 내 친구이기도 한 메릴랜드대학교의 윌리엄 카펜터William Carpenter와 그 외 연구자들이 세계 여러 곳에서 진행한 '국제 조현병 예비 연구'다. 이 연구에 따르면, 조현병 같은 정신질환의 예후는 선진국보다 개발도상국에서 더 우수하다.

서구화할수록 아이러니하게도(또는 당연한 결과인지도 모른다) 이러한 강점이 사라지는 경우가 많다. 옛날에는 식구가 많은 확대가족이 도움이 필요한 구성원을 알아서 보살폈지만(대부분 그 외에는 다른 방도가 없었다), 이제는 가족이 축소되고 분절화해 다른 조직적인(그리고 덜 개인적인) 도움을 찾아야 한다.

건강이 나빠져서, 또는 문화적 편견 때문에 개인으로서의 가치와 사회적 가치를 잃은 노인들이 불운한 대접을 받는 현실도 이와 비슷한 현상이다.

우리는 이보다 더 잘할 수 있고, 더 행복해질 수 있다.

| 인간개발지수 |

유엔개발계획은 1990년부터 해마다 〈인간개발보고서〉를 발표한다. 이 보고서와 함께 도입된 인간개발지수는 개발 분야의 주요 지표가 되었다.

첫 번째 〈인간개발보고서〉는 인간개발의 개념을 인간의 안녕감이 증대되는 발전이라고 정리하고, 이를 국가 단위로 평가할 수 있는 여러 지표를 제시했다. 또한 1인당 소득 같은 기준보다는 적정생활수준 같은 결과에 주목해야 한다고 강조하는 한편, 안녕감을 간접적으로 평가할 수 있는 세 가지 중요한 요소로 의료서비스 접근성, 교육 접근성, 상품에 대한 접근성을 제시했다.

인간개발지수가 가장 중점을 두는 것은 평균수명, 교육, 소득, 지식, 생활수준이다. 이 요소들을 큰 틀로 삼아 작성되는 〈인간개발보고서〉에는 전 세계 거의 모든 국가의 순위가 실린다. 2019년 보고서에서는 노르웨이가 1위에 올랐고 스위스, 아일랜드, 독일, 홍콩이 차례로 그 뒤를 이었다. 미국은 15위였다. 최하위인 189위는 니제르였다.◆

◆ 2024년 3월에 총 193개국을 조사한 최신 보고서가 발표되었다. 1위부터 5위는 차례로 스위스, 노르웨이, 아이슬란드, 홍콩, 덴마크였고 최하위는 소말리아였으며 우리나라는 19위로 평가되었다.

인간개발지수는 국가 정책을 만드는 사람들과 개발 분야의 전문가들에게 유용하게 쓰인다. 경제 수준이 비슷한 국가들의 인간개발지수를 비교하면, 각국의 정책적 선택이 각각 어떤 결과를 낳았는지 분석할 수 있다.

〈세계행복보고서〉와 인간개발지수는 한 사회의 일부를 나타내는 지표이며, 사회를 평가할 수 있는 지표를 정의하고 산출하려는 노력에서 둘 다 부분적인 성공을 거두었다. 그러나 한 사회를 포괄적으로 평가하는 지표가 되려면, 특히 그 사회가 얼마나 지혜로운지도 나타낼 수 있는 지표가 되려면 훨씬 더 많은 요소를 반영해야 한다.

사회를 포괄적으로 평가하는 지표에는 예컨대 성별에 따른 인간개발 수준과 불평등, 빈곤, 기후, 토지와 물 이용도, 공공안전, 교통, 주거, 사회적 활동과 시민활동 참여, 지역사회의 지원, 여가와 문화 활동, 아주 어린 인구와 초고령 인구 등 특정 인구군별 보건서비스 등이 반영될 수 있을 것이다.

한 사회의 지혜 수준을 제대로, 실질적으로 평가하고 산출하는 일은 한 사회를 정확히 평가할 방법을 찾는 일만큼이나 복잡할 수밖에 없다. 사회적 지혜를 평가하는 지표에는 우선 앞서 말한 요소들이 전부 반영되어야 한다. 또한 물질주의 경제의 관점에서 본 행복이나 안녕감 같은 쾌락적 행복과 함께 삶의 의미, 자아실현에 중점을 두는 '좋은 삶(에우다이모니아eudaemonia)'도 평가할 수 있어야 한다. 이때 안녕감은 '개인이나 국가가 더 큰 공동체의 일원으로서 얼마나 온전하게 기능하는가'로 정의해야 한다.

개인의 '번영'에 주목하는 연구자들도 있다. 번영은 긍정적인 감정을 경험하고 심리사회적으로 원만하게 기능하는 상태다. 관련 연구들에서는 번영을 평가하는 기준도 제시되었다. 한 예로 하버드대학교의 타일라 밴더윌레는 번영의 평가 기준을 크게 다섯 가지, 즉 행복과 삶의 만족도, 정신과 신체의 건강, 삶의 의미와 목적, 성격과 가치, 친밀한 사회적 관계로 나누었다. 밴더윌레는 인간이 번영하는 주요 경로이자 일반적인 네 가지 경로는 가족, 일, 교육, 종교 공동체라고 이야기한다.

사회의 번영에 대한 평가는 GDP처럼 한 가지만 평가하는 지표보다 훨씬 복잡하고 세밀하다. 사회가 얼마나 번영한 상태인지 평가하려면 건강이나 교육수준 같은 명확한 요소와 함께 스스로 결정하는 능력, 낙관성, 회복력, 시민활동 참여, 활력, 자존감, 정직성 같은 유동적인 요소까지 고려해 시민 전체가 느끼는 온전성과 안녕감을 측정해야 한다.

밴더윌레가 번영의 주요 경로라고 한 가족, 일, 교육, 종교 공동체를 강화하고 개선하는 사회 정책이 마련된다면 당연히 사회는 더욱 번영할 것이다. 반대로 이 네 가지 경로가 가로막힌 사회는 번영할 가능성이 줄어들 것이다. 번영을 촉진하고 번영 수준을 평가하는 방법을 찾으려는 노력은 계속 이어지고 있으며, 아마 앞으로도 그럴 것이다.

개인의 지혜를 평가하는 제스테-토머스 지혜 지표와 비슷한 방식으로 사회적 지혜를 평가하는 지표를 개발하려는 노력도 필요하다. 사회의 지혜를 이루는 요소는 개개인의 지혜를 구성하는 요소와 겹치는 측면이 많다. 특히 연민, 이타주의 같은 친사회적 행동과 감정조절, 성찰, 인내력, 불확실한 상황에 대처하는 능력, 우수한 의사결정 능력이 그렇다. 하지만 사회적 지혜 지표를 개발하는 것은 여러모로 쉽지 않은 일이다. 한 국가의 감정조절이나 성찰 수준은 어떻게 평가할 수 있을까? 그 판단은 누가 해야 할까? 이런 어려움이 있지만, 나는 포기하지 않을 생각이다. 제2차 세계대전이 한창일 때 유엔이나 세계보건기구 같은 국제기구를 상상한 사람은 거의 없었다. 그러나 국제기구는 설립되었고, 여전히 불완전한 점이 있지만 귀중한 일을 꾸준히 해나가고 있다. 그러니 언젠가 '지혜 월드컵'에 각국이 출전하는 날을 꿈꿀 수 있지 않을까!

집단면역의 효과?

개인의 지혜와 사회의 지혜가 어떤 관계인지는 명확하지 않다. 나란히 발전할 가능성, 즉 서로를 강화하고 그 과정에서 더 강하게 연계되어 사회가 모든 시민의 지혜를 키울 수도 있다. 반대로 사회가 지혜로워질수록, 노년기에 이른 구성원이 생존과 번영을 위해 더 지혜로워져야 할 필요성은 감소할 수도 있다. 구성원이 보호받는 환경에서는 인위적이거나 충분히 피할 수 있는 원인으로 목숨을 잃을 위험성이 크게 줄어들듯, 사회에 현명한 규칙·관습·신념·행동이 확립되면 구성원이 현명하게 행동해야 할 필요성은 감소한다.

자연에서도 그런 예를 찾을 수 있다. 2012년에 프레이저 A. 자누카우스키-하틀리Fraser A. Januchowski-Hartley 연구진은 호주의 해양보호구역(어업이 금지된 곳) 내의 안전한 제한 공간에 사는 어류와, 보호구역 밖에 사는 어류의 적응행동을 조사했다.

보호구역에 사는 어류는 전체적으로 나이가 더 많고, 보호구역 경계 밖에서 살아가는 어류가 겪는 위험을 겪을 일이 없기 때문에 주변을 덜 경계하는 경향이 있었다. 심지어 보호구역 밖으로 나가서 돌아다닐 때도 크게 경계하지 않았다. 인간의 행동도 비슷할 수 있다. 사회가 구성원을 잘 보호하면, 개인의 지혜가 수명 연장에 주는 영향은 줄어든다.

백신이 광범위한 효과를 발휘하려면 '집단면역'이 형성되어야 한다. 백신을 접종받은 사람의 비율이 일정 수준 이상이면(백신으로 예방하려는 감염병의 전염성에 따라 전체의 80~95퍼센트) 집단 전체가 그 병에서 보호받을 수 있다는 개념이다.

지혜로운 구성원의 비율이 집단면역과 같은 수준이 되어야 사회가 지혜로워진다고 할 사람은 아무도 없을 것이다. 그건 불가능할 뿐만 아니라, 내 생각엔 불필요하다. 그렇지만 지혜에는 감염병의 생물학적 특성과 일치하는 면들이 있다. 수많은 방식으로 한 사람에게서 다른 사람에게로, 다시 새로운 사람에게로 알게 모르게 부분부분 전파될 수 있다는 점, 그 과정에서 진화하고 적응한다는 점, 누구나 어디에서나 배양·육성·성장시킬 수 있다는 점, 처음에는 별것 아닌 듯해도 금세 모든 예상을 뛰어넘는다는 점이 그렇다. 사회 구성원 전체가 지혜의 평가 기준을 전부 완벽하게 충족하기를 기대하는 사람은 없을 것이다. 지혜로운 사회라면, 모든 구성원을 수용하고 도울 수 있다.

세상이 현명해지는지를 둘러싼 논쟁

세상은 더 현명해지고 있을까? 아니면 갈수록 현명함을 잃고 있을까? 양쪽 주장을 모두 살펴보자.

| 전 세계가 더 현명해지고 있다 |

인지심리학자이자 저술가인 스티븐 핑커는 국가가 형성되기 전에는 폭력으로 죽임을 당하는 사람의 수가 10만 명당 500명이었지만, 오늘날에는 10만 명당 6~8명으로 줄었다는 사실에 주목한다. 세계 전체의 사회적 가치가 암묵적·명시적으로 대체로 개선된 것은 분명하다. 독재주의만 하더라도 옛날에는 인류 역사의 대부분을 차지할 만큼 일반적이었다. 즉 왕이나 황제, 술탄, 추장, 족장이 집단을 독재적으로 통치했고, 민중이 반기를 드는 일은 드물었다. 오늘날에는 전 세계 대부분의 나라가 (불완전하긴 해도) 최소 몇 가지 다른 형태의 민주주의를 따르며, 이를 자랑스럽게 여긴다.

인류의 수명은 과거 어느 때보다 길어졌지만, 인간의 기본적인 생물학적 특성은 예나 지금이나 같다. 여성이 일생 중 임신·출산할 수 있는 기간도 마찬가지다. 오늘날 여성의 완경기는 평균 50세 전후인데, 고대 그리스와 로마의 자료를 보면 약 2000년 전에 살았던 여성들의 완경기도 40~60세로 거의 비슷했다.

평균수명은 크게 달라졌다. 고대 그리스인과 로마인의 수명은 20~30세였고, 어린 시절에 병을 피해서 살아남은 사람은 10~20년 정도 더 살았다. 여러 변수는 있었지만, 인간의 수명은 세기가 바뀔 때마다 꾸준히 늘어났다.

2014년에 나는 앤드루 J. 오즈월드Andrew J. Oswald와 공동으로, 지난 세기의 수명 증가가 연민 같은 사회적 지혜의 증가와 일부 관련이 있다는 연구 결과를 학술지 《정신의학》에 발표했다. 우리는 사회가 더 지혜로워지면서 구성원을 더욱 보호하는 환경이 조성됐으며, 건강 관리와 노인들을 위한 지원이 개선되어 수명이 늘어났다고 보았다. 물론 의학의 발전도 노인들, 특히 심장 질환과 암 같은 만성질환자의 수명을 늘리는 데 지대한 영향을 주었다. 결핵, 매독, HIV 감염, 에이즈 같은 감염병을 비롯해 과거에 수시로 치명적 맹위를 떨치던 수많은 질병도, 현대의학의 발전 덕분에 이제는 잘 관리하면 수십 년을 더 살 수 있는 만성질환이 되었다.

19세기 초까지도 평균수명이 40세 이상인 나라는 세계 어디에도 없었다. 그 뒤 150년에 걸쳐 일부 지역에서 건강이 크게 개선되고 평균수명도 늘어났다. 신생아 기대수명의 경우 1950년에 유럽, 북미, 오세아니아, 일본, 남미 일부 지역은 60세 이상이었지만, 세계 다른 지역은 불과 30세 안팎인 곳도 있었다. 엄청난 격차였다. 예를 들어 노르웨이인의 평균수명이 72세일 때 서아프리카 말리인들의 평균수명은 겨우 26세였다.

그러다 전 세계가 더 나은 방향으로 변화했다. 1950년에 가장 부유한 나라 사람들이나 누리던 수명이 이제는 세계 대부분의 인구에 해당된다. 유엔에 따르면 2019년 전 세계 평균수명은 1950년의 평균수명보다 높은 72.6세로 집계되었다. 일본, 스위스, 호주, 스웨덴, 한국 등 일부 국가는 평균수명이 80대에 이르렀다. (미국인의 평균수명도 80세 문턱을 넘어서기 직전인 79.3세이며, 남성보다 여성의 수명이 조금 더 길다.)

위생과 주거, 교육수준의 개선에 따라 생애 초중기에 감염병으로 사망하는 인구가 꾸준히 감소한 것이 19세기와 20세기 초에 수명이 증가한 주된 동력이었다. 의학은 20세기 후반에도 백신과 항생제가 개발되는 등 계속 발전했다. 전문가들에 따르면, 지금도 수명이 계속 증가 추세인 이유는 거의 전적으로 생애 후반기의 사망률 감소 때문이다. 노년기에 심장질환, 뇌졸중, 암을 앓는 환자들이 더 오래 살게 되었다는 의미다.

과거에는 사람들이 연민을 느끼는 대상이 가까운 친인척이나 같은 부족 사람들 정도로 한정되었던 듯하지만, 인구가 늘어나고 한 사람이 평생 만나는 사람이 늘어나면서 연민의 범위도 확장되었다. 실제로 대부분의 법치국가가 노예제, 아동노동, 성매매를 허용하지 않으며, 적어도 공식적으로는 그런 행위가 금지된다. 제2차 세계대전이 끝난 이후에는 유엔, 국제적십자사, 세계보건기구, 국제통화기금 같은 단체가 전 세계의 소외된 사람들을 돕기 시작했다. 사람들은 인접 국가에 지진, 화재, 쓰나미 등 위기가 닥치고 재난을 겪는 이들이 생기면 개인적으로 도움을 주거나 다른 사람들과 뭉쳐서 힘을 보태고 원조한다. 도와주는 대가로 돌아오는 게 아무것도 없고 도움이 필요한 사람들이 생면부지여도 우리는 기꺼이 그렇게 한다.

가치체계도 바뀌고 있다. 20세기 중반까지 거론되지도 않던 성평등 개념은 아직 느리고 불완전하긴 하지만 전 세계로 퍼져가고 있다. 아동을 혼인시키거나 병사로 쓰는 문제가 세계 일부 지역에 여전히 남아 있는 등 아직 갈 길이 멀다는 사실을 여실히 보여주는 충격적 폭로도 나오지만, 그런 상황에 반기를 들고 저항하며 바로잡으려는 노력은 갈수록 커지고 있다. 성적 취향의 다양성을 수용하며, 가정폭력을 비난하는 목소리 또한 더 확대되고 거세지는 추세다.

세계화와 기술·통신의 급속한 성장은 국가 간, 개인 간 격차를 모두 좁혔다. 내가 인도에 살던 어린 시절에는 집에 전화기를 설치하는 일이 엄청난 사치였다. 중산층 가정이라도 집에 전화기는커녕 냉장고조차 없는 경우가 허다했다. 전화를 놓고 싶어도 통신망이 부족해서 15년 넘게 기다려야 할 정도였다. 이제는 뭄바이 빈민가에 사는 사람도 개인 휴대폰이 있다. 왓츠앱WhatsApp 같은 소셜미디어는 다른 대륙에 사는 사람들과도 바로바로 소통할 수 있게 해준다.

| 전 세계가 현명함을 잃어간다 |

앞에서 언급한 긍정적인 변화와 대조적으로 새로운 위기도 생겨났다. 페스트, 콜레라, 천연두, 소아마비 등 수 세기 동안 인류의 건강과 행복을 위협한 문제들은 사라졌으나, 그 자리는 오늘날 새로이 만연한 아편유사제 남용, 자살, 스트레스, 외로움 등으로 대부분 다시 채워졌다. 현대의 이러한 행동 문제는 젊은층과 노년층을 포함한 모든 연령대에서 확산하는 추세다. 심지어 세계 일부 지역에서는 수십 년 만에 처음으로 평균수명이 늘어나는 게 아니라 줄어드는 결과까지 초래되고 있다.

미국에서는 자살자가 12분에 한 명씩 나오고, 11분에 한 명씩 아편유사제 과용으로 사망한다. 아편유사제 과용과 자살로 사망한 인구는 10년 넘게 급속히 증가하는 추세다. 그 결과 미국은 반세기 만에 처음으로 평균수명이 감소했다. 내가 이 글을 쓰는 시점을 기준으로 하면 2년 연속 감소세다. 이 공중보건 위기를 '약리학적인' 방법으로 극복하려는, 즉 이러한 죽음을 막을 수 있는 약을 개발하고 승인하려는 움직임마저 일고 있다.

안타깝게도, 이는 문제를 지나치게 단순히 여기는 사고방식이다. 페스트, 콜레라 등 세균과 바이러스 감염이 원인이었던 과거의 수많은 전염병은 백신과 항생제로 뿌리 뽑을 수 있었지만, 현대에 전염병처럼 번지는 아편유사제 남용과 자살은 근본적으로 다른 문제다. 현대사회가 겪는 문제의 바탕은 병을 일으키는 미생물이 아니다. 우리 사회에 은밀히 침투해 치명적인 영향력을 떨치는 것은 외로움에서 비롯된 해로운 '행동'이다. 사회의 안녕이 위태로운 상황임을 보여주는 두어 가지 징후를 짚어본 다음, 외로움에 관해 더 자세히 살펴보기로 하자.

미국의 사회적 지혜가 줄어들고 있다는 사실은 공교육의 축소로도 나타난다. 만성적인 경제위기와 세태의 변화 때문에, 한때는 필수로 여겨지던 공교육과 교양교육 중심의 폭넓은 교육과정 중 상당 부분이 벼랑에 내몰리거나 잘려나갔다. 나이절 텁스Nigel Tubbs는 《철학과 현대 교양교육Philosophy and Modern Liberal Arts Education》에서 교양교육을 "모든 것의 존재 가능성에 조건이 되는 보편적 원리"를 발견하는 유서 깊고 지속적인 노력이라고 설명했다.

미국 전역의 교실마다 미술·음악·체육 수업이 축소되고, 학생들이 밖에서 보내는 시간도 줄었다. 사회 수업과 심지어 역사 수업마저 교과목에서 사라지거나, 아직 남아 있는 경우여도 고루하고 낡은 과목으로 치부된다. 우리가 아이들에게 거는 기대는 갈수록 커지는데, 정작 아이들의 탐구 영역은 갈수록 협소해지고 있다. 시민의 권리와 책임에 관한 수업, 이스터섬부터 로마제국과 구소련에 이르기까지 역사적으로 실패하거나 쇠락한 사회와 문화에서 배울 점을 찾는 수업보다 컴퓨터 코딩 수업을 늘리는 학교가 더욱 많아지는 추세라고 해도 과언이 아닐 정도다. 나도 컴퓨터와 기술 교육이 필요하다는 점에는 전적으로 동의하지만, 인간의 안녕과 연민을 가르치고 훈련하는 교육이 반드시 보충되어야 한다고 생각한다.

외로움은 내가 최근 몇 년간 주력해온 연구 주제다. 외로움은 내밀한 괴로움이고 저마다 개인적으로 느끼지만, 인간의 기본적이고 공통적인 감정이다. 지금은 과거 어느 때보다 더욱 보편적인 감정이 된 듯하다.

외로움은 흡연과 비만만큼 건강에 해롭다. 미국보건의료연구·품질관리기구의 보고에 따르면 해마다 사회적 고립으로 목숨을 잃는 인구가 16만 2000명에 달하는데, 이는 암이나 뇌졸중 사망자보다도 많은 수다. 영국에서는 외로움이 산업계에 끼치는 경제적 영향이 연간 30억 달러 이상으로 추정되자, 2018년에 정부기관인 '외로움부'를 신설했다.

여러 연구와 조사에 따르면, 이전보다 더 많은 사람이 더 자주 더 깊이 외로움을 느낀다고 한다. 런던 퀸메리대학교 감정역사연구센터의 공동 창립자인 역사가 페이 바운드 알베르티Fay Bound Alberti는 18세기 말 전까지는 외로움이 거의 언급되지 않았다고 설명한다. 당시에는 주로 '홀로 있는 것oneliness'이라는 표현이 쓰였다. 이 표현에는 이데올로기적이거나 심리적인 의미가 거의 없었으며, 특별히 부정적인 뜻도 내포하지 않았다. 그저 사람들과 떨어져 혼자 있는 상태, 우리 삶에서 불가피할 뿐만 아니라 오히려 필요한 경우가 많은 그런 상태를 일컫는 말이었으며, 고독에는 나름의 이점이 있다고 여겨졌다.

알베르티에 따르면, 그 시절에는 정말로 혼자 있는 시간은 없다고 믿는 사람이 대다수였다. "사람들은 작은 공동체를 이루고 살았으며, 대체로 신을 믿었다(그래서 물리적으로 혼자 있을 때도 절대 혼자가 아니라고 생각했다). 공동체에서 공공의 이익이 생겨난다는 철학적 개념도 형성되어 있었다. 그래서 외로움을 표현할 언어는 필요하지 않았다." 2019년에 나온 알베르티의 책《우리가 외로움이라고 부르는 것에 대하여A Biography of Loneliness》에 나오는 설명이다.

1800년대에 산업화가 시작되자 사회적 유대는 약해지고 외로움이 싹텄다. 상황은 갈수록 심각해져서, 지난 50년간 외로움에 시달리는 사람들은 두 배로 늘었다.

외로움은 어느 정도 유전된다(37~55퍼센트). 유전적으로 남들보다 쉽게 외로움을 느끼는 사람이 있다는 뜻이다. 외로움은 또한 근본적으로 삶의 한 부분이며, 나름대로 가치가 있다. 성찰과 자기평가를 촉진하고 창의성의 연료가 되기도 한다. 외로움의 가장 중요한 가치는 세상 밖으로 나와서 함께할 사람들을 찾고, 더 친밀한 관계를 추구하게 만든다는 것이다.

외로움과 사회적 고립은 차이가 있다. 외로움은 사회적 관계가 자신의 기대에 미치지 못할 때 '느끼는' 불안, 괴로움, 두려움이다. 이와 달리 사회적 고립은 사회적 관계가 객관적으로 부족한 상태를 말한다. 외로움과 사회적 고립은 동시에 발생할 수도 있고 따로 발생할 수도 있다. 즉 사회적으로 고립된 사람이라도 외로움을 느끼지 않을 수 있고, 수많은 사람에게 둘러싸여 살아도 큰 외로움을 느낄 수 있다. 둘 다 공통적으로 건강에 큰 위협이 되며, 각각 다른 해결책이 필요하다.

외로움을 만성적으로 느끼거나 그런 감정이 깊어진 상태가 오래 지속되는 것은 우려해야 할 문제다. 내가 2018년에 동료들과 진행한 연구에서 20~90대 성인기 전 연령대 참가자 가운데 4분의 3이 외로움을 중간 수준에서 높은 수준까지 느낀다고 답했다. 당시 우리 연구의 참가자들은 외로움을 그 정도로 느낄 만한 위험성이 없다고 여겨졌으므로 주목할 만한 결과였다. 즉 참가자들은 중대한 신체 질병이나 심각한 정신질환이 없는, 일반적인 의미에서 평범한 사람들이었다. 이 연구에서 외로움은 신체적·정신적 건강의 악화와 관련 있는 것으로 확인되었다.

다른 여러 연구에서도 이와 같은 우려스러운 사실이 드러났다. 더블린 트리니티칼리지 연구진의 '아일랜드 노화 종단연구'에서는 2009년부터 아일랜드의 고령 인구(50세 이상) 8000명 이상을 대상으로 시간 흐름에 따른 건강, 사회적 관계, 경제적 여건의 변화와 사회·경제적인 공헌도, '잘 늙기 위해' 갖춰야 하는 생물학적·환경적 요소를 조사했다.

지금도 이 연구의 결과에 당혹스러워하는 사람들이 많다. 참가자의 37퍼센트 이상이 자주 또는 가끔 외롭다고 밝혔으며, 이 비율은 나이가 들수록 늘어났다. 외로움을 느끼는 빈도는 여성이 남성보다 많았고, 여성의 수명이 남성보다 긴 만큼 외로움을 느끼는 기간도 여성이 더 길었다. 또한 외로움이 번지면 만성적인 건강 문제로 이어지는 것으로 나타났다. 외로움이 건강 문제를 일으키고, 건강 문제는 우울증을 일으키는 한편 외로움과 절망감을 더욱 부채질하고, 이것이 다시 건강 문제를 일으키는 악순환이 일어나는 것이다.

2017년에 S. B. 라픈손S. B. Rafnsson 연구진은 치매에 걸리지 않은 영국의 성인 인구 6677명을 대상으로 결혼 여부, 친한 사람의 수, 사회적 고립 여부를 6년 동안 추적 조사했다. 사회적 고립 여부는 가족·친구들과 연락하며 지내는지, 단체활동에 참여하는지로 확인했다.

연구가 끝나고 6년 뒤, 참가자 중 220명은 치매 환자가 되었다. 환자 중에는 친한 사람이 많거나 결혼 생활을 계속 유지한 사람들보다 연구 기간에 외로움을 많이 느낀다고 한 사람들의 비율이 더 높았다. 노년기에 느끼는 외로움이 치매 위험성과 관련이 있음을 보여준 결과였다.

최근 들어 외로움, 자살, 아편유사제 이용률이 전례 없을 만큼 증가한 이유는 무엇일까? 기술의 급속한 발달과 소셜미디어, 세계화는 우리 삶의 질을 여러 면에서 개선했다. 그러나 동시에 기존의 사회적 관습이 뒤집히고, 역사상 그 어느 때보다 심각한 사회적 단절이 일어났다. 정보 과다, 세상과 24시간 연결된 생활, 피상적일 뿐 아니라 해로울 때가 많은 소셜미디어상의 수많은 관계, 세계화로 더욱 극심해진 경쟁 등 현대사회에서 겪는 스트레스는 자꾸 늘어난다. 갤럽의 최신 조사에 따르면 미국인이 스스로 평가한 스트레스와 걱정의 수준은 지난 12년간 25퍼센트가 높아졌다.

한 가지 주목할 점은, 이러한 스트레스가 노년층보다 청년들에게 훨씬 큰 영향을 준다는 것이다. 2019년 학술지《이상심리학 저널》에 보고된 한 연구에 따르면, 미국인 60만 명 이상을 조사한 결과 스트레스 수준이 나이와 반비례하는 것으로 나타났다. 24세인 참가자들이 스스로 평가한 스트레스 수준은 40세 참가자들보다 두 배 더 높았고, 70세 참가자들의 4배에 달했다. 이런 현실을 고려하면, 자살률과 아편유사제 관련 사망자가 노년층보다 청년층에서 더 크게 증가하는 추세인 것도 놀랍지 않다. 밀레니얼 세대는 그중에서도 가장 큰 타격을 입고 있다.

| 외로움의 해독제 |

요약하면, 사회의 몇몇 부문은 지난 여러 세기에 걸쳐 엄청나게 발전했다. 그렇지만 반대로 과거보다 더 나빠진 부문도 있다.

물이 반쯤 담긴 잔을 앞에 놓고 어떻게 받아들여야 할지 고민이 되는 전형적인 상황이다. 나는 낙관적인 쪽이다. 갈 길이 험난하고 부침이 많을지언정, 나는 사람들이 사회 전체의 지혜를 개선할 수 있으며 꼭 그렇게 되리라고 굳게 믿는다. 호모사피엔스가 살아남고 번영하려면 실패는 선택 사항이 아니다. 그러므로 우리는 최선을 다해야만 한다.

현대에 들어 외로움, 자살, 아편유사제 남용 같은 행동 문제가 번진 이유는 스트레스가 늘었기 때문이다. 이 문제를 해결하려면 행동을 바로잡는 일종의 백신 또는 해독제가 필요하다. 이런 점에서 외로움과 지혜가 강력한 역상관관계라는 놀라운 사실을 우리 연구진이 여러 연구를 통해 확인한 것은 희소식이다. 샌디에이고에 사는 성인기 전 연령대의 참가자 340명, 미국 전역의 성인 3000명 이상, 이탈리아 남부 치렌토에 사는 성인 250명(90세 이상 참가자 50명 포함) 등 각기 다른 지역에 사는 세 집단을 대상으로 한 연구에서 그와 같은 결과가 거듭 확인되었다. 세 건 모두 외로움과 가장 밀접한 상관관계(역상관관계)가 있는 요소는(샌디에이고 지혜 척도로 측정한) 지혜로 나타났다.

한마디로, 우리가 찾은 외로움의 해독제는 지혜다. 지혜로운 사람일수록 외로움의 악영향에 덜 시달린다. 이 책이 전하고자 하는 메시지로 다시 돌아가서, 더 현명해지기 위해 우리가 할 수 있는 일들이 있다. 더 현명해지면, 덜 외로워진다.

몇 번의 우승컵을 들더라도

소크라테스는 책의 발명이 영혼의 "망각을 가져올 것"이라고 한탄했다. 책이 생기면 자신이 알고 기억하는 것보다는 책에 적힌 외부 정보를 맹목적으로 믿게 될 것이라고 염려했다. 그의 불평과 경고는 지난 인류 역사에서 인쇄기, 전신 기술, 라디오, TV, 휴대폰이 처음 등장할 때마다 거듭 울려 퍼졌다. 최근에는 많은 사람이 인터넷이 우리를 멍청하게 만든다고 여긴다.

그러나 증폭의 법칙이라는 이론에 따르면, 기술처럼 인간의 생활환경에 존재하는 요소가 인간에게 미치는 주된 영향은 인간의 힘을 증폭하는 것이다. 즉 인간이 이미 지닌 힘과 능력, 목표를 강화한다는 의미다. 현명한 사람들은 뇌기능을 향상하는 약이나 기술 같은 것도 현명하게 활용하리라고 믿는 나로서는 마음이 놓이는 이론이다. 지혜를 인위적으로 키울 방안을 탐구하는 것과 별도로, 우리 안에서 자연스레 발달하는 개인의 지혜와 사회의 지혜를 더욱 키우기 위해 우리가 할 수 있는 일을 반드시 실천해야 한다.

어떻게 해야 할까? 이 책을 읽는 것도 작지만 그러한 노력에 해당한다. 이 책을 계기로 지혜의 특성을 생각하고, 어떻게 하면 더 일찍 더 현명해질 수 있을지 고민하게 되기를 바란다. 하지만 거기서 멈추지 않고, 지금까지 설명한 지혜의 구성요소를 의식적으로 알리고 강화하며 촉진하는 더 폭넓은 노력이 필요하다.

지혜의 중요한 구성요소인 사회적 연민을 키우는 것도 지혜를 강화하는 좋은 방법이다. 젊은 사람이든 나이 든 사람이든 모든 이를 두루 보살필 수 있게 자원을 배분하는 것이 사회적 연민이다. 갓 태어나 아직 미성숙한 아기는 헌신적이고 끊임없는 보살핌 속에서 생존율이 크게 높아진다. 노인들도 마찬가지다. 노년기에 약물남용이나 사회적 고립 같은 문제를 겪거나 건강, 인지·생식 기능이 저하되어도, 사회가 연민·공감·이타주의를 발휘해 더욱 보살피면 그런 노인들도 생존하고 번성할 수 있다. 문명이 발달한 사회일수록 사회적 연민과 지혜도 우수하다. 이는 노인, 장애인, 정신질환자, 그저 대다수에 속하지 않는 사람, 도움이 필요한 사람을 위한 안전망과 보살핌이 탄탄하게 마련되어 있는지에서 드러난다.

사회 전체를 더 현명하게 만드는 방법은 무엇일까? 교육이다. 미국의 철학자이자 심리학자, 개혁자인 존 듀이John Dewey는 이런 말을 남겼다. "교육은 인생을 살아가기 위한 준비가 아니다. 교육이 인생 그 자체다."

모든 것이 교육에서 시작하고 교육으로 끝난다. 부모는 스스로 옳고, 진실하고, 훌륭하고, 올바르다고 믿는 대로 자녀를 이끌고 가르치며 학교에도 보낸다. 학교에서 읽기와 쓰기, 셈하기만 배우면 충분하다고 여겨지던 시절도 있었지만, 시간이 흐르면서 공교육의 몫이 점점 늘어났다. 아이들의 몸을 건강하게 만들기 위해 체육 수업이 추가되었고, 꼭 필요하고 잘 정리된 성 지식을 가르치는 성교육도 시작되었다. 창의력을 키우는 미술 수업과 음악 수업도 더해졌다.

우리 아이들에게는 연민을 포함한 친사회적 행동과 성찰, 감정조절, 다양한 관점을 개방적으로 받아들이는 태도, 우수한 의사결정 능력 등 지혜의 구성요소를 길러주는 교육도 필요하다.

우리 사회는 당면한 문제를 어떻게 해결할지에 대해 많은 이야기를 나눈다. 구제 방안을 제안하고 옹호하고 지지하면서도, 광범위하고 꾸준한 실천으로 이어지지 않는 경우가 허다하다. 고민하며 논의해볼 좋은 아이디어가 아무리 넘쳐나도, 꼭 지켜야 할 기본 원칙을 정하고 그에 따라 추진하는 것이 중요하다. 이를 아이들의 교육에 적용한다면, 먹고사는 법만 가르칠 게 아니라 어떻게 사는 게 잘 사는 것인지를 가르쳐야 한다. 정보가 아닌 지식을 가르치고, 무엇을 생각해야 하는지가 아니라 어떻게 생각해야 하는지를 가르쳐야 한다. 어릴 때부터 남들에게 베푸는 삶과 자선활동의 가치를 수시로 가르침으로써 이를 자연스럽게 실천하며 살게 하자는 것이 터무니없는 생각일까?

"지혜는 학교교육으로 생기는 게 아니라 평생 노력해야 얻을 수 있다." 아인슈타인은 이렇게 말했다. 그러나 그 평생의 노력은 지혜를 키울 도구를 제공하는 교육에서 시작된다.

지혜의 교육은 학교교육을 받는 시기 이후로도 확장되어야 한다. 현명한 사람들이 작성한 1776년의 미국 독립선언서에는 "삶, 자유, 행복의 추구"라는 문구가 있다. 여기서 말하는 행복은 좋은 직장, 집, 친구들, 안락함 등 인생의 쾌락적인 즐거움만을 뜻하지 않는다. 아리스토텔레스가 말한 좋은 삶(에우다이모니아), 즉 살아갈 가치가 있는 고결한 삶, 삶의 의미를 찾고 잠재력을 모두 발휘하기 위해 노력하는 자기인식도 포함된다.

우리는 좋은 삶이 주는 안녕감보다 쾌락적인 행복에만 몰두할 때가 너무나 많다. 더 쉬운 길이지만, 현명한 길은 아니다.

지혜로운 일터는 생산성과 창의성이 뛰어나고, 구성원들이 모든 의미에서 행복하다. 매출이나 수익에만 골몰하고, 노동자가 불건전한 경쟁과 압박에 끊임없이 시달리게 만드는 사업은 결코 지혜롭다고 할 수 없다.

가장 지혜로운 사업가들은 몇 가지 기본 규칙을 잘 알고 사업에 반영한다. 힘없는 사람들이 지닌 힘을 알아보고, 자신보다 힘이 약한 이들을 열린 마음으로 대한다. 리더십은 일방적일 수 없음을 알고 상호관계를 중시한다. 두려움 없이 위험도 감수하도록 장려한다. 한계를 넘어 과감하게 생각한다. 인정받는 것보다 존중받는 것을 더 소중하게 여긴다.

우리 삶과 사회 전반에도 이와 비슷한 개념을 적용할 수 있다. 예를 들어 대학 스포츠팀이 무슨 수를 써서라도 우승하는 데만 몰두한다고 하자. 선수들끼리 서로 협력하고 도우며 함께 노력하면서 배우려 하지 않고, 자신들보다 실력이 부족한 상대 팀에 공감할 줄도 모른다면, 그런 팀은 우승컵을 몇 번 거머쥐든 현명하다고는 할 수 없다. 그런 방식으로는 결국 얻는 것보다 잃는

게 많아진다.

현실을 지나치게 단순화한 상투적인 말처럼 들릴 수도 있다. 너무 뻔하고 진부한 소리라고 생각할 수도 있다. 그렇지만 뻔한 소리는 말 그대로 자명한 진실이다. 이 진실을 무시하는 것은 위험을 자초하는 것이다.

위기 속의 지혜

미국의 정세가 나날이 기울던 1776년, 독립혁명은 전면전에 들어갔지만 새로운 독립 정부를 세우려는 시도는 뜻대로 되지 않았다. 독립군이 아직 벨리 포지*에도 이르지 못한 그 시기에 토머스 페인Thomas Paine은 독립의 필요성을 호소하는 글을 썼다.

전쟁은 드디어 끝이 났고, 새로운 국가가 수립되어 번영을 누렸다. 시간이 흐르자 다시 크고 작은 위기가 찾아왔다. 자연적으로 발생한 위기도 있고 인간이 일으킨 위기도 있었다. 이것이 세상이 돌아가는 방식이다. 새로운 위기는 늘 생긴다. 때로는 상상을 초월하는 위기가 덮친다.

* 미국 독립전쟁 당시 독립군의 조지 워싱턴(George Washington) 장군이 선택한 필라델피아 북서쪽의 동계 주둔지. 독립군은 1777~1778년에 이곳에서 몇 개월 동안 주둔한 끝에 프랑스와 동맹을 맺고 전쟁의 흐름을 바꿀 수 있었다.

이 책에서 다룬 지혜는 도로 위에서 벌어지는 보복운전, 사별의 아픔 등 개인적인 위기를 이겨낼 때 활용할 수 있는 실천적 지혜가 대부분이다. 그러나 위기 때문에 애를 먹는 건 사회도 마찬가지다. 사회도 위기에 맞닥뜨리고, 위기를 관리하며, 더 나은 길을 찾으려 노력한다.

허리케인 카트리나로 발생한 피해처럼 지역 전체가 영향을 받는 위기도 있다. 2005년에 덮친 이 허리케인으로 멕시코만과 미국 뉴올리언스 일대에서 1833명이 목숨을 잃었고, 수백만 명이 길거리에 나앉았다. 총피해액은 1250억 달러 이상으로 추정된다(불과 12년 뒤에 허리케인 하비가 텍사스와 루이지애나에 비슷한 피해를 안겼다).

뉴욕 세계무역센터와 워싱턴 국방부 건물, 유나이티드 항공 93편 여객기를 동시에 노린 테러처럼 전 국가적인 위기도 있다. 당시 테러리스트의 표적이 된 유나이티드 항공기는 펜실베이니아주 생크스빌 인근 평야에 추락했다. 2001년 9월 11일에 일어난 이 테러 사태로 3000명에 가까운 사망자와 2만 5000명이 넘는 부상자가 발생했다. 사회기반시설과 재산 피해 규모는 100억 달러에 이르렀다. 그리고 미국인들의 정신에 영원히 돌이킬 수 없는 변화를 일으켰다.

제2차 세계대전이나 기후변화 같은 전 지구적인 위기도 있다. 이런 위기는 지구에 사는 사람이라면 어느 누구도 피할 수 없다. 신종 코로나바이러스의 대유행 초기에도 개인, 지역, 국가, 지구 전체에 악영향이 미쳤다. 코로나 사태의 위기는 크게 두 갈래로 발생했다.

첫째는 지금도 일부 남아 있는 불확실성과 혼란이었다. 신종 코로나바이러스는 인류가 과거에 한 번도 노출된 적이 없는 새로운 종류였기 때문에 인체 면역 기능으로는 막을 수 없었고, 감염되면 무슨 일이 벌어질지도 알 수 없었다. 이런 상황은 두려움을 키우고 온갖 불길한 예측에 불을 지폈다. 나도 감염될까? 감염되면 죽을까? 내가 사랑하는 사람들은 어떻게 될까? 우리 지역은? 나라는? 인류는?

위기의 다른 한 갈래는, 빠른 속도로 광범위하게 확산하는 바이러스의 기세를 막기 위해 권고되고 의무적으로 적용되기도 했던 사회적 거리두기였다. 인간은 사회적 동물인데 소중한 이들과 동료들, 우리 삶에 뜻밖의 즐거움과 흥미를 선사하는 모든 낯선 사람들과 어떻게 거리를 두고 살란 말인가? 바이러스의 확산을 막기 위한 이 필수 전략은 그동안 아이들에게 가르친 모든 것과 정면으로 부딪쳤다. 우리는 아이들에게 누구를 정중히 맞이할 때는 악수를 청하고, 마음이 쓰이는 사람은 꼭 안아주며, 사람들과 어울려 함께 식사하고, 장난감과 선물은 나누며 함께 갖고 놀 줄 알아야 한다고 가르친다. 게다가 사회적 참여는 건강과 수명에 도움이 되는 여러 방법 가운데 효과가 가장 확실히 입증된 전략이다.

지금껏 가르치고 따르던 규칙을 갑자기 뒤집어서 아이들은 부모를 제외한 모든 사람과, 어른들은 꼭 필요한 사람을 제외한 모든 사람과 거리를 두고 생활하게 하려면 어떻게 해야 할까? 이 책에서 설명한 지혜의 구성요소는 그와 같은 갑작스러운 전환을 최대한 순조롭게, 인도적으로 달성하게끔 도와준다. 위기 속에서 살아남아야 할 때는 물론이고 위기를 통해 성장하는 데도 유용하며, 모든 대립과 딜레마, 재난에 적용할 수 있다.

① 감정조절: 당황하지 말자. 현실을 받아들이되 낙관적인 시각을 잃지 않는다.

② 성찰: 예전에 힘든 일을 겪고 잘 이겨낸 경험을 떠올리며 어떻게 대처했는지 생각한다. 그때 활용했던 것과 비슷한 전략을 세운다.

③ 친사회적 행동: 남을 도우면 내게도 도움이 된다. 나는 외로움의 질적 특성을 연구한 적이 있다. 연구에 참여한 몇몇 노인은 도움이 필요한 사람들을 도와주면 힘이 나고, 행복하며, 덜 외롭다고 했다. 앞에서도 설명했듯이 외로움이나 그와 비슷한 영향을 주는 스트레스의 최고 해독제는 지혜다. 지혜의 구성요소 중에서도 연민이 특히 효과적이다.

④ 불확실성과 다양성 수용하기: 다른 사람들은 어떻게 반

응하는지 살펴보고, 그들의 행동과 전략에서 배울 점을 찾는다. 위기를 한 방에 다 해결하는 방법 같은 건 없다. 섣불리 판단하지 말아야 한다.

⑤ 결단력: 갑작스러운 변화에는 해결해야 할 다양한 도덕적 딜레마가 따른다. 코로나 팬데믹 시기에는 자가격리의 시점, 이 조치로 누구를 보호해야 하는지가 그런 문제가 되었다. 가족과 일 중 어느 쪽이 상대적으로 더 중요한지 결정해야 했고, 자신이 감염되거나 목숨을 잃을 위험성을 감수하고서라도 다른 사람을 도와야 하는지 고민해야 했다. 응급구조대원들, 응급실 의사들, 상점 직원들을 비롯한 수많은 이들이 이런 딜레마를 겪었다. 이런 상황에서 우리는 그때그때 얻은 정보를 총동원해, 나중에 자신의 선택이 옳았다는 것이 입증되기를 바라며 결정을 내려야 한다. 어느 쪽으로도 결정을 내리지 못하는 건 아무에게도 도움이 되지 않는다.

⑥ 사회적 조언: 조언에는 인생에 관한 전반적 지식이 필요하다. 전문가들의 말을 귀담아들어야 자신이 조언할 일이 생겼을 때 더 나은 의견을 줄 수 있다.

⑦ 영성: 우리는 인류 전체, 나아가 동물과 식물을 포함한 모든 생명을 보살펴야 한다.

⑧ 유머감각: 암울한 순간에도 유머는 도움이 된다.

⑨ 새로운 경험에 개방적인 태도: 열린 태도를 유지해야 위기를 기회로, 다시 성장으로 바꿀 수 있다.

이 전략은 노동자 한 사람부터 가사를 전담하는 부모, 지역·지방·국가·국제정부의 리더에 이르기까지 사회 모든 차원의 대응에 적용할 수 있다. 위기의 세부적인 내용과 범위는 천차만별이겠지만, 어떠한 경우든 지혜를 활용할 수 있다.

제2차 세계대전이 맹위를 떨치던 1943년, 당시 영국 총리 윈스턴 처칠은 그 이전에도 이후로도 수없이 그랬듯 모든 이의 결집을 촉구하고 용기와 희망을 불어넣기 위해 군중 앞에 나섰다. 그는 연설에서 이렇게 말했다. "우리가 함께한다면 불가능은 없습니다. 우리가 분열한다면 모두가 실패할 것입니다."

엘리너 루스벨트Eleanor Roosevelt는 그와 다른 현명한 리더였다. 자기 힘으로 영향력 있는 인물이 된 그는 제2차 세계대전 이전에도, 전쟁 중에도, 전쟁 후에도 맹활약하며 영부인의 역할에 관한 인식을 변화시켰다. 빈곤층·소수자·여성을 지원하는 시민권 정책에도 큰 관심을 기울이며, 그러한 정책을 널리 알리고자 애썼다. 사회 변화를 위한 뉴딜정책 중 사회복지사업 계획을 수립하는 과정에도 힘을 보탰다. 나중에는 세계인권선언 수립과 유니세프UNICEF 설립도 지원한 세계적인 인도주의자였다.

모든 구성원을 현명하게 포용하는 사회를 건설하는 것은 우리의 목표이자 꿈이 되어야 한다. 그런 사회는 제임스 힐턴James Hilton의 소설《잃어버린 지평선Lost Horizon》에 그려진 샹그릴라Shangri-La 같은 낙원, 내가 어린 시절에 상상한 멋진 세상의 최신 버전이 될 것이다. 미래가 그런 사회가 된다면, 모두 다 함께 성공할 수 있다.

거기까지 가는 길은 험난하겠지만, 일단 출발하자. 먼저 우리 개개인이 더 현명해져야 한다. 현명한 사람이 늘어나면 우리 사회도 더욱 현명해질 것이다.

지금부터 시작할 수 있다. 여러분부터 당장 시작하자.

감사의 말

이 책은 여러 훌륭한 사람들의 머리와 정신에서 나온 산물이다. 그들의 수고와 통찰, 도움에 많이 의지했다. 가장 고마운 분들은 UC 샌디에이고의 의학박사 엘런 E. 리Ellen E. Lee와 바턴 W. 팔머Barton W. Palmer 박사, 콜로라도주립대학교의 마이클 L. 토머스 박사다. 나보다 어린 이 동료들이 없었다면 이 책은 나오지 못했을 것이다. 캐서린 J. 뱅언, 리베카 E. 데일리Rebecca E. Daly, 콜린 A. 뎁Colin A. Depp, 에밀리 C. 에드먼즈Emily C. Edmonds, 그레이엄 S. 에글리트Graham S. Eglit, 리사 T. 아일러, 대니엘 K. 글로리오소Danielle K. Glorioso, 세라 A. 그레이엄Sarah A. Graham, 제이미 조지프Jamie Joseph, 아베리아 S. 마틴A'verria S. Martin, 토머스 W. 믹스, 로리 P. 몬트로스Lori P. Montross, 알레한드라 모렛 파레데스Alejandra Morlett Paredes, 타니아 T. 응우옌Tanya T. Nguyen, 로런스 A. 팔린카스Lawrence A. Palinkas, 마틴 P. 파울루스Martin P. Paulus, 에밀리 B. H. 트라이클러Emily B. H. Treichler, 신 M. 투Xin M. Tu, 엘리자베스 W. 트웜리Elizabeth W. Twamley, 라이언 반 패튼Ryan Van Patten, 더글러스 M. 지에도니스까지, 나는 UC 샌디에이고 소속 여러 연구자가 지혜 그리고 그와 관련된 주제로 발표한 수많은 논문에 공동 저자가 되는 특권을 누렸다. 더불어 이 책의 집필에 도움을 주신 로마 사피엔자대학교의 살바토레 디 솜마Salvatore Di Somma와 존스홉킨스대학교의 제임스 C. 해리스James C. Harris, IBM 연구소의 김호철, 하버드대학교의 입싯 V. 바히아에게도 감사드린다.

이 책을 위해 힘써준 리더, 과학이라는 더 넓은 범위에서의 동료 연구자들, 내 좋은 친구들을 언급하지 않을 수 없다. 듀크대학교 전 학장이자 명예교수 댄 블레이저Dan Blazer, 시카고대학교 실용 지혜 센터 대표 하워드 누스바움 교수, 피츠버그대학교 의과대학 정신의학과 명예 석좌교수 찰스 F. 레이놀즈 3세Charles F. Reynolds III가 그 주인공이다. 하버드 의과대학 정신의학과 조지 이먼 베일런트, UC 샌프란시스코 신경학과 브루스 밀러 교수, 플로리다대학교 사회학과 모니카 아델트 교수, 캐나다 워털루대학교의 이고르 그로스만 부교수, 오스트리아 클라겐푸르트대학교 발달심리학과 유디트 글뤼크 교수, 코넬대학교 인간발달학과 로버트 스턴버그 교수, 세인트루이스 워싱턴대학교 정신의학과와 유전학과 C. 로버트 클로닌저 교수 그리고 예일 의과대학 나종호 교수에게도 감사 인사를 전한다.

모든 책에는 알려지지 않은 이야기가 있으며, 책이 탄생하고 성공하는 데 중심이 된 많은 이들이 있다. 예상치 못한 여러 문제에 잘 대처해준 내 출판 에이전트 헤더 잭슨Heather Jackson, 이 책의 가능성을 보고 실현되게 해준 사운드 트루Sounds True 출판사의 헤이븐 아이버슨Haven Iverson 편집장, 책이 나올 때까지 전 과정을 살펴주신 제작 편집자 레슬리 브라운Leslie Brown, 예리한 교정 실력을 발휘한 마저리 우달Marjorie Woodall, 집필 초반에 조언과 지침을 준 댄 팔리Dan Farley, 매일 한결같이 도와준 폴라 K. 스미스Paula K. Smith, 과학적·행정적으로 리더십을 발휘해 연구에 필요한 자원을 지원한 UC 샌디에이고 보건과학부 데이비드 A. 브레너David A. Brenner 부총장과 연구부 부총장 샌드라 A. 브라운Sandra A. Brown까지 모든 분께 진심으로 감사드린다.

마지막으로 가족과 친구들에게, 다정함과 사랑과 인내심을 베풀어준 것에, 그저 그 자리에 있어준 것에 무한한 감사를 전하고 싶다.

참고자료

1장

A Beautiful Mind, directed by Ron Howard, 2001.

Bangen, K. J. et al., "Defining and Assessing Wisdom: A Review of the Literature," *American Journal of Geriatric Psychiatry*, 21(12): 1254-1266, doi.org/10.1016/j.jagp.2012.11.020.

Fine, Gail, "Does Socrates Claim to Know That He Knows Nothing?" *Oxford Studies in Ancient Philosophy*, 35(2008): 49-88.

Folsom, David P. et al., "Schizophrenia in Late Life: Emerging Issues," *Dialogues in Clinical Neuroscience*, 8(1): 45-52.

Goldman, Alvin I., "Theory of Mind," in *Oxford Handbook of Philosophy and Cognitive Science*, ed. Eric Margolis, Richard Samuels, and Stephen Stich(Oxford, UK: Oxford University Press, 2012), 402-424.

Goode, Erica, "John F. Nash Jr., Math Genius Defined by a 'Beautiful Mind,' Dies at 86," *New York Times*, 2015.5.24.

Heinlein, Robert, *Between Planets*(New York: Del Rey Books, 1951).

Hesse, Hermann, *Siddhartha*(New York: New Directions Books, 1951).

Jeste, D. V. "We All Have Wisdom, but What Is It?" *San Diego Union-Tribune*, 2015.4.3.

Jeste, D. V. and I. V. Vahia, "Comparison of the Conceptualization of Wisdom in Ancient Indian Literature with Modern Views: Focus on the Bhagavad Gita," *Psychiatry*, 71(3): 197-209, doi.org/10.1521/psyc.2008.71.3.197.

Jeste, D. V. et al., "Expert Consensus on Characteristics of Wisdom: A Delphi Method Study," *Gerontologist*, 50(5): 668-680, doi.org/10.1093/geront/gnq022.

Nasar, Sylvia, *A Beautiful Mind*(New York: Simon & Schuster, 1998).

Proverbs 4:7(King James version).

Sheldon, H., *Boyd's Introduction to the Study of Disease*, 11th ed. (Philadelphia: Lea & Febiger, 1992).

Staudinger, Ursula, "A Psychology of Wisdom: History and Recent Developments," *Research in Human Development*, 5(2): 107-120, doi.org/10.1080/15427600802034835.

Thomas, M. L. et al., "Paradoxical Trend for Improvement in Mental Health withAging: A Community-Based Study of 1,546 Adults Aged 21-100 Years," *Journal of Clinical Psychiatry*, 77(8): e1019-e1025, doi.org/10.4088/JCP.16m10671.

Van Patten, R. et al., "Assessment of 3-Dimensional Wisdom in Schizophrenia: Associations with Neuropsychological Functions and Physical and Mental Health," *Schizophrenia Research*, 208: 360-369, doi.org/10.1016/j.schres.2019.01.022.

2장

Adolphs, R. et al., "Impaired Recognition of Emotion in Facial Expressions Following Bilateral Damage to the Human Amygdala," *Nature*, 372(6507): 669-672, doi.org/10.1038/372669a0.

Aftab, A. et al., "Meaning in Life and Its Relationship with Physical, Mental, and Cognitive Functioning," *Journal of Clinical Psychiatry*, 81(1): 19m13064, doi.org/10.4088/JCP.19m13064.

Buddhaghosa, *The Path of Purification(Visuddhimagga)*, 4th ed., trans. Nyanamoli Himi (Kandy, Sri Lanka: Buddhist Publication Society, 2010), IX, 23, access to insight.org/lib/authors/nanamoli/PathofPurification2011.pdf.

Cato, M. A. et al., "Assessing the Elusive Cognitive Deficits Associated with Ventromedial Prefrontal Damage: A Case of a Modern-Day Phineas Gage," *Journal of the International Neuropsychological Society*, 10(3): 443-465, doi.org/10.1017/S1355617704103123.

Churchill, Winston, "The Russian Enigma," BBC, radio broadcast, 1939.10.1. 처칠의 다음 발언을 인용한 것이다. "러시아의 행동은 예측할 수 없습니다. 그건 불가사의 속에 미스터리로 둘러싸인 수수께끼니까요. 그래도 열쇠는 있을 겁니다. 그 열쇠는 바로 러시아의 국익이죠."

Damasio, H. et al., "The Return of Phineas Gage: Clues About the Brain from the Skull of a

Famous Patient," *Science*, 264(5162): 1102-1105, doi.org/10.1126/science.8178168.

Darwin, Charles, *On the Origin of Species by Means of Natural Selection*(London: John Murray, 1859).

Decety, J. and P. L. Jackson, "The Functional Architecture of Human Empathy," *Behavioral and Cognitive Neuroscience Reviews*, 3(2): 71-100, doi.org/10.1177/1534582304267187.

Eagleman, David, *The Brain: The Story of You*(New York: Vintage Books, 2015).

Fleishman, John, *Phineas Gage: A Gruesome but True Story About Brain Science*(New York: Houghton Mifflin, 2002).

Flugel, J. C., *A Hundred Years of Psychology*, 1833-1933(New York: Macmillan, 1933).

Jeste, D. V. and J. C. Harris, "Wisdom—A Neuroscience Perspective," *Journal of the American Medical Association*, 304(14): 1602-1603, doi.org/10.1001/jama.2010.1458.

Kean, Sam, "Phineas Gage, Neuroscience's Most Famous Patient," *Slate*, 2014.5.6.

Lee, E. E. and D. V. Jeste, "Neurobiology of Wisdom," in *The Cambridge Handbook of Wisdom*, ed. Robert Sternberg and Judith Glück(Cambridge, UK: Cambridge University Press, 2019), 69-93.

Meeks, T. W. and D. V. Jeste, "Neurobiology of Wisdom: A Literature Overview," *Archives of General Psychiatry*, 66(4): 355-365, doi.org/10.1001/archgenpsychiatry.2009.8.

Meeks, T. W., R. Cahn, and D. V. Jeste, "Neurobiological Foundations of Wisdom," in *Wisdom and Compassion in Psychotherapy*, ed. R. Siegel and C. Germer(New York: Guilford Press, 2012), 189-202.

Rogers, Will, syndicated column, 1924.8.31, as quoted in *The Will Rogers Book*, compiled by Paula McSpadden Love(Indianapolis, IN: Bobbs Merrill, 1961).

Van Horn, J. D. et al., "Mapping Connectivity Damage in the Case of Phineas Gage," *PLoSONE*, 7(5): e37454, doi.org/10.1371/journal.pone.0037454.

Van Wyhe, John, "The Authority of Human Nature: The Schadellehre of Franz Joseph Gall," *British Society for the History of Science*, 35(1)(2002): 17-42, doi.org/10.1017/S0007087401004599.

Varki, Ajit and Danny Brower, *Denial: Self-Deception, False Beliefs, and the Origins of the Human Mind*(New York: Twelve, 2013).

3장

Ackerman, S., *Discovering the Brain*(Washington, DC: National Academies Press, 1992).

Alzheimer's Association, alz.org.

Anderson, Susan Heller and David W. Dunlap, "New York Day by Day; A New Job?" *New York Times*, 1985.4.25.

Ardelt, M., "How Similar Are Wise Men and Women? A Comparison Across Two Age Cohorts," *Research in Human Development*, 6(1): 9-26, doi.org/10.1080/15427600902779354.

Barnett, M. A. et al., "Grandmother Involvement as a Protective Factor for Early Childhood Social Adjustment," *Journal of Family Psychology*, 24(5): 635-645, doi.org/10.1037/a0020829.

Buschman, Heather, "Newly Evolved, Uniquely Human Gene Variants Protect Older Adults from Cognitive Decline," *Newsroom, UC San Diego Health*, 2015.11.30.

Das, Utpal et al., "Activity-Induced Convergence in APP and BACE-1 in Acidic Microdomains via an Endocytosis-Dependent Pathway," *Neuron*, 79(3): 447-460, doi.org/10.1016/j.neuron.2013.05.035.

Demakis, Joseph, TheUltimateBookofQuotations(Raleigh, NC: Lulu Enterprises, 2012).

Erikson, Erik H. and Joan M. Erikson, *The Life Cycle Completed: Extended Version*(New York: W. W. Norton, 1998).

Eyler, L. T. et al., "A Review of Functional Brain Imaging Correlates of Successful Cognitive Aging," *Biological Psychiatry*, 70(2): 115-122, doi.org/10.1016/j.biopsych.2010.12.032.

Forster, L. M., "The Stereotyped Behavior of Sexual Cannibalism in Latrodectus-Hasselti Thorell(Araneae, Theridiidae), the Australian Redback Spider," *Australian Journal of Zoology*, 40(1): 1-11, doi.org/10.1071/ZO9920001.

Gage, F. H. and S. Temple, "Neural Stem Cells: Generating and Regenerating the Brain," *Neuron*, 80(3): 588-601, doi.org/10.1016/j.neuron.2013.10.037.

Goleman, Daniel, "Erikson, in His Own Old Age, Expands His View of Life," *New York Times*, 1988.6.14.

Grierson, Bruce, "What if Age Is Nothing but a Mind-Set?" *New York Times Magazine*, 2014.10.22.

Hawkes, K. and J. Coxworth, "Grand mothers and the Evolution of Human Longevity: A Review of Findings and Future Directions," *Evolutionary Anthropology*, 22(6): 294-302, doi.org/10.1002/evan.21382.

Hayutin, Adele M., Miranda Dietz, and Lillian Mitchell, "New Realities of an Older America," Stanford Center on Longevity, 2010 "Living to 120 and Beyond: Americans'

Views on Aging, Medical Advances and Radical Life Extension," Religion and Public Life, Pew Research Center, 2013.8.6.

Jeste, D. V., "Aging and Wisdom," *Samatvam*(magazine from the National Institute of Mental Health and Neuroscience, Bengaluru, India), 2015.8.

LaFee, Scott, "Why Don't We All Get Alzheimer's Disease?" *UC San Diego News Center*, 2013.8.7.

Lahdenpera, M. et al., "Fitness Benefits of Prolonged Post-Reproductive Lifespan in Women," *Nature*, 428(6979): 178-181, doi.org/10.1038/nature02367.

Montross-Thomas, L. P. et al., "Reflections on Wisdom at the End of Life: Qualitative Study of Hospice Patients Aged 58-97 Years," *International Psychogeriatrics*, 20(12): 1759-1766, doi.org/10.1017/S1041610217003039.

Norman, Suzanne et al., "Adults' Reading Comprehension: Effects of Syntactic Complexity and Working Memory," *Journal of Gerontology*, 47(4): P258-P265, doi.org/10.1093/geronj/47.4.P258.

Rauch, Jonathan, "The Real Roots of Midlife Crisis," *The Atlantic*, 2014.12.

Reistad-Long, Sara, "Older Brain Really May Be a Wiser Brain," *New York Times*, 2008.5.20.

Roberts, Adam C. and David L. Glanzman, "Learning in Aplysia: Looking at Synaptic Plasticity from Both Sides," *Trends in Neuroscience*, 26(12): 662-670, doi.org/10.1016/j.tins.2003.09.014.

Schwandt, H., "Unmet Aspirations as an Explanation for the Age U-Shape in Human Wellbeing"(discussion paper no. 1229, Centre for Economic Performance, London School of Economics and Political Science, July 2013).

Schwarz, F. et al., "Human-Specific Derived Alleles of CD33 and Other Genes Protect Against Post-Reproductive Cognitive Decline," *PNAS*, 113(1): 74-79, doi.org/10.1073/pnas.1517951112.

Shakespeare, William, *As You Like It*, act 2, scene 7.

Twain, Mark, *Following the Equator*(Chicago: American Publishing Company, 1897).

Williams, George C., "Pleiotropy, Natural Selection, and the Evolution of Senescence," *Evolution*, 11(1): 398-411, doi.org/10.1111/j.1558-5646.1957.tb02911.x.

4장

Ardelt, M., "Empirical Assessment of a Three-Dimensional Wisdom Scale," *Research on*

Aging, 25(1): 275-324, doi.org/10.1177/0164027503025003004.

Cassidy, Charles, Evidence-Based Wisdom: Translating the New Science of Wisdom Research(website: evidencebasedwisdom.com).

Dutton, Kevin, *The Wisdom of Psychopaths: What Saints, Spies, and Serial Killers Can Teach Us About Success*(New York: Scientific American/Farrar, Straus and Giroux, 2012).

Frederick, Shane, "Why a High IQ Doesn't Mean You're Smart," Center for Customer Insights, Yale School of Management, 2009.11.1.

Kubler-Ross, Elisabeth, *Death: The Final Stage of Growth*(New York: Simon & Schuster, 1975).

Lilienfeld, Scott O. and Hal Arcowitz, "What 'Psychopath' Means," *Scientific American*, 2007.12.1.

MacGarry, Daniel Doyle ed. and trans., *The Metalogicon of John Salisbury: A Twelfth-Century Defense of the Verbal and Logical Arts of the Trivium*(Berkeley: University of California Press, 1955).

McCain, J. L. and W. K. Campbell, "Narcissism and Social Media Use: A Meta-Analytic Review," *Psychology of Popular Media Culture*, 7(3): 308-327, doi.org/10.1037/ppm0000137.

Merton, Robert K., *On the Shoulders of Giants: A Shandean Postscript*, the post-Italianate edition with a foreword by Umberto Eco(Chicago: University of Chicago Press, 1993).

Newton, Isaac, *Delphi Collected Works of Sir Isaac Newton*, illustrated(Hastings, UK: Delphi Classics, 2016).

Panek, E. T., Y. Nardis, and S. Konrath, "Mirror or Megaphone? How Relationships Between Narcissism and Social Networking Site Use Differ on Facebook and Twitter," *Computers in Human Behavior*, 29(5): 2004-2012, doi.org/10.1016/j.chb.2013.04.012.

Reed, P. et al., "Visual Social Media Use Moderates the Relationship Between Initial Problematic Internet Use and Later Narcissism," *The Open Psychology Journal*, 11(2018): 163-170, doi.org/10.2174/1874350101811010163.

Southern, Richard William, *Making of the Middle Ages*(New Haven, CT: Yale University Press, 1952).

Stuart, J. and A. Kurek, "Looking Hot in Selfies: Narcissistic Beginnings, Aggressive Outcomes?" *International Journal of Behavioral Development*, 43(6): 500-506, doi.org/10.1177/0165025419865621.

Thomas, M. L. et al., "A New Scale for Assessing Wisdom Based on Common Domains and a Neurobiological Model: The San Diego Wisdom Scale(SD-WISE)," *Journal of*

Psychiatric Research, 108: 40-47, doi.org/10.1016/j.jpsychires.2017.09.005.

Thomas, M. L. et al., "Development of a 12-Item Abbreviated Three-Dimensional Wisdom Scale(3D-WS-12): Item Selection and Psychometric Properties," *Assessment*, 24(1): 71-82, doi.org/10.1177/1073191115595714.

Webster, Jeffrey Dean, "An Exploratory Analysis of a Self-Assessed Wisdom Scale," *Journal of Adult Development*, 10(1): 13-22, doi.org/10.1023/A:1020782619051.

"The Smartest Celebrities," Entertainment, *Ranker*.

5장

Brethel-Haurwitz, K. M. and A. A. Marsh, "Geographical Differences in Subjective Well-Being Predict Extraordinary Altruism," *Psychological Science*, 25(3): 762-771, doi.org/10.1177/095679 7613516148.

Cole, S. W. et al., "Social Regulation of Gene Expression in Human Leukocytes," *Genome Biology*, 8(R189), doi.org/10.1186/gb-2007-8-9-r189.

Dalberg, John Emerich Edward, Lord Acton, to Bishop Mandell Creighton, 1887.4.5., Acton-Creighton Correspondence, Online Library of Liberty(OLL).

Decety, J. et al., "Brain Response to Empathy-Eliciting Scenarios Involving Pain in Incarcerated Individuals with Psychopathy," *JAMA Psychiatry*, 70(6): 638-645, doi.org/10.1001/jamapsychiatry. 2013.27.

Fallon, James, *The Psychopath Inside: A Neuroscientist's Personal Journey in to the Dark Side of the Brain*(New York: Penguin, 2013).

Friesdorfetal, R., "Gender Differences in Responses to Moral Dilemmas," *Personality and Social Psychology Bulletin*, 41(5): 696-713,doi.org/10.1177/0146167215575731.

Galante, J. et al., "Loving-Kindness Meditation Effects on Well-Being and Altruism," *Applied Psychology: Health and Well-Being*, 8(3): 322-350, doi.org/10.1111/aphw.12074.

Gallese, V. et al., "Action Recognition in the Premotor Cortex," *Brain*, 119(2): 593-609, doi.org/10.1093/brain/119.2.593.

Gonzalez, J., "Reading Cinnamon Activates Olfactory Brain Regions," *NeuroImage*, 32(2): 906-912, doi.org/10.1016/j.neuroimage. 2006.03.037.

Hogeveen, J. et al., "Power Changes How the Brain Responds to Others," *Journal of Experimental Psychology*, 143(2): 755-762, doi.org/10.1037/a0033477.

Iovannone, Jeffry J., "Lady Di Destroys AIDS Stigma," *Medium*, 2018.5.23.

Johnson, Christina, "Teaching the Art of Doctoring," *Discoveries*, 2016: 24-25.

Kelly, Roisin, "Princess Diana's Legacy of Kindess," *Parade*, 2017.8.11.

Kemper, K. J. and N. Ra, "Brief Online Focused Attention Meditation Training: Immediate Impact," *Journal of Evidence-Based Complementary & Alternative Medicine*, 22(2): 237-241, doi.org/10.1177/2156587216642102.

Khan, Sanober, *Turquoise Silence*(Kalindipuram, India: Cyberwit, 2014).

Kogan, A. et al., "A Thin-Slicing Study of the Oxytocin Receptor(OXTR) Gene and the Evaluation and Expression of the Prosocial Disposition," *PNAS*, 108(48): 19189-19192, doi.org/10.1073/pnas.1112658108.

Konig, S. and J. Glück, "'Gratitude Is with Me All the Time': How Gratitude Relates to Wisdom," *Journals of Gerontology, Series B*, 69(5): 655-666, doi.org/10.1093/geronb/gbt123.

Lacey, S., R. Stilla, and K. Sathian, "Metaphorically Feeling: Comprehending Textural Metaphors Activates Somatosensory Cortex," *Brain & Language*, 120(3): 416-421, doi.org/10.1016/j.bandl.2011.12.016.

Levineetal, M.,"Identity and Emergency Intervention: How Social Group Membership and Inclusiveness of Group Boundaries Shape Helping Behavior," *Personality and Social Psychology Bulletin*, 31(4):443-453,doi.org/10.1177/0146167204271651.

Lilienfeld, Scott O. and Hal Arcowitz, "What 'Pyschopath' Means," *Scientific American*, 2007.12.1.

Mar, R. A. et al., "Exposure to Media and Theory-of-Mind Development in Preschoolers," *Cognitive Development*, 25(1): 69-78, doi.org/10.1016/j.cogdev.2009.11.002.

McIntyre, Mike, *The Kindness of Strangers: Penniless Across America*(New York: Berkley Books, 1996).

Moore, R. C. et al., "From Suffering to Caring: A Model of Differences Among Older Adults in Levels of Compassion," *International Journal of Geriatric Psychiatry*, 30(2): 185-191, doi.org/10.1002/gps.4123.

Moriguchi, Y. et al., "Sex Differences in the Neural Correlates of Affective Experience," *Social Cognitive and Affective Neuroscience*, 9(5): 591-600, doi.org/10.1093/scan/nst030.

Muir, D. W. and S. M. J. Hains, "Infant Sensitivity to Perturbations in Adult Facial, Vocal, Tactile, and Contingent Stimulation During Face-to-Face Interactions," in *Developmental Neurocognition: Speech and Face Processing in the First Year of Life*, ed. B. de Boysson-Bardies et al.(New York: Kluwer Academic/Plenum Publishers, 1993), 171-

185.

National Kidney Foundation(kidney.org).

O'Brien, E. et al., "Empathic Concern and Perspective Taking: Linear and Quadratic Effects of Age Across the Adult Life Span," *Journals of Gerontology, Series B*, 68(2): 168-175, doi.org/10.1093/geronb/gbs055.

Perry, Simon, "Prince Harry Shares How His Mom Princess Diana, at 'Only 25 Years Old,' Fought Homophobia," *People*, 2017.10.12.

Pfaff, Donald W. with Sandra Sherman, *The Altruistic Brain: How We Are Naturally Good*(New York: Oxford University Press, 2015).

Rodrigues, S. M. et al., "Oxytocin Receptor Genetic Variation Relates to Empathy and Stress Reactivity in Humans," *PNAS*, 106(50): 21347-21441, doi.org/10.1073/pnas.0909579106.

Rutsch, Poncie, "Men and Women Use Different Scales to Weigh Moral Dilemmas," Shots, Health News from NPR, 2015.4.3.

Simon-Thomas, Emiliana R., "Are Women More Empathic Than Men?" *Greater Good Magazine*, Greater Good Science Center, UC Berkeley, 2007.6.1.

Singer, T. and M. Bolz, eds., *Compassion: Bridging Practiceand Science*(Leipzig, Germany: Max Planck Institute, 2013).

Smeetsetal, E.,"Meeting Suffering with Kindness: Effects of a Brief Self-Compassion Intervention for Female College Students," *Journal of Clinical Psychology*, 70(9): 794-807, doi.org/10.1002/jclp.22076.

Stein, Gertrude, *The Making of Americans*(New York: Albert & Charles Boni, 1926).

Stromberg, Joseph, "The Neuroscientist Who Discovered He Was a Psychopath," *Smithsonian*, 2013.11.22.

Valk, S. L. et al., "Structural Plasticity of the Social Brain: Differential Change After Socio-Affective and Cognitive Mental Training," *Science Advances*, 3(10), doi.org/10.1126/sciadv.1700489.

Vishnevsky, T. et al., "The Keepers of Stories: Personal Growth and Wisdom Among Oncology Nurses," *Journal of Holistic Nursing*, 33(4): 326-344, doi.org/10.1177/0898010115574196.

Weng, H. Y. et al., "Compassion Training Alters Altruism and Neural Responses to Suffering," *Psychological Science*, 24(7): 1171-1180, doi.org/10.1177/0956797612469537.

Weng, H. Y. et al., "Compassion Training Alters Altruism and Neural Responses to Suffering," *Psychological Science*, 24(7): 1171-1180, doi.org/10.1177/0956797612469537.

"Brain Can Be Trained in Compassion, Study Shows," *University of Wisconsin-Madison News*, 2013.5.22.

"How Having Smartphones (or Not) Shapes the Way Teens Communicate," Fact Tank, Pew Research Center, 2015.8.20.

"Karaniya Metta Sutta: The Discourse on Loving-Kindness"(sn 1.8), translated from the Pali by Piyadassi Maha Thera, Access to Insight(BCBS edition), 2012.8.29.

6장

Bangen, K. et al., "Brains of Optimistic Older Adults Respond Less to Fearful Faces," *Journal of Neuropsychiatry and Clinical Neurosciences*, 26(2): 155-163, doi.org/10.1176/appi.neuropsych.12090231.

Bellezza, S. et al., "'Be Careless with That!' Availability of Product Upgrades Increases Cavalier Behavior Toward Possessions," *Journal of Marketing Research*, 54(5): 768-784, doi.org/10.1509/jmr.15.0131.

Branchflower, D. G., "Is Happiness U-shaped Everywhere? Age and Subjective Well-Being in 132 Countries"(working paper no. 26641, National Bureau of Economic Research, January 2020), doi.org/10.3386/w26641.

Darwin, Charles, *The Expression of the Emotions in Man and Animals*(New York: D. Appleton and Company, 1897).

Dittrich, Luke, *Patient H.M.: A Story of Memory, Madness, and Family Secrets*(New York: Random House, 2016).

Ekman, P. and W. V. Friesen, "Constants Across Cultures in the Face and Emotion," *Journal of Personality and Social Psychology*, 17(2): 124-129, doi.org/10.1037/h0030377.

Eyler, L. T. et al., "A Review of Functional Brain Imaging Correlates of Successful Cognitive Aging," *Biological Psychiatry*, 70(2): 115-122, doi.org/10.1016/j.biopsych.2010.12.032.

Freeman, Daniel and Jason Freeman, "Is Life's Happiness Curve Really U-Shaped?" *Guardian*, 2015.6.24.

Goodbye, Mr.Chips, directed by Herbert Ross, 1969.

Harburg, E. et al., "Marital Pair Anger-Coping Types May Act as an Entity to Affect

Mortality: Preliminary Findings from a Prospective Study(Tecumseh, Michigan, 1971-1988)," *Journal of Family Communication*, 12(4): 44-61, doi.org/10.1080/15267430701779485.

Hilton, J., *Goodbye Mr. Chips*(New York: Little, Brown, 1934).

Jauk, E. et al., "Self-Viewing Is Associated with Negative Affect Rather Than Reward in Highly Narcissistic Men: An fMRI Study," *Scientific Reports*, 7(5804), doi.org/10.1038/s41598-017-03935-y.

James, W., *The Principles of Psychology*, vol. 2(New York: Cosimo Classics, 2007).

Jimenez-Murcia, S. et al., "Video Game Addiction in Gambling Disorder: Clinical, Psychopathological, and Personality Correlates," *Bio Med Research International*, 2014(315062). doi.org/10.1155/2014/315062.

Kang, Stephanie, "Questions for: Billie Jean King," *Wall Street Journal*, 2008.10.28.

King, Martin Luther Jr., "'I Have a Dream,' Address Delivered at the Marchon Washington for Jobs and Freedom," The Martin Luther King, Jr. Research and Education Institute, Stanford University.

Korkki, Phyllis, "Damaging Your Phone, Accidentally on Purpose," *New York Times*, 2017.4.7.

Kubzanski, L. D. et al., "Angry Breathing: A Prospective Study of Hostility and Lung Function in the Normative Aging Study," *Epidemiology*, 61(2006): 863-868, doi.org/10.1136/thx.2005.050971.

Laird, Sam, "Tony Romo Gets Emotional in Speech About Losing Starting Job to Dak Prescott," *Mashable*, 2016.11.15.

LaFee, Scott, "H.M. Recollected," *San Diego Union-Tribune*, 2009.11.30.

Lamond, A. J. et al., "Measurement and Predictors of Resilience Among Community-Dwelling Older Women," *Journal of Psychiatric Research*, 43(2): 148-154.

Lee, E. E. et al., "Childhood Adversity and Schizophrenia: The Protective Role of Resilience in Mental and Physical Health and Metabolic Markers," *Journal of Clinical Psychiatry*, 79(3): 1-9, doi.org/10.4088/JCP.17m11776.

Mischel, W. et al., "'Willpower' Over the Life Span: Decomposing Self-Regulation," *SCAN*, 6(2): 252-256, doi.org/10.1093/scan/nsq081.

Mischel, W. et al., "Cognitive and Attentional Mechanisms in Delay of Gratification," *Journal of Personality and Social Psychology*, 21(2): 204-218, doi.org/10.1037/h0032198.

Rauch, Jonathan, *The Happiness Curve: Why Life Gets Better After 50*(New York: Thomas

Dunne, 2018).
The Simpsons Movie, directed by David Silverman, 2007.
Thomas, M. L. et al., "Paradoxical Trend for Improvement in Mental Health with Aging: A Community-Based Study of 1,546 Adults Aged 21-100 Years," *Journal of Clinical Psychiatry*, 77(8): 1019-1025, doi.org/10.4088/JCP.16m10671.
Varki, Ajit and Danny Brower, *Denial: Self-Deception, False Beliefs, and the Origins of the Human Mind*(New York: Twelve, 2013).
Weissetal, A., "Evidence for a Midlife Crisis in Great Apes Consistent with the U-Shape in Human Well-Being," *PNAS*, 109(49): 19949-19952, doi.org/10.1073/pnas.1212592109.
Wierenga, C. E. et al., "Hunger Does Not Motivate Reward in Women Remitted from Anorexia Nervosa," *Biological Psychiatry*, 77(7): 642-652, doi.org/10.1016/j.biopsych.2014.09.024.
Wikipedia, s.v. "Women's Tennis Association"(마지막 수정일: 2020.2.21.).
"Antidepressant Use on the Rise," American Psychiatric Association, 2017.11.
"Emotional Fitness in Aging: Older Is Happier," American Psychological Association, 2005.11.28.
"The Second Bush-Dukakis Presidential Debate," Commission on Presidential Debates, 1988.10.13.

7장

Allan, David G., "Good and Bad, It's All the Same: A Taoist Parable to Live By," The Wisdom Project, CNN Health, 2017.4.28.
Appiah, K. A., A. Bloom, and K. Yoshino, "Can I Hire Someone to Write My Résuméand Cover Letter?" The Ethicist, *New York Times Magazine*, 2015.4.8.
Appiah, K. A., A. Bloom, and K. Yoshino, "May I Lie to My Husband to Get Him to See a Doctor?" The Ethicist, *New York Times Magazine*, 2015.5.20.
Ardelt, M. and D. V. Jeste, "Wisdom and Hard Times: The Ameliorating Effect of Wisdom on the Negative Association Between Adverse Life Events and Well-Being," *Journals of Gerontology, Series B*, 73(8): 1374-1383, doi.org/10.1093/geronb/gbw137.
Bloom, A. J. Shafer, and K. Yoshino, "How Do I Counter My Sister's Abuse Claims Against Our Father?" The Ethicist, *New York Times Magazine*, 2015.6.24.

Butler, Heather "Why Do Smart People Do Foolish Things?" *Scientific American*, 2017.10.3.

Chan, Sewell, "Stanislav Petrov, Soviet Officer Who Helped Avert Nuclear War, Is Dead at 77," *New York Times*, 2017.9.18.

Daley, Jason, "Man Who Saved the World from Nuclear Annihilation Dies at 77," *Smithsonian*, 2017.9.18.

Dennett, Daniel, *Consciousness Explained*(New York: Little, Brown, 1991).

Dunn, L. B. et al., "Assessing Decisional Capacity for Clinical Research or Treatment: A Review of Instruments," *American Journal of Psychiatry*, 163(8): 1323-1334, doi.org/10.1176/appi.ajp.163.8.1323.

Epstein, Adam, "US Aviation Investigators Say They're Unfairly Villainized in Clint Eastwood's Film 'Sully,'" *Quartz*, 2016.9.9.

Eyler, L. T. et al., "Brain Response Correlates of Decisional Capacity in Schizophrenia: A Preliminary fMRI Study," *Journal of Neuropsychiatry and Clinical Neurosciences*, 19(2): 137-144, doi.org/10.1176/jnp.2007.19.2.137.

Grant, Eryn, Nicholas Stevens, and Paul Salmon, "Why the 'Miracle on the Hudson' in the New Movie Sully Was No Crash Landing," *The Conversation*, 2016.9.7.

Grossmann, I. "Wisdom in Context," *Perspectives in Psychological Science*, 12(2): 233-257, doi.org/10.1177/1745691616672066.

Grossmann, I. and E. Kross, "Exploring Solomon's Paradox: Self-Distancing Eliminates the Self-Other Asymmetry in Wise Reasoning About Close Relationships in Younger and Older Adults," *Psychological Science*, 25(8): 1571-1580, doi.org/10.1177/0956797614535400.

Jeste, D. V. and E. Saks, "Decisional Capacity in Mental Illness and Substance Use Disorders: Empirical Database and Policy Implications," *Behavioral Sciences and the Law*, 24(4): 607-628, doi.org/10.1002/bsl.707.

Jeste, D. V. et al., "A New Brief Instrument for Assessing Decisional Capacity for Clinical Research," *Archives of General Psychiatry*, 64(8): 966-974, doi.org/10.1001/archpsyc.64.8.966.

Jeste, D. V. et al., "Multimedia Educational Aids for Improving Consumer Knowledge About Illness Management and Treatment Decisions: A Review of Randomized Controlled Trials," *Journal of Psychiatric Research*, 42(1): 1-21, doi.org/10.1016/j.jpsychires.2006.10.004.

Jeste, D. V. et al., "The New Science of Practical Wisdom," *Perspectives in Biology and Medicine*,

62(2): 216-236, Project MUSE, doi.org/10.1353/pbm.2019.0011.

Leith, K. F. and R. F. Baumeister, "Why Do Bad Moods Increase Self-Defeating Behavior? Emotion, Risk Taking, and Self-Regulation," *Journal of Personality and Social Psychology*, 71(6): 1250-1267,doi.org/10.1037//0022-3514.71.6.1250.

Lerner, J. S., D. A. Small, and G. Loewenstein, "Heart Strings and Purse Strings: Carry-Over Effects of Emotions on Economic Decisions," *Psychological Science*, 15(5): 337-341, doi.org/10.1111/j.0956-7976.2004.00679.x.

McFadden, Robert D., "Pilot Is Hailed After Jetliner's Icy Plunge," *New York Times*, 2009.1.15.

Seligman, E. P. and John Tierney, "We Aren't Built to Live in the Moment," *New York Times*, 2017.5.19.

Sophie's Choice, directed by Alan J. Pakula, 1982.

Styron, William, *Sophie's Choice*(New York: Random House, 1979).

Sully, directed by Clint Eastwood, 2016.

Thomas, M. L., et al., "Individual Differences in Level of Wisdom Are Associated with Brain Activation During a Moral Decision-Making Task," *Brain and Behavior*, 9(6): e01302, doi.org/10.1002/brb3.1302.

Van Patten, R. et al., "Assessment of 3-Dimensional Wisdom in Schizophrenia: Associations with Neuropsychological Functions and Physical and Mental Health," *Schizophrenia Research*, 208(2019): 360-369, doi.org/10.1016/j.schres.2019.01.022.

8장

Amir, O. and I. Biederman, "The Neural Correlates of Humor Creativity," *Frontiers in Human Neuroscience*, 10(597), doi.org/10.3389/fnhum.2016.00597.

Brown, Stephanie, *Speed: Facing Our Addiction to Fast and Faster - and Over coming Our Fear of Slowing Down*(New York: Berkeley, 2014).

Dostoevsky, Fyodor, *Winter Notes on Summer Impressions*, trans. David Patterson(Chicago: Northwestern University Press, 1988).

Dvorsky, George, "I'm Elyn Saks and This Is What It's Like to Live with Schizophrenia," *Gizmodo*, io9, 2013.2.13.

Gallup, G. G. Jr., "Chimpanzees: Self-Recognition," *Science*, 167(3914): 86-87, doi.org/10.1126/science.167.3914.86

Golman, R. and G. Loewenstein, "An Information-Gap Theory of Feelings About Uncertainty," Carnegie Mellon University, 2016.1.2.

Goodill, David, "Moral Theology After Wittgenstein"(dissertation, University of Fribourg, 2017).

Howie, Josh, "The Divine Comedy," *Guardian*, 2009.2.20.

Jeste, Dilip, "Seeking Wisdom in Graying Matter," TEDMED, YouTube video, 16:43, 2016.6.14, youtube.com/watch?v=pKaLWePrhhg.

Kang, M. J. et al., "The Wick in the Candle of Learning: Epistemic Curiosity Activates Reward Circuitry and Enhances Memory," *Psychological Science*, 20(8): 963-973, doi.org/10.1111/j.1467-9280.2009.02402.x.

Kidd, C. and B. Y. Hayden, "The Psychology and Neuroscience of Curiosity," *Neuron*, 88(3): 449-460, doi.org/10.1016/j.neuron.2015.09.010.

McKay, Brett and Kate McKay, "Lessons in Manliness: Benjamin Franklin's Pursuit of the Virtuous Life," *The Art of Manliness*, 2008.2.28.

Murphy, Kate, "No Time to Think," *New York Times*, 2014.7.25.

Read, Opie Percival, *Mark Twain and I*(Chicago: Reilly & Lee, 1940).

Saks, Elyn R., *The Center Cannot Hold: My journey Through Madness*(New York: Hyperion, 2007).

Soto, C. J. and J. J. Jackson, "Five-Factor Model of Personality," *Oxford Bibliographies*, 2013.2.26, doi.org/10.1093/OBO/9780199828340-0120.

Strunk, W. and E. B. White, *The Elements of Style*(New York: Macmillan, 1959).

White, E. B. and K. S. White, "Some Remarks on Humor," preface to *A Subtreasury of American Humor*(New York: Coward McCann, 1941).

White, E. B., *Charlotte's Web*(New York: Harper & Brothers, 1952).

White, E. B., *Stuart Little*(New York: Harper Trophy, 1945).

Wilson, T. D. et al., "Just Think: The Challenges of the Disengaged Mind," *Science*, 345 (6192): 75-77, doi.org/10.1126/science.1250830.

Wiseman, Richard, richardwiseman.com/LaughLab/(website).

Yovetich, N. A. et al., "Benefits of Humor in Reduction of Threat-Induced Anxiety," *Psychological Reports*, 66(1): 51-58, doi.org/10.2466/pr0.1990.66.1.51.

"Mental Rest and Reflection Boost Learning, Study Suggests," Health and Wellness, *UT News*, 2014.10.20.

9장

Delaney, C., C. Barrere, and M. Helming, "The Influence of a Spirituality-Based Intervention on Quality of Life, Depression, and Anxiety in Community-Dwelling Adults with Cardiovascular Disease: A Pilot Study," *Journal of Holistic Nursing*, 29(1): 21-32, doi.org/10.1177/0898010110378356.

Dewhurst, K. and A. W. Beard, "Sudden Religious Conversions in Temporal Lobe Epilepsy," *British Journal of Psychiatry*, 117(540): 497-507, doi.org/10.1016/S1525-5050(02)00688-1.

IKAR, ikar-la.org/(website).

Krummenacher, P. et al., "Dopamine, Paranormal Belief, and the Detection of Meaningful Stimuli," *Journal of Cognitive Neuroscience*, 22(8): 1670-1681, doi.org/10.1162/jocn.2009.21313.

Li, S. et al., "Association of Religious Service Attendance with Mortality Among Women," *JAMA Interna lMedicine*, 176(6): 777-785, doi.org/10.1001/jamainternmed.2016.1615.

Li, S. et al., "Religious Service Attendance and Lower Depression Among Women: A Prospective Cohort Study," *Annals of Behavioral Medicine*, 50(6): 876-884, doi.org/10.1007/s12160-016-9813-9.

Li, S. et al., "Religious Service Attendance and Mortality Among Women," *JAMA Internal Medicine*, 176(6): 777-785, doi.org/10.1001/jamainternmed.2016.1615.

Monod, S. et al., "Instruments Measuring Spirituality in Clinical Research: A Systematic Review," *Journal of General Internal Medicine*, 26(1345), doi.org/10.1007/s11606-011-1769-7.

Newberg, Andrew, "Ask the Brains," *Scientific American*, 2012.1.1.

Newport, Frank, "Most Americans Still Believe in God," *Gallup*, 2016.6.29.

Rickhi, B. et al., "A Spirituality Teaching Program for Depression: A Randomized Clinical Trial," *International Journal of Psychiatry in Medicine*, 42(3): 315-329, doi.org/10.2190/PM.42.3.f.

Sacks, Oliver, "Seeing God in the Third Millennium," *Atlantic*, 2012.12.12.

Vahia, I. V. et al., "Correlates of Spirituality in Older Women," *Aging and Mental Health*, 15(1): 97-102, doi.org/10.1080/13607863.2010.501069.

VanderWeele, T. J,. "On the Promotion of Human Flourishing," *PNAS*, 114(31): 8148-8156, doi.org/10.1073/pnas.1702996114.

VanderWeele, T. J. et al., "Association Between Religious Attendance and Lower Suicide Rates Among US Women," *JAMA Psychiatry*, 73(8): 845-851, doi.org/10.1001/jamapsychiatry.2016.1243.

Wikipedia, s.v. "Sharon Brous"(마지막 수정일: 2019.11.5.).

"Census Data 2001/Metadata," Office of the Registrar General and Census Commissioner, India, 2001, censusindia.gov.in/Metadata/Metada.htm.

"The Global Religious Landscape," Religion & Public Life, Pew Research Center, 2012.12.18.

"There Are No Atheists in Foxholes," *Quote Investigator*, 2016.11.2.

10장

American Psychiatric Association, *Diagnostic and Statistical Manual of Mental Disorders*, 5th ed.(Washington, DC: American Psychiatric Publishing, 2013).

Aristotle, *Nicomachean Ethics*, trans. W. D. Ross(self-pub., Digireads, 2016).

Bangen, K. J. et al., "Defining and Assessing Wisdom: A Review of the Literature," *American Journal of Geriatric Psychiatry*, 21(12): 1254-1266, doi.org/10.1016/j.jagp.2012.11.020.

Brubaker, Michelle, "Remote Italian Village Could Harbor Secrets of Healthy Aging," *UC San Diego News Center*, 2016.3.29.

Brubaker, Michelle, "Researchers Find Common Psychological Traits in Group of Italians Aged 90 to 101," Newsroom, *UC San Diego Health*, 2017.12.11.

Craft, L. L. and F. M. Perna, "The Benefits of Exercise for the Clinically Depressed," *Primary Care Companion to the Journal of Clinical Psychiatry*, 6(3): 104-111, doi.org/10.4088/pcc.v06n0301.

Daniels, L. R. et al., "Aging, Depression, and Wisdom: A Pilot Study of Life-Review Intervention and PTSD Treatment with Two Groups of Vietnam Veterans," *Journal of Gerontological Social Work*, 58(4): 420-436, doi.org/10.1080/01634372.2015.1013657.

Danzico, Matt, "Brains of Buddhist Monks Scanned in Meditation Study," BBC News, 2011.4.24.

Fazeli, P. L. et al., "Physical Activity Is Associated with Better Neurocognitive and Everyday Functioning Among Older Adults with HIV Disease," *AIDS Behavior*, 19(8): 1470-1477, doi.org/10.1007/s10461-015-1024-z.

Friis, A. M. et al., "Kindness Matters: A Randomized Controlled Trial of a Mindful Self-

Compassion Intervention Improves Depression, Distress, and HbA1c Among Patients with Diabetes," *Diabetes Care*, 39(11): 1963-1971, doi.org/10.2337/dc16-0416.

Galante, J. et al., "Loving-Kindness Meditation Effects on Well-Being and Altruism: A Mixed-Methods Online RCT," *Applied Psychology: Health and Well-Being*, 8(3): 322-350, doi.org/10.1111/aphw.12074.

Galenson, David, "The Wisdom and Creativity of the Elders in Art and Science," *HuffPost*, 2017.12.6.

Garaigordobil, Maite, "Cyberbullying in Adolescents and Youth in the Basque Country: Prevalence of Cybervictims, Cyberaggressors, and Cyberobservers," *Journal of Youth Studies*, 18(5): 569-582, doi.org/10.1080/13676261.2014.992324.

Gilbert, Elizabeth, *Eat Pray Love: One Woman's Search for Everything Across Italy, India and Indonesia*(New York: Penguin, 2006).

Goldstein, P. et al., "Brain-to-Brain Coupling During Handholding Is Associated with Pain Reduction," *PNAS*, 115(11): 2528-2537, doi.org/10.1073/pnas.1703643115.

Hammond, Christine, "What Is Decision Fatigue?" The Exhausted Woman, PsychCentral.

Jazaieri, H. et al. "Enhancing Compassion: A Randomized Controlled Trial of a Compassion Cultivation Training Program," *Journal of Happiness Studies*, 14(2013): 1113-1126, doi.org/10.1007/s10902-012-9373-z.

Jeste, D. V. et al., "The New Science of Practical Wisdom," *Perspectives in Biology and Medicine*, 62(2): 216-236.

Jeste, D., and E. E. Lee, "The Emerging Empirical Science of Wisdom: Definition, Measurement, Neurobiology, Longevity, and Interventions," *Harvard Review of Psychiatry*, 27(3): 127-140, doi.org/10.1097/hrp.0000000000000205.

Jeste, Dilip V. and Barton W. Palmer, *Positive Psychiatry: A Clinical Handbook*(Washington, DC: American Psychiatric Publishing, 2015).

Johnson, Tamra, "Nearly 80 Percent of Drivers Express Significant Anger, Aggression or Road Rage," *AAA NewsRoom*, 2016.7.14.

Kelm, Zak et al., "Interventions to Cultivate Physician Empathy: A Systematic Review," *BMC Medical Education*, 14(219), doi.org/10.1186/1472-6920-14-219.

LaFee, Scott and Judy Piercey, "With Landmark Gift, UC San Diego Will Map Compassion in the Brain, Then Prove Its Power," Newsroom, *UC San Diego Health*, 2019.7.22.

Lang, A. J. et al., "Compassion Meditation for Posttraumatic Stress Disorder in Veterans: A Randomized Proof of Concept Study," *Journal of Traumatic Stress*, 2019.3.31, doi.

org/10.1002/jts.22397.

Lee, E. E. et al., "Meta-Analysis of Randomized Controlled Trials to Enhance Components of Wisdom: Pro-Social Behaviors, Emotional Regulation, and Spirituality"(under review).

Lehman, Harvey Christian, *Age and Achievement*(Princeton, NJ: Princeton University Press, 1953).

Marck, A. et al., "Are We Reaching the Limits of Homo sapiens?" *Frontiers in Physiology*, 8(2017.10), doi.org/10.3389/fphys.2017. 00812.

Meacham, Jon, *The Soul of America: The Battle for Our Better Angels*(New York: Random House, 2019).

Montross-Thomas, L. P. et al., "Reflections on Wisdom at the End of Life: Qualitative Interviews of 21 Hospice Patients," *International Psychogeriatrics*, December(2018): 1759-1766, doi.org/10.1017/S1041610217003039.

Morlan, Kinsee, "Innovative UCSD Program Aims to Draw Compassion Out of Future Doctors," Arts/Culture, *Voice of San Diego*, 2017.10.16.

Newcomb, Beth, "Older Adults Find Fulfillment as Volunteers Who Help the Young, USC Study Finds," Social Impact, *USC News*, 2015.7.30.

Parker-Pope, Tara, "How to Build Resilience in Midlife," *New York Times*, 2017.7.25.

Proulx, Natalie, "Should Schools Teach Mindfulness?" *New York Times*, 2019.2.7.

Rosenberg, D. et al., "Exergames for Subsyndromal Depression in Older Adults: A Pilot Study of a Novel Intervention," *American Journal of Geriatric Psychiatry*, 18(3): 221-226, doi.org/10.1097/JGP.0b013e3181c534b5.

Sanders, J. D., T. W. Meeks, and D. V. Jeste, "Neurobiological Basis of Personal Wisdom," in *The Scientific Study of Personal Wisdom*, ed. M. Ferrari and M. N. Westrate(New York: Springer, 2013): 99-114.

Simonton, D. K., "Creativity and Wisdom in Aging," in *Handbook of the Psychology of Aging*, ed. J. E. Birren and K. W. Schaie(San Diego, CA: Academic Press, 1990).

Sisson, Paul, "Med Students Learn the Pains of Aging," *San Diego Union-Tribune*, 2017.1.31.

Smeets, E. et al., "Meeting Suffering with Kindness: Effects of a Brief Self-Compassion Intervention for Female College Students," *Journal of Clinical Psychology*, 70(9): 794-807, doi.org/10.1002/jclp.22076.

Sternberg, Robert J., *Wisdom, Intelligence, and Creativity Synthesized*(Cambridge, UK: Cambridge University Press, 2003).

Thich Nhat Hanh, *The Art of Mindfulness*(New York: HarperOne, 2012).

Treichler, E. B. H. et al., "A Pragmatic Trial of a Group Intervention in Senior Housing Communities to Increase Resilience: Intervention for Resilience in Older Adults," *International Psychogeriatrics*, February(2020): 1-10, doi.org/10.1017/S1041610219002096.

Vaillant, George E., *The Wisdom of the Ego*(Cambridge, MA: Harvard University Press, 1998).

Varma, V. R. et al., "Experience Corps Baltimore: Exploring the Stressors and Rewards of High-Intensity Civic Engagement," *Gerontologist*, 55(6): 1038-1049, doi.org/10.1093/geront/gnu011.

Vohs, K. D. et al., "Making Choices Impairs Subsequent Self-Control: A Limited-Resource Account of Decision Making, Self-Regulation, and Active Initiative," *Journal of Personality and Social Psychology*, 95(5): 883-898, doi.org/10.1037/0022-3514.94.5.883.

Wikipedia, s.v. "Dhammapada"(마지막 수정일: 2019.12.27).

Wikipedia, s.v. "Tim Fargo"(마지막 수정일: 2019.10.4).

Winnick, Michael, "Putting a Finger on Our Phone Obsession," *dscout*, 2017.6.16.

"Age-Simulation Suit Gives Insight into How It Feels to Be Old," *Engineers Journal*, Engineers Ireland, 2014.4.24.

"Bullying," Fast Facts, National Center for Education Statistics(nces.ed.gov/fastfacts/display.asp?id=719).

"Diet and Attention Deficit Hyperactivity Disorder," Harvard Mental Health Letter, *Harvard Health Publishing*, 2009.6.

"Humans at Maximum Limits for Height, Lifespan and Physical Performance, Study Suggests," *Science Daily*, 2017.12.6.

"Preventing Bullying," Centers for Disease Control and Prevention.

"Who Said 'When One Door Closes Another Opens'?" Your Dictionary.

11장

Benson, K. et al., "Misuse of Stimulant Medication Among College Students: A Comprehensive Review and Meta-analysis," *Clinical Child and Family Psychology Review*, 18(2015): 50-76, doi.org/10.1007/s10567-014-0177-z.

Blazer, D., K. Yaffe, and C. Liverman, eds., *Cognitive Aging: Progress in Understanding and Opportunities for Action*(Washington, DC: Institute of Medicine, 2015).

Brandon, John, "Why Smartphones Will Become Extinct by 2025," *Inc.*, 2017.10.16,

DeGusta, Michael, "Are Smart Phones Spreading Faster Than Any Technology in Human History?" *MIT Technology Review*, 2012.5.9.

DeJesus-Hernandez, M. et al., "Expanded GGGGCC Hexanucleotide Repeat in Noncoding Region of C9ORF72 Causes Chromosome 9p-Linked FTD and ALS," *Neuron*, 72(2): 245-256, doi.org/10.1016/j.neuron.2011.09.011.

Garret, Olivier, "10 Million Self-Driving Cars Will Hit the Road by 2020—Here's How to Profit," *Forbes*, 2017.3.3

Gershgorn, Dave, "My Long-Awaited Robot Friend Made Me Wonder What It Means to Live at All," *Quartz*, 2017.11.8.

Hatzinger, M. "The History of Kidney Transplantation," *Urologe*, 55(2016): 1353-1359, doi.org/10.1007/s00120-016-0205-3.

Limitless, directed by Neil Burger, 2011.

Owen, A. M. et al., "Putting Brain Training to the Test," *Nature*, 465(2010): 775-778, doi.org/10.1038/nature09042.

Sample, Ian, "Robert Boyle: Wishlist of a Restoration Visionary," *Guardian*(US edition), 2010.6.3.

Tesla, Nikola, *Popular Mechanics*(quoting the *New York Times*), 1909.10.

Turing, Alan, "Computing Machinery and Intelligence," *Mind*, 59(236).

Turner, M. R. et al., "Genetic Screening in Sporadic ALS and FTD," *Journal of Neurology, Neurosurgery & Psychiatry*, 88(2017): 1042-1044, doi.org/10.1136/jnnp-2017-315995.

Urbi, Jaden and MacKenzie Sigalos, "The Complicated Truth About Sophia the Robot—An Almost Human Robot or a PR Stunt," Tech Drivers, CNBC, 2018.7.5.

Verne, Jules, *From the Earth to the Moon*(Paris: Pierre-Jules Hetzel, 1865).

Walsh, Dominic, "Citizen Robot Marks a World First for Saudi Arabia," *Times*(UK edition), 2017.10.27.

"Mobile Phones Are Transforming Africa," *Economist*, 2016.12.10,

"The 25 Best Inventions of 2017," *Time*, 2017.11.16.

12장

A Compass Towards a Just and Harmonious Society: 2015 GNH Survey Report(Thimphu, Bhutan: Centre for Bhutan Studies & GNH Research, 2016).

Alberti, F., "Loneliness Is a Modern Illness of the Body, Not Just the Mind," *Guardian*(US edition), 2018.11.1.

Alberti, Fay Bound, *A Biography of Loneliness*(Oxford, UK: Oxford University Press, 2019).

Amundsen, D. W. and C. J. Diers, "The Age of Menopause in Classical Greece and Rome," *Human Biology*, 42(1): 79-86.

Arias, E. and J. Q. Xu, "United States Life Tables, 2017," *National Vital Statistics Reports*, 68(7), Hyattsville, MD: National Center for Health Statistics, 2019.

Bernstein, Lenny, "U.S. Life Expectancy Declines Again, a Dismal Trend Not Seen Since World War I," *Washington Post*, 2018.11.29.

Dewey, J., *Experience and Education*, vol.10(New York: Macmillan, 1938).

Dukas, Helen and Banesh Hoffman, eds., Albert Einstein, *The Human Side: Glimpses from His Archives*(Princeton, NJ: Princeton University Press, 2013).

Galea, S. et al., "Estimated Deaths Attributable to Social Factors in the United States," *American Journal of Public Health*, 101(8): 1456-1465, doi.org/10.2105/AJPH.2010.300086.

Gao, Jianjun et al., "Genome-Wide Association Study of Loneliness Demonstrates a Role for Common Variation," *Neuropsychopharmacology*, 42(2017): 811-821, doi.org/10.1038/npp.2016.197.

Gold, Mark, "The Surprising Links Among Opioid Use, Suicide, and Unintentional Overdose," Addiction Policy Forum, 2019.3.12.

Grossmann, I. et al., "Aging and Wisdom: Culture Matters," *Psychological Science*, 23(10): 1059-1066, doi.org/10.1177/09567976 12446025.

Grossmann, I. et al., "Emotional Complexity: Clarifying Definitions and Cultural Correlates," *Journal of Personality and Social Psychology*, 111(6): 895-916, doi.org/10.1037/pspp0000084.

Hammond, Claudia, "The Anatomy of Loneliness," episode 3, BBC Radio 4, 2018.

Hedegaard, H. et al., "Drug Overdose Deaths in the United States, 1999-2017," *NCHS Data Brief*, 329(Hyattsville, MD: National Center for Health Statistics, 2018).

Hedegaard, H., S. C. Curtin, and M. Warner, "Suicide Rates in the United States Continue to Increase," *NCHS Data Brief*, 309(Hyattsville, MD: National Center for Health Statistics, 2018).

Januchowski-Hartley, F. A. et al., "Spillover of Fish Naivete from Marine Reserves," *Ecology Letters*, 16(2): 191-197, doi.org/10.1111/ele.12028.

Jeste, D. V. and A. J. Oswald, "Individual and Societal Wisdom: Explaining the Paradox of Human Aging and High Well-Being," *Psychiatry*, 77(4), doi.org/10.1521/psyc.2014.77.4.317.

Jeste, D. V. and A. J. Oswald, "Individual and Societal Wisdom: Explaining the Paradox of Human Aging and High Well-Being," *Psychiatry*, 77(4): 317-330, doi.org/10.1521/psyc.2014.77.4.317.

Jeste, D. V., "Is Wisdom an Antidote to the Toxin of Loneliness?" *Quartz*, 2018.3.27.

Johnston, Gabrielle, "Mental Health Is a Casualty of War," ThisWeek@UCSanDiego, UCSD News Center, 2017.12.7.

LaFee, Scott, "Serious Loneliness Spans the Adult Lifespan but There Is a Silver Lining," Newsroom, *UC San Diego Health*, 2018.12.18.

Lee, E. E. et al., "High Prevalence and Adverse Health Effects of Loneliness in Community-Dwelling Adults Across the Lifespan: Role of Wisdom as a Protective Factor," *International Psychogeriatrics*, 31(10): 1-16, doi.org/10.1017/S1041610218002120.

Lee, E. E. et al., "High Prevalence and Adverse Health Effects of Loneliness in Community-Dwelling Adults Across the Lifespan: Role of Wisdom as a Protective Factor," *International Psychogeriatrics*, 31(10): 1-16, doi.org/10.1017/S1041610218002120.

McDaid, D., A. Bauer, and A. L. Park, "Making the Economic Case for Investing in Actions to Prevent and/or Tackle Loneliness: A Systematic Review"(briefing paper, London School of Economics and Political Science, 2017).

Paredes, Morlett et al., "Qualitative Study of Loneliness in a Senior Housing Community: The Importance of Wisdom and Other Coping Strategies," *Aging and Mental Health*, 2020: 1-8, doi.org/10.1080/13607863.2019.1699022.

Pinker, Steven, *The Better Angels of Our Nature: Why Violence Has Declined*(New York: Penguin, 2011).

Plato, *Phaedrus*.

Polack, Ellie, "New Cigna Study Reveals Loneliness at Epidemic Levels in America," *Cigna*, 2018.5.1.

Rafnsson, S. B. et al., "Loneliness, Social Integration, and Incident Dementia Over 6 Years: Prospective Findings from the English Longitudinal Study of Ageing," *Journals of Gerontology, Series B*, 75(1), doi.org/10.1093/geronb/gbx087.

Ray, Julie, "Americans' Stress, Worry and Anger Intensified in 2018," *Gallup*, 2019.4.25.

Roser, M., E. Ortiz-Ospina, and H. Ritchie, "Life Expectancy," *Our World in Data*, October (2019): note 2.

Sartorius, N. et al., "The International Pilot Study of Schizophrenia," *Schizophrenia Bulletin*, 1(11), doi.org/10.1093/schbul/1.11.21.

Scholl, L. et al., "Drug and Opioid-Involved Overdose Deaths—United States, 2013-2017," *MMMR Morbidity and Mortality Weekly Report*, 67(51-52): 1419-1427, doi.org/10.15585/mmwr.mm675152e1.

Stiglitz, Joseph E., "Of the 1%, by the 1%, for the 1%," *Vanity Fair*, 2011.3.31.

Tubbs, Nigel, *Philosophy and Modern Liberal Arts Education: Freedom Is to Learn*(New York: Palgrave Macmillan, 2014).

Twenge, J. M. et al., "Age, Period, and Cohort Trends in Mood Disorder Indicators and Suicide Related Outcomes in a Nationally Representative Dataset, 2005-2017," *Journal of Abnormal Psychology*, 128(3): 185-199, doi.org/10.1037/abn0000410.

VanderWeele, T. J., "On the Promotion of Human Flourishing," *PNAS*, 114(31): 8148-8156, doi.org/10.1073/pnas.1702996114.

Veazie, S. et al., "Addressing Social Isolation to Improve the Health of Older Adults: A Rapid Review," Rapid Evidence Product, Agency for Healthcare Research and Quality, 2019.2, doi.org/10.23970/ahrqepc-rapidisolation.

Wikipedia, s.v. "World Happiness Report"(마지막 수정일: 2020.2.16).

Yeginsu, Ceylan, "U.K. Appoints a Minister for Loneliness," *New York Times*, 2018.1.17.

"Alcohol and Drug Misuse and Suicide and the Millennial Generation—a Devastating Impact," *Pain in the Nation: Building a National Resilience Strategy*, Trust for America's Health, 2019.6.13.

"Bhutan's Gross National Happiness Index," Oxford Poverty & Human Development Initiative, University of Oxford.

"Gallup 2019 Global Emotions Report," Advanced Analytics, *Gallup*, 2019.4.18.

"Global Health Observatory," World Health Organization(검색일: 2020.3.11).

"Human Development Report 2019," United Nations Development Programme.

"Human Development Reports: 2018 Statistical Update," United Nations Development Programme.

"Marcel Pagnol Quotations," *Quotetab*(검색일: 2020.2.22).

"Suicide Facts," Suicide Awareness Voices of Education(검색일: 2020.3.11).

"The Irish Longitudinal Study on Ageing(TILDA)," Trinity College Dublin, 2020.2.12.

"World Happiness Report 2019," United Nations Sustainable Development Solutions Network, 2019.3.20.

찾아보기

인명

용어

문헌·영상